U1017867

概率论与数理统计

第2版

邵　伟　王宜举　主编

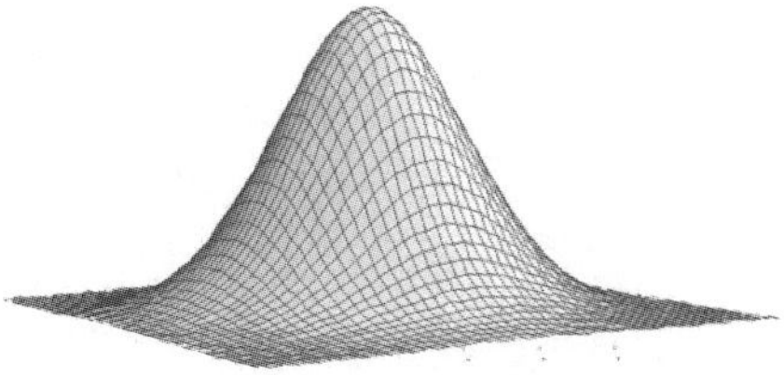

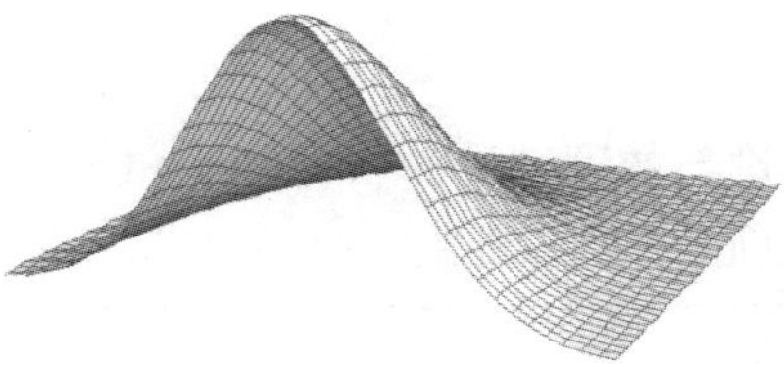

中国科学技术大学出版社

内 容 简 介

本书包含概率论和数理统计两部分. 概率论部分主要介绍随机事件及概率的概念、古典概型和几何概型、概率的计算公式、随机变量及其分布、随机变量的独立性和关联性、随机变量的数字特征、大数定律和中心极限定理等. 数理统计部分主要介绍数理统计的基本概念、抽样分布、参数估计和假设检验等. 本书知识全面、完整,逻辑性强,叙述清晰,结构完整,既重视有关概念的引入,又注重相关结论的推导过程.

本书可作为高等院校理工科非数学专业的本科生教材,亦可作为工程技术人员的参考书.

图书在版编目(CIP)数据

概率论与数理统计 / 邵伟,王宜举主编. -- 2 版. -- 合肥 : 中国科学技术大学出版社,2025. 8. -- ISBN 978-7-312-06310-7

Ⅰ. O21

中国国家版本馆 CIP 数据核字第 2025K0Q194 号

概率论与数理统计

GAILÜLUN YU SHULI TONGJI

出版 中国科学技术大学出版社
安徽省合肥市金寨路 96 号,230026
http://press.ustc.edu.cn
http://zgkxjsdxcbs.tmall.com

印刷 合肥市宏基印刷有限公司

发行 中国科学技术大学出版社

开本 710 mm×1000 mm 1/16

印张 15.25

字数 288 千

版次 2017 年 8 月第 1 版 2025 年 8 月第 2 版

印次 2025 年 8 月第 5 次印刷

定价 42.00 元

前　言

17 世纪,正当研究必然性事件的数理关系获得较大发展时,一个研究偶然事件数量关系的数学分支开始出现,这就是概率论.

实际上,早在 16 世纪,赌博中的偶然现象就引起了人们的注意. 但促使概率论产生和发展的强大动力来自社会实践. 首先是保险业. 文艺复兴之后,随着航海事业的发展,意大利开始出现海上保险业务,后在其他行业开始普及. 由于保险对象的偶然性,为既能保证保险公司赢利,又能使不同行业的人愿意参加保险,迫切需要对大量偶然现象的规律性进行分析,从而为保险业的发展提供理论支持. 于是,一种专门适用于偶然现象分析的数学工具出现了.

基于对赌徒的赌注分配问题的研究,荷兰数学家惠更斯 1657 年写成了《论赌博中的计算》一书,建立了概率和数学期望等主要概念,塑造了概率论的雏形. 该书成为最早的概率论专著,并由此奠定了古典概率论的基础. 再经瑞士数学家雅各布 · 伯努利,法国数学家棣莫弗、拉普拉斯、蒲丰和泊松,德国数学家高斯,英国数学家麦克斯韦等科学家们的努力,数学方法被成功运用于概率论中,使其成为一门比较系统的科学. 而苏联科学家伯恩斯坦和柯尔莫哥洛夫建立了概率论的公理化体系,使概率论成为一门系统、完整的科学.

目前,概率论被广泛应用于国民经济、工农业生产及各学科领域. 许多兴起的应用学科,如信息论、对策论、排队论、控制论等,也都以概率论为基础. 这促进了概率论的快速发展,并在此基础上发展出数理统计这门学科. 概率论是根据大量同类随机现象的统计规律,对随机现象出现某结果的可能性作出科学的判断,对某结果出现的可能性大小给出数量上的描述,进而形成一整套完整的数学理论和方法. 数理统计是应用概率论的知识研究大量随机现象的规律性,主要是设计定制化的统计方法以对其进行定量研究,同时给出各种判定方法的可靠程度和局限性分析,使我们能从一组样本来判定是否能以相当大的概率来保证某判断是否正确,并控制发生错误的概率.

与其他数学学科相比,概率论与数理统计在研究方法上有其独特性: 第一,由于随机现象的统计规律是一种集体规律,必须在大量同类随机现象中才能呈现出来,所以观察、试验、调查是这门学科研究方法的基石. 同时,作为数学学科的一个分支,它依然有本学科的定义、定理和公理,而且这些定义、定理和公理都是确定的,不存在任何随机性. 第二,在概率论与数理统计研究中,使用的是"由部分推断全体"的统计推断方法,也就是由被抽中的部分个体所得出的结论来推断全体,并由此推断结论的可靠性.

随着科技的蓬勃发展,概率论与数理统计在工程技术、经济管理和金融等领域的应用越来越广泛,并由此形成了许多重要分支,如随机过程、信息论、试验设计、多元分析等. 为适应现代科技和我国高等教育的发展,全面贯彻落实党的二十大精神,我们参阅国内外概率论与数理统计教材并结合多年的教学实践,精心编写了这本书.

为便于学习和应用,对难点内容,我们用 * 号做了标记. 在各章的最后,我们不但给出了该章的基本要求和知识点网格图,还介绍了在概率论与数理统计研究中作出突出贡献的人物,以扩大学生的知识面并提高他们的学习兴趣.

本书配有课件和习题解答,欢迎索取 (csdwshao@163.com 或 wyijumail@163.com).

编　者

2025 年 2 月

目　　录

第 1 章　概率论的基本概念

随着社会的发展和科技的进步, 人们需要了解各类随机现象的必然性, 并用数学方法研究各种随机现象发生的规律, 由此产生了概率论, 并逐步发展成一门严谨的学科. 本章主要介绍概率论的基本概念、常见的概率模型和一些常用的概率计算公式.

1.1　基 本 概 念

1.1.1　随机现象与随机试验

在日常生活和生产实践中, 人们常对一些自然现象进行试验和观察, 以发现其规律性, 从而帮助我们科学地作出决策. 根据试验结果, 这些现象可分为两类:

(1) *确定性现象*　试验结果是确定的. 如抛出的物体一定会落下, 标准大气压下水加热到 100℃ 会沸腾, 石块放到水里会下沉, 等等.

(2) *不确定现象*　试验结果不唯一, 也不确定. 如抛出的硬币落地后可能是正面, 也可能是反面; 抛掷骰子时, 出现的点数为自然数 1~6 中的一个; 机床加工的产品可能合格, 也可能不合格.

对于不确定现象, 在试验之前不能确定试验结果, 但通过大量的试验和观察发现, 试验结果会呈现某种规律性. 如将质地均匀的硬币抛掷多次, 落地后出现正面和反面的次数之比接近 $1:1$; 抛掷骰子时, 每个点数出现的概率接近 $1/6$. 基于此, 将试验结果呈现某种规律性的不确定现象称为**随机现象**.

日常生活中, 随机现象十分普遍, 如彩票中奖、同类产品的使用寿命等. 随机现象从表面上看是杂乱无章的, 但随着试验次数的增多, 其总体会呈现一定的规律性, 而且这种规律性随着试验次数的陡增而愈加明显. 这种大量同类随机现象所呈现出来的规律性, 称作**统计规律性**. 概率统计就是研究随机现象统计规律性的科学.

对于随机现象, 要揭示其内在规律性, 有时需要在相同条件下进行大量重复性试验, 这样的试验称为随机试验, 简称**试验**, 常用字母 E 表示. 例如:

E_1 : 抛掷一颗骰子, 观察出现的点数;

E_2 : 观察某网站在某时段内的点击次数;

E_3 : 打靶比赛时, 射击一次, 观察是否击中目标;

E_4 : 射击比赛时, 射击一次, 观察击中的环数.

容易发现, 上述试验有如下特点:

(1) 试验的可重复性: 每一个试验在相同条件下可重复进行.

当然, 这里的相同条件是指一些主要条件, 因为还有一些次要条件和偶然因素是人们无法掌控的. 也正因如此, 才会在相同条件下出现不确定的结果.

(2) 全部试验结果的可知性: 试验的结果不唯一, 但所有可能出现的结果是可知的.

(3) 试验结果的随机性, 即规律性: 在每次试验中, 无法预知哪个结果会出现, 但每个结果的出现有一定的规律性.

1.1.2 样本空间与事件

对于随机现象, 尽管每次随机试验前不能预知试验结果, 但试验所有可能出现的结果是已知的. 为此, 将随机试验所有可能出现的结果所组成的集合称为随机试验的**样本空间**, 记为 Ω. 样本空间 Ω 中的每个元素, 即随机试验可能出现的每个结果称为随机试验的**样本点**. 据此, 对前面给出的随机试验, 其样本空间分别为

$$\Omega_1=\{1,2,3,4,5,6\},\quad \Omega_2=\{0,1,2,3,\cdots\};$$

对射击试验, 用 H 表示击中目标, $\overline{H}$ 表示未击中目标, 则 E_3 和 E_4 的样本空间分别为

$$\Omega_3=\{H,\overline{H}\},\quad \Omega_4=\{0,1,2,3,4,5,6,7,8,9,10\}.$$

易知, 试验 E_2 的样本空间中含有无穷多个样本点, 而其余试验的样本空间中含有有限个样本点. 由此可知, 样本空间中样本点的个数是由试验内容决定的, 它可以是有限个, 也可以是无限个. 一般地, 不同的试验有不同的样本空间. 如 E_3 和 E_4 同是对靶子射击一次, 但由于试验目的不同, 观察对象不同, 样本空间也就不同, 对应的样本点数自然也不同.

做随机试验时, 人们更关心满足某些条件的样本点. 将满足这些条件的样本点收集在一起, 称由其组成的集合为随机事件, 简称**事件**, 一般用字母 $A, B, C, \cdots$ 表示. 显然, 随机事件是样本空间 Ω 的一个子集. 在随机试验中, 若试验结果落在某事件对应的集合中, 则称该**事件发生**; 否则, 称该**事件没发生**. 对随机试验, 一个事件可能发生也可能不发生, 所以事件具有随机性.

在试验 E_1 中, 用 B 表示事件 $\{$点数大于或等于 5$\}$, 则 $B=\{5,6\}$. 显然, 事件 B 发生当且仅当骰子的点数为 $5,6$ 中的一个.

所有事件的全体构成**事件域**, 记为 $\mathcal{F}$. 下面是几类常见的事件.

(1) 基本事件　若事件 A 满足 $|A|=1$, 即事件 A 只含有一个样本点, 则称事件 A 为基本事件. 如在掷骰子试验中, $\{1\}$, $\{2\}$, $\{3\}$, $\{4\}$, $\{5\}$, $\{6\}$ 均为基本事件.

(2) 必然事件　如果随机事件 A 含有所有样本点, 也就是 $A=\Omega$, 那么在每次试验中, 事件 A 总发生. 这样的事件称为必然事件.

(3) 不可能事件　若事件 A 不含任何样本点, 那么在每次试验中, 事件 A 总不发生, 则称这样的事件为不可能事件, 通常记为 $\varnothing$.

必然事件和不可能事件都是确定性事件. 所以从严格意义上讲, 它们不是随机事件. 但为便于讨论, 仍把它们看作随机事件.

1.1.3　事件之间的关系和运算

在随机试验中, 不仅要关注单个事件, 还要探讨多个事件之间的关系. 基于集合之间的关系和运算, 可得事件之间的关系和运算.

(1) 和运算　称 $A\cup B=\{x \mid x\in A \text{ 或 } x\in B\}$ 为事件 A 与 B 的**和事件**. 该事件发生当且仅当事件 A, B 中至少有一个发生.

类似地, 称 $\bigcup\limits_{k=1}^{n} A_k$ 为事件 $A_1, A_2, \cdots, A_n$ 的和事件, 它表示由事件 $A_1, A_2, \cdots, A_n$ 中所有的样本点所构成的事件; $\bigcup\limits_{k=1}^{\infty} A_k$ 为可列个事件 $A_1, A_2, \cdots$ 的和事件, 它表示由这些事件中的所有样本点所构成的事件.

(2) 积运算　称 $A\cap B=\{x \mid x\in A \text{ 且 } x\in B\}$ 为事件 A 与 B 的**积事件**. 该事件发生当且仅当事件 A, B 同时发生. 积事件常简记为 AB.

类似地, 称 $\bigcap\limits_{k=1}^{n} A_k$ 为事件 A_1, A_2, $\cdots, A_n$ 的积事件, 该事件发生当且仅当事件 $A_1, A_2, \cdots, A_n$ 同时发生; $\bigcap\limits_{k=1}^{\infty} A_k$ 为可列个事件 $A_1, A_2, \cdots$ 的积事件, 该事件发生当且仅当事件 $A_1, A_2, \cdots$ 同时发生.

(3) 补运算　称 $\overline{A}=\{x \mid x\in\Omega, x\notin A\}$ 为事件 A 的**补事件**. 该事件发生当

且仅当事件 A 不发生.

(4) *差运算* 称 $A-B=\{x \mid x\in A, x\notin B\}$ 为事件 A 与 B 的**差事件**. 该事件发生当且仅当事件 A 发生而事件 B 不发生. 利用补运算和积运算, 差运算可写成 $A\overline{B}$.

由差运算的定义, 对任意事件 A, 有

$$A-A=\varnothing,\quad A-\varnothing=A,\quad A-\Omega=\varnothing,\quad \Omega-A=\overline{A}.$$

图 1.1～图 1.4 中的阴影部分标出了将事件 A,B 进行不同运算时的结果.

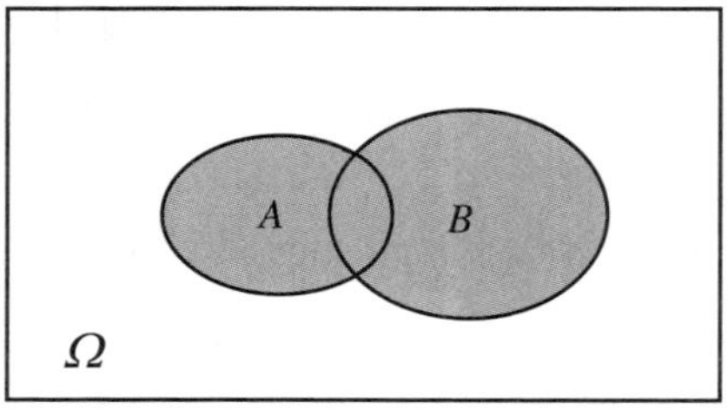

图 1.1 事件 A 与 B 的和事件

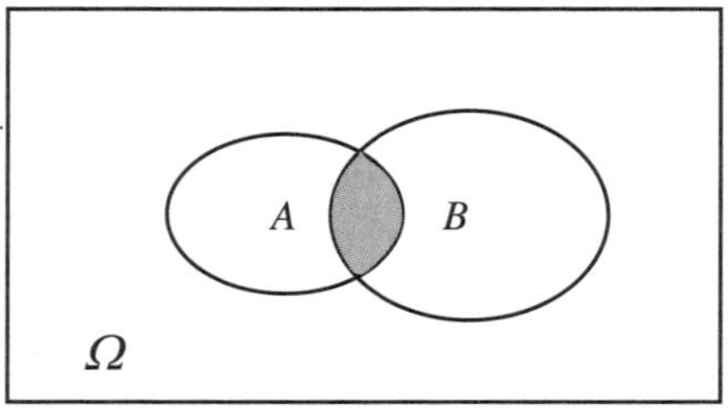

图 1.2 事件 A 与 B 的积事件

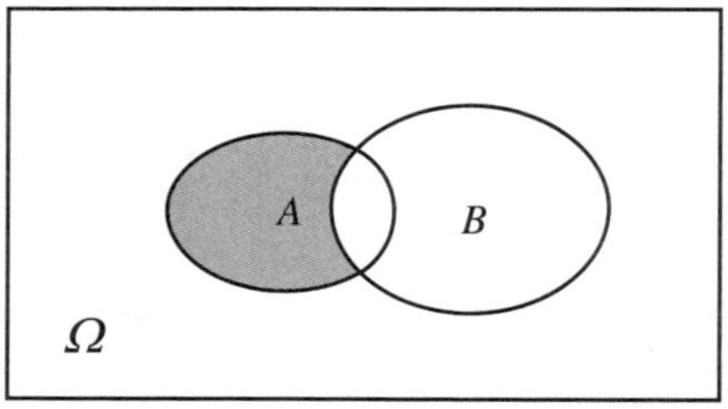

图 1.3 事件 A 与 B 的差事件

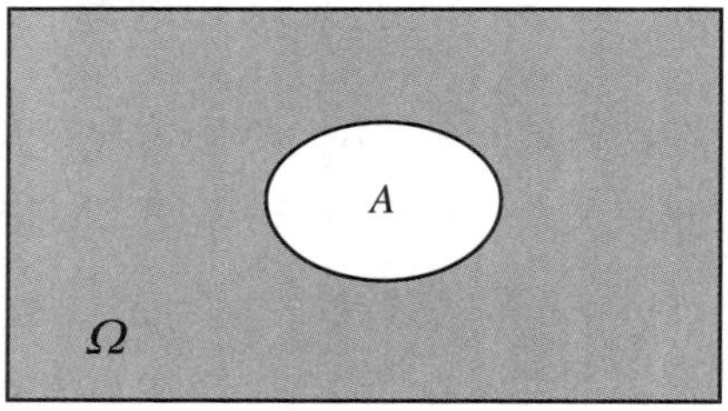

图 1.4 事件 A 与 B 的补事件

基于集合之间的运算定律, 可得到事件之间的运算定律:

(1) 交换律 $A\cup B=B\cup A, A\cap B=B\cap A$;

(2) 结合律 $A\cup(B\cup C)=(A\cup B)\cup C, A\cap(B\cap C)=(A\cap B)\cap C$;

(3) 分配律 $A\cap(B\cup C)=(A\cap B)\cup(A\cap C), A\cup(B\cap C)=(A\cup B)\cap(A\cup C)$;

(4) 对偶律 (德摩根定律) $\overline{A\cup B}=\overline{A}\cap\overline{B}$, $\overline{A\cap B}=\overline{A}\cup\overline{B}$.

德摩根定律可推广到多个事件的情形, 即对有限个或可列个事件 $\{A_k\}$, 有

$$\overline{\bigcup_k A_k}=\bigcap_k\overline{A}_k,\quad \overline{\bigcap_k A_k}=\bigcup_k\overline{A}_k.$$

基于上述运算, 可定义事件之间的关系.

(1) 包含关系　若事件 A 中的试验结果全部属于事件 B, 则称事件 B **包含**事件 A, 记作 $A \subset B$. 此时, 若事件 A 发生, 则事件 B 发生. 如果 $A \subset B$ 且 $A \supset B$, 则事件 A 与 B **相等**, 即 $A = B$. 显然, 对任意事件 A, 有

$$\varnothing \subset A \subset \Omega.$$

(2) 不相容关系　若事件 A, B 满足 $A \cap B = \varnothing$, 即在同一次随机试验中事件 A 和 B 不能同时发生, 则称事件 A 和 B **不相容**或**互斥**. 显然, 两个事件不相容当且仅当它们没有公共的样本点. 如果事件列 $A_1, A_2, \cdots, A_n$ 中的任意两个事件都不相容, 则称该事件列**两两不相容**.

(3) 对立关系　若事件 A, B 满足 $A \cap B = \varnothing$ 且 $A \cup B = \Omega$, 则称事件 A 和 B 互为**对立事件**. 它表示对每次试验, 事件 A 和 B 中有且仅有一个发生, 记为 $A = \overline{B}$ 或 $B = \overline{A}$. 事实上, 事件 A 的对立事件为 $\overline{A}$.

例 1　甲、乙、丙三人各投篮一次, 记事件 $A = \{$甲投中$\}$, $B = \{$乙投中$\}$, $C = \{$丙投中$\}$, 则下列各事件可通过事件 A, B, C 表示:

(1) 甲投中而乙未投中: $A\overline{B}$;

(2) 三人均未投中: $\overline{A}\ \overline{B}\ \overline{C}$;

(3) 三人中恰好有一人投中: $A\overline{B}\ \overline{C} \cup \overline{A}B\overline{C} \cup \overline{A}\ \overline{B}C$;

(4) 三人中至少有一人投中: $A \cup B \cup C$;

(5) 三人中至少有一人未投中: $\overline{A} \cup \overline{B} \cup \overline{C}$ 或 $\overline{ABC}$;

(6) 三人中至多一人投中: $A\overline{B}\ \overline{C} \cup \overline{A}B\overline{C} \cup \overline{A}\ \overline{B}C \cup \overline{A}\ \overline{B}\ \overline{C}$.

1.2　概率的定义和性质

对于随机试验, 人们不能预知某事件是否发生. 但对于有些试验, 凭直觉可以判断两事件发生的可能性大小, 如从装有 5 个白球和 2 个黑球的袋子中随机抽取一球, 抽到白球比抽到黑球的可能性大. 但我们更想知道抽到这两种球的可能性到底有多大. 为此, 人们在频率的基础上建立了概率的公理化定义.

1.2.1　频率与概率

定义 1.1　设在 n 次随机试验中, 事件 A 发生的次数为 n_A, 则称 $f_n(A) = \dfrac{n_A}{n}$ 为在 n 次试验中事件 A 发生的频率, 简称事件 A 的**频率**.

凭直觉和经验, 容易建立事件发生的频率高低和事件发生的可能性大小之间的关系: 事件发生的频率越高, 事件发生的可能性就越大; 反之亦然. 所以, 一个直观的想法是利用事件发生的频率表述事件发生的概率, 即用频率量化事件发生的可能性大小. 但下面的例子说明, 这样做不可取.

例 1 数学家德摩根、蒲丰和皮尔逊分别通过抛硬币试验得到如表 1.1 所示的数据.

表 1.1

试验者	试验次数	正面次数	频率
德摩根	2048	1061	0.5181
蒲丰	4040	2048	0.5069
皮尔逊	12000	6019	0.5016
皮尔逊	24000	12012	0.5005

根据表 1.1 中的试验结果, 可得如下启示: 首先, 不同的人或者同一个人在不同时间做抛硬币试验时, 出现正面的频率是不一样的, 也就是说, 事件发生的频率不是固定的; 其次, 当试验次数 n 逐渐增大时, 频率 f_n 逐渐趋于常数 0.5. 第一点表明频率不能作为概率的定义, 而第二点表明, 在试验次数很大时, 频率 f_n 呈现一定的稳定性. 此时, 用其表征事件概率的大小是合适的. 也就是说, 在试验次数很大时, 可将频率作为事件概率的参考值. 遗憾的是, 对于有些自然现象, 我们无法进行大规模重复性试验. 同时, 为了理论研究的需要, 有必要建立概率的公理化定义. 为此, 人们对频率进行特征分析, 得到如下性质:

(1) $0 \leqslant f_n(A) \leqslant 1$;

(2) $f_n(\Omega) = 1$;

(3) 若事件 $A_1, A_2, \cdots, A_k$ 两两不相容, 则

$$f_n\left(\bigcup_{i=1}^{k} A_i\right) = f_n(A_1) + f_n(A_2) + \cdots + f_n(A_k).$$

基于频率的上述特性, 可建立概率的定义.

定义 1.2 设 $P(\cdot)$ 为定义在样本空间 Ω 的事件域 $\mathcal{F}$ 上的函数. 若其满足

(1) 非负性 对于任意事件 A, $P(A) \geqslant 0$;

(2) 规范性 $P(\Omega) = 1$;

(3) 可列可加性 对任意可列个两两不相容事件 $A_1, A_2, \cdots, A_k, \cdots$, 成立

$$P(\bigcup_{k=1}^{\infty} A_k) = \sum_{k=1}^{\infty} P(A_k),$$

则称 P 为样本空间 Ω 的事件域 $\mathcal{F}$ 上的**概率**. 具有上述结构的样本空间称为**概率空间**, 记为 $(\Omega, \mathcal{F}, P)$.

这里补充一下可列集的概念. 众所周知, 集合分为有限集和无限集. 对有限集, 可通过其含有元素个数的多少比较其大小. 而对无限集, 无法这样做. 对此, 人们借助自然数列这个最基本的无限集来比较其大小. 具体地, 如果一个无限集与自然数集之间存在一一映射, 即存在某规则可将无限集中的元素一一列出, 既不漏也不重, 则称该集合为可列集, 又称可数集, 并称该集合含有可列个元素, 否则称其为不可列集. 自然数集、整数集和有理数集都是可列集. 可列集是最小的无限集. 无理数集、实数集、区间集和平面上一条封闭曲线围起来的点集都是不可列无限集.

1.2.2　概率的性质

性质 1.1　设 P 是定义在样本空间 Ω 的事件域 $\mathcal{F}$ 上的概率, 则

(1) $P(\varnothing) = 0$;

(2) 有限可加性　对任意两两不相容事件列 $A_1, A_2, \cdots, A_n$, 成立

$$P(\bigcup_{k=1}^{n} A_k) = \sum_{k=1}^{n} P(A_k);$$

(3) 单调性　若 $A \subset B$, 则 $P(B) \geqslant P(A)$, 且 $P(B - A) = P(B) - P(A)$;

(4) 对任意事件 A, $0 \leqslant P(A) \leqslant 1$, 且 $P(\overline{A}) = 1 - P(A)$;

(5) 加法公式　对任意事件A, B, 成立

$$P(A \cup B) = P(A) + P(B) - P(AB);$$

(6) 减法公式　对任意事件A, B, 成立

$$P(A - B) = P(A) - P(AB);$$

(7)* 概率的连续性　设事件列 $A_1, A_2, \cdots, A_k, \cdots$ 满足单调关系

$$A_k \supset A_{k+1}\ (\forall k) \quad 或 \quad A_k \subset A_{k+1}\ (\forall k),$$

定义集合序列极限

$$A = \lim_{k\to\infty} A_k = \begin{cases} \bigcap\limits_{k=1}^{\infty} A_k, & A_k \supset A_{k+1}, \\ \bigcup\limits_{k=1}^{\infty} A_k, & A_k \subset A_{k+1}. \end{cases}$$

则 $P(\lim\limits_{k\to\infty} A_k) = \lim\limits_{k\to\infty} P(A_k)$.

证明 (1) 该性质从概率的通俗化定义很容易理解. 下面用概率的公理化定义证明.

令 $A_k = \varnothing\ (k = 1, 2, \cdots)$, 则 $\bigcup\limits_{k=1}^{\infty} A_k = \varnothing$, 且对任意 $k \neq l$, $A_k \cap A_l = \varnothing$. 由概率的可列可加性, 得

$$P(\varnothing) = P(\bigcup_{k=1}^{\infty} A_k) = \sum_{k=1}^{\infty} P(A_k) = \sum_{k=1}^{\infty} P(\varnothing).$$

再利用概率的非负性知 $P(\varnothing) = 0$.

(2) 令 $A_{n+1} = A_{n+2} = \cdots = \varnothing$, 则事件列 $A_1, A_2, \cdots, A_k, \cdots$ 满足

$$A_k \cap A_l = \varnothing\ (\forall\ k \neq l), \quad \bigcup_{k=1}^{n} A_k = \bigcup_{k=1}^{\infty} A_k.$$

利用概率的可列可加性和 (1) 中的结论, 得

$$P(\bigcup_{k=1}^{n} A_k) = P(\bigcup_{k=1}^{\infty} A_k) = \sum_{k=1}^{\infty} P(A_k) = \sum_{k=1}^{n} P(A_k).$$

(3) 由于 $A \subset B$, 故 $B = A \cup (B - A)$, 且 $A \cap (B - A) = \varnothing$. 利用概率的有限可加性, 得

$$P(B) = P(A) + P(B - A).$$

再利用概率的非负性知 $P(B) \geqslant P(A)$.

(4) 由于 $A \subset \Omega$, 利用概率的单调性, 知

$$P(A) \leqslant P(\Omega) = 1.$$

又 A 与 $\overline{A}$ 互为对立事件, 根据概率的有限可加性, 得

$$1 = P(\Omega) = P(A \cup \overline{A}) = P(A) + P(\overline{A}).$$

(5) 由于 $A \cup B = A \cup (B - AB)$, 且 $A \cap (B - AB) = \varnothing$, 利用概率的有限可加性, 得

$$P(A \cup B) = P(A) + P(B - AB).$$

再利用 $AB \subset B$ 和 (3) 中的结论, 得

$$P(A \cup B) = P(A) + P(B) - P(AB).$$

(6) 由于 $A=(A-B)\cup AB$, 且事件 $A-B$ 与 AB 不相容, 故

$$P(A)=P(A-B)+P(AB).$$

整理即得命题结论.

(7)* 仅对事件列 $\{A_k\}$ 单调递减的情况进行证明.

先考虑 $\bigcap\limits_{k=1}^{\infty} A_k=\varnothing$ 的情况. 此时, 由于 $A_n=\bigcup\limits_{k=n}^{\infty}(A_k-A_{k+1})$, 且事件列 $\{(A_k-A_{k+1})\}$ 两两不相容, 由概率的可列可加性, 得

$$1\geqslant P(A_1)=\sum_{k=1}^{\infty}P(A_k-A_{k+1}).$$

由于 $P(A_n)=\sum\limits_{k=n}^{\infty}P(A_k-A_{k+1})$ 为上述正项收敛级数的尾项, 所以

$$\lim_{n\to\infty}P(A_n)=0.$$

从而有

$$P(\lim_{k\to\infty}A_k)=P(\bigcap_{k=1}^{\infty}A_k)=P(\varnothing)=0=\lim_{k\to\infty}P(A_k).$$

结论得证.

再考虑一般情况. 令

$$B_k=A_k-A,\quad k=1,2,\cdots,$$

则 $B_k=A_k\cap\overline{A}$. 再由 $A_k\supseteq A_{k+1}$ 知 $B_k\supset B_{k+1}$. 进一步, 有

$$\bigcap_{k=1}^{\infty}B_k=\bigcap_{k=1}^{\infty}(A_k\cap\overline{A})=(\bigcap_{k=1}^{\infty}A_k)\cap\overline{A}=A\cap\overline{A}=\varnothing.$$

利用上述结论, 得

$$\lim_{k\to\infty}P(B_k)=0.$$

再利用

$$P(B_k)=P(A_k-A)=P(A_k)-P(A),$$

得

$$\lim_{k\to\infty}P(A_k)=P(A).$$ □

需要指出的是, 概率的单调性是建立在 $A\subset B$ 的前提下的, 若无此条件, 结论不能保证.

对概率的加法公式, 利用数学归纳法可将其推广到任意多个事件的情形, 即对于任意 n 个事件 $A_1,A_2,\cdots,A_n$, 成立

$$P(\bigcup_{k=1}^{n}A_k)=\sum_{k=1}^{n}P(A_k)-\sum_{1\leqslant i<j\leqslant n}P(A_iA_j)+\sum_{1\leqslant i<j<k\leqslant n}P(A_iA_jA_k)-\cdots$$

$$+ (-1)^{n-1}P(A_1A_2\cdots A_n).$$

特别地, 当 $n=3$ 时,

$$P(A_1\cup A_2\cup A_3)=P(A_1)+P(A_2)+P(A_3)-P(A_1A_2)-P(A_1A_3)\\ -P(A_2A_3)+P(A_1A_2A_3).$$

例 2 设事件 A,B,C 满足

$$P(A)=P(B)=P(C)=\frac{1}{4},\quad P(AB)=0,\quad P(AC)=P(BC)=\frac{1}{16}.$$

求事件 A,B,C 都不发生的概率.

解 事件 A,B,C 都不发生可表示为 $\overline{A\cup B\cup C}$. 为计算该事件的概率, 下面计算其对立事件 $A\cup B\cup C$ 的概率.

由 $P(AB)=0$ 知 $P(ABC)=0$. 从而由加法公式, 得

$$\begin{aligned}P(A\cup B\cup C)&=P(A)+P(B)+P(C)-P(AB)\\&\quad -P(AC)-P(BC)+P(ABC)\\&=\frac{1}{4}\times 3-0-\frac{1}{16}-\frac{1}{16}+0=\frac{5}{8}.\end{aligned}$$

所以, 事件 A,B,C 都不发生的概率为

$$P(\overline{A\cup B\cup C})=1-P(A\cup B\cup C)=\frac{3}{8}.$$

例 3 设事件 A,B 满足

$$P(\overline{A})=0.5,\quad P(\overline{A}B)=0.2,\quad P(B)=0.4.$$

分别计算 $P(AB)$, $P(A-B)$, $P(A\cup B)$, $P(\overline{A}\,\overline{B})$.

解 首先, 由概率的性质 $P(B)=P(AB)+P(\overline{A}B)$, 得

$$P(AB)=P(B)-P(\overline{A}B)=0.4-0.2=0.2.$$

其次, 利用

$$P(A)=1-P(\overline{A})=1-0.5=0.5$$

及概率的减法公式, 得

$$P(A-B)=P(A)-P(AB)=0.5-0.2=0.3.$$

再由概率的加法公式, 得

$$P(A \cup B) = P(A) + P(B) - P(AB) = 0.5 + 0.4 - 0.2 = 0.7.$$

最后, 由事件的对偶律及前一计算结果, 得

$$P(\overline{A}\ \overline{B}) = P(\overline{A \cup B}) = 1 - P(A \cup B) = 1 - 0.7 = 0.3.$$

例 4　某城市居民中拥有燃油轿车的占 45%, 拥有电动轿车的占 35%, 同时拥有燃油轿车和电动轿车的占 10%. 计算该城市居民中只拥有一种轿车的比例.

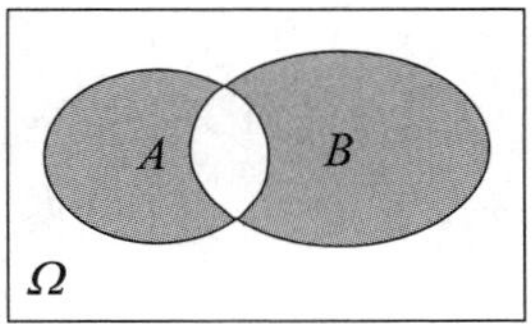

图 1.5

解　记事件 A ={拥有燃油轿车}, B ={拥有电动轿车}, C ={只拥有一种轿车}. 则 $C = A\overline{B} \cup \overline{A}B$ (见图 1.5).

由于事件 $A\overline{B}$ 与 $\overline{A}B$ 不相容, 故

$$\begin{aligned} P(C) &= P(A\overline{B}) + P(\overline{A}B) = P(A - AB) + P(B - AB) \\ &= P(A) - P(AB) + P(B) - P(AB) \\ &= 0.45 - 0.1 + 0.35 - 0.1 = 0.6. \end{aligned}$$

1.3　古典概型与几何概型

在概率论发展初期, 人们首先对某些特殊的随机现象进行研究, 利用其特殊性得到了概率的计算方法. 本节主要介绍两种特殊的概率模型: 古典概型和几何概型.

1.3.1　古典概型

从装有 10 个大小、外形和质量完全相同的球的袋子里随机抽取一个球. 由于抽取的随机性, 每个球都等可能地被抽中. 也就是说, 每个球被抽中的概率都是 1/10. 这就是古典概型. 具体地, 若随机试验的样本空间含有有限个样本点, 且每个基本事件发生的概率都相等, 则称这样的概率模型为**古典概型**.

下面讨论古典概型的概率计算公式.

对古典概型, 设样本空间 Ω 中的样本点总数为 n, 不妨记 $\Omega=\{e_1,e_2,\cdots,e_n\}$, 则 $\Omega=\{e_1\}\cup\{e_2\}\cup\cdots\cup\{e_n\}$. 由概率的规范性和有限可加性,得

$$1=P(\Omega)=P(\bigcup_{k=1}^{n}\{e_k\})=\sum_{k=1}^{n}P(\{e_k\}).$$

由于每个基本事件等可能发生, 所以基本事件发生的概率为

$$P(\{e_k\})=\frac{1}{n},\quad k=1,2,\cdots,n.$$

设事件 A 中有 k 个样本点, 即 $A=\{e_{i_1},e_{i_2},\cdots,e_{i_k}\}$, 其中 $i_1,i_2,\cdots,i_k$ 为 $1,2,\cdots,n$ 中 k 个不同的数. 显然, $A=\{e_{i_1}\}\cup\{e_{i_2}\}\cup\cdots\cup\{e_{i_k}\}$. 由于基本事件 $\{e_{i_j}\}$ $(j=1,2,\cdots,k)$ 两两不相容, 故

$$P(A)=\sum_{j=1}^{k}P(\{e_{i_j}\})=\frac{k}{n}.$$

显然, 它可写成

$$P(A)=\frac{|A|}{|\Omega|}.$$

这里 $|A|$ 和 $|\Omega|$ 分别表示事件 A 和样本空间 Ω 含有的样本点数. 这就是古典概型的概率计算公式. 据此, 要计算古典概型事件的概率, 只需点清样本空间和事件中的样本点数.

例 1 抛硬币三次. 分别求恰好出现一次正面和至少出现一次正面的概率.

解 分别用 0, 1 代表硬币的反面和正面, 并分别记事件出现一次正面和至少出现一次正面为 A,B. 将抛硬币三次视作一次随机试验, 则

$$\begin{aligned}\Omega=&\{111,110,101,011,100,010,001,000\},\\ A=&\{100,010,001\},\\ B=&\{111,110,101,011,100,010,001\}.\end{aligned}$$

由于每次抛硬币时, 硬币出现反、正面的概率相等, 所以上述样本空间中每个样本点出现的概率相等. 从而由古典概型的概率计算公式, 得

$$P(A)=\frac{3}{8},\quad P(B)=\frac{7}{8}.$$

在抛硬币试验中, 出现正、反面的概率各为 0.5, 也就是抛硬币一次有 50% 的可能性出现正面. 但该例说明, 抛硬币三次也不能保证出现一次正面. 实际上, 抛硬币任意多次也不能保证百分百出现一次正面. 我们只能说, 随着抛硬币次数的增多, 至少出现一次正面的可能性越来越大. 这就是事件的随机性.

从概率计算的角度讲, 上例中, 样本空间和事件中的样本点可以一一罗列出. 但对于很多随机试验, 很难做到这一点. 如将上例中的抛币次数增加到 50, 我们就很难列出所有样本点. 对此我们用排列组合的知识来计算样本点数.

从 n 个不同元素中任意取 $k\,(1\leqslant k\leqslant n)$ 个的不同排列数为

$$\mathrm{P}_n^k=n(n-1)(n-2)\cdots(n-k+1)=\frac{n!}{(n-k)!}.$$

而从 n 个不同元素中任意取 $k\,(1\leqslant k\leqslant n)$ 个的不同组合数为

$$\mathrm{C}_n^k=\frac{n!}{(n-k)!k!}.$$

C_n^k 常记作 $\dbinom{n}{k}$. 显然, 组合数与排列数之间满足 $\mathrm{P}_n^k=\mathrm{C}_n^k k!$.

例 2　货架上有外观相同、质量相等的 15 件商品, 其中 12 件来自产地甲, 3 件来自产地乙. 现从中随机抽取两件, 求这两件商品来自同一产地的概率.

解　从 15 件商品中随机抽取两件, 共有 C_{15}^2 种不同的取法, 即样本点总数为

$$n=\mathrm{C}_{15}^2=\frac{15\times 14}{2\times 1}=105.$$

容易计算, 事件 $A_1=$\{两件商品来自产地甲\}, $A_2=$\{两件商品来自产地乙\} 中的样本点数分别为

$$k_1=\mathrm{C}_{12}^2=\frac{12\times 11}{2\times 1}=66,\quad k_2=\mathrm{C}_3^2=3.$$

由于事件 $A=$ \{两件商品来自同一产地\} $=A_1\cup A_2$, 且事件 A_1 与 A_2 互不相容, 所以事件 A 中的样本点数为 $k=k_1+k_2=69$. 故所求事件的概率为

$$P(A)=\frac{k}{n}=\frac{69}{105}=\frac{23}{35}.$$

例 3　一个盒子里装有 n 张奖券, 其中只有一张有奖. 现有 k 个人依次抽取, 每人抽取一张, 其中 $1\leqslant k\leqslant n$. 求第 k 个人中奖的概率.

解　记事件 $A=$\{第 k 个人中奖\}, 则该随机试验的样本点总数, 即 k 张奖券的所有不同抽法数为

$$n(n-1)(n-2)\cdots(n-k+1).$$

由于 n 张奖券中只有一张中奖, 所以若事件 A 发生, 则只能是前 $k-1$ 次抽取未中奖而第 k 次抽取中奖. 所以事件 A 的样本点数, 即满足事件 A 发生的所有不同抽法数为

$$(n-1)(n-2)\cdots(n-k+1)\cdot 1.$$

根据古典概型的概率计算公式, 得

$$P(A)=\frac{(n-1)(n-2)\cdots(n-k+1)\cdot 1}{n(n-1)(n-2)\cdots(n-k+1)}=\frac{1}{n}.$$

根据该例, 抽取奖券时中奖的概率与抽取的先后次序无关. 但在现实生活中, 有的人时而中奖, 有的人经常中奖, 而有的人总是不中奖, 这或许只能用运气来解释.

例 4 从整数 1 ~ 1 000 中随机抽取一个. 求它不能同时被 2 和 3 整除的概率.

解 记 $A=\{$抽到的数能被 2 整除$\}$, $B=\{$抽到的数能被 3 整除$\}$, 则所求事件为 $\overline{A}\ \overline{B}$. 下面利用 $\overline{A}\ \overline{B}=\overline{A\cup B}$, 计算对立事件 $A\cup B$ 的概率. 利用概率的加法公式

$$P(A\cup B)=P(A)+P(B)-P(AB).$$

为此, 分别计算 $P(A),P(B),P(AB)$.

首先, 由

$$\frac{1\,000}{2}=500,\quad 333<\frac{1\,000}{3}<334,$$

知整数 1 ~ 1 000 中能被 2 整除的数有 500 个, 能被 3 整除的数有 333 个. 由抽取的随机性知

$$P(A)=\frac{500}{1\,000}=0.5,\quad P(B)=\frac{333}{1\,000}=0.333.$$

再由 $166<1\,000/6<167$, 知整数 1 ~ 1000 中能同时被 2 和 3 整除的数有 166 个. 故抽到的数能同时被 2 和 3 整除的概率为

$$P(AB)=\frac{166}{1\,000}=0.166.$$

由此, 抽到的整数既不能被 2 整除又不能被 3 整除的概率为

$$\begin{aligned}P(\overline{A}\ \overline{B})=&1-\big(P(A)+P(B)-P(AB)\big)\\=&1-0.5-0.333+0.166=0.333.\end{aligned}$$

在给出下个例子之前, 先给出抽样及其有关概念.

抽样 从被考察对象中随机抽取一个, 然后观察其特征的过程称为**抽样**.

抽样主要用于产品检验, 其目的是通过对被抽取的小样本的特征来估计和推断全部调查对象的特征. 如果抽取超过一次, 则抽样又分为放回抽样和不放回抽样.

放回抽样　从被考察对象中随机抽取一个, 观察其特征后放回, 混合均匀后再随机抽取.

不放回抽样　从被考察对象中随机抽取一个, 观察其特征后不放回, 继续随机抽取.

对于不放回抽样, 在下次抽取时, 可供抽取的产品少了一件. 但当产品数量很大且抽样数远小于产品数量时, 第一次抽样对产品的总体分布影响不大. 因此, 在实际中, 一般用不放回抽样近似放回抽样.

例 5　一只袋子中有 4 个白球、2 个黑球. 现从中分别按有放回和无放回两种抽样方式抽取 2 次, 每次抽取一个. 分别计算抽到 2 个白球和至少抽到 1 个白球的概率.

解　记 A, B 分别为事件抽到 2 个白球和至少抽到 1 个白球.

对放回抽样, 每次抽取时, 每个球都等可能被抽到. 所以共有 6×6 种等可能的不同抽法, 即该试验的样本点总数为 36.

对于事件 A, 它要求每次从 4 个不同的白球中抽取一个, 故共有 4×4 种不同的抽法, 即事件 A 含有 16 个样本点. 所以 $P(A) = 16/36 = 4/9$.

对事件 B, 考察其对立事件 $\overline{B}$ ={没抽到白球}. 容易验证, 事件 $\overline{B}$ 中有 $2 \times 2 = 4$ 个样本点. 所以

$$P(\overline{B}) = \frac{4}{36} = \frac{1}{9}.$$

从而

$$P(B) = 1 - P(\overline{B}) = 1 - \frac{4}{36} = \frac{8}{9}.$$

对不放回抽样, 第一次抽取是从 6 个球中随机抽取一个, 第二次是从剩余的 5 个球中随机抽取一个, 所以该随机试验的样本点总数为 $6 \times 5 = 30$.

对于事件 A, 第一次是从 4 个白球中随机抽取一个, 第二次从剩余的 3 个白球中随机抽取一个, 这样有 $4 \times 3 = 12$ 种不同的取法, 即事件 A 有 12 个样本点, 所以

$$P(A) = \frac{12}{30} = \frac{2}{5}.$$

对事件 B, 由于事件 $\overline{B}$ 有 $2 \times 1 = 2$ 个样本点, 所以

$$P(B) = 1 - P(\overline{B}) = 1 - \frac{2}{30} = \frac{14}{15}.$$

下面将该问题推广到更一般的情况.

例 6　设一批产品中有 a 件合格品、b 件次品. 现从中分别按有放回和无放回两种方式随机抽取 n 次, 每次抽取一件. 求抽到 $k\,(0 \leqslant k \leqslant n)$ 件合格品的概率.

解 记事件 A={抽到 k 件合格品}.

对于放回抽样, 在抽取过程中, 每件产品都等可能被抽到, 这样共有 $(a+b)^n$ 种等可能的不同抽法, 即样本空间中的样本点总数为 $(a+b)^n$.

为了计算事件 A 的样本点数, 先计算某特定的 k 次抽到的都是合格品、其余 $n-k$ 次抽到的都是次品的样本点数, 再计算满足这些条件的不同的抽取方式.

假定 n 次抽取中某特定的 k 次抽到的都是合格品, 其余 $n-k$ 次抽到的都是次品. 容易计算, 该情形下的样本点数为 $a^k b^{n-k}$. 实际抽取时, k 次抽到合格品、$n-k$ 次抽到次品的不同抽取方法有 C_n^k 种. 故事件 A 的样本点数为 $\mathrm{C}_n^k a^k b^{n-k}$, 从而事件 A 发生的概率为

$$P(A)=\frac{\mathrm{C}_n^k a^k b^{n-k}}{(a+b)^n}, \quad k=0,1,2,\cdots,n.$$

它可写成

$$P(A)=\mathrm{C}_n^k\left(\frac{a}{a+b}\right)^k\left(\frac{b}{a+b}\right)^{n-k}, \quad k=0,1,2,\cdots,n.$$

记 $p=\dfrac{a}{a+b}, q=\dfrac{b}{a+b}$, 则

$$P(A)=\mathrm{C}_n^k p^k q^{n-k}, \quad k=0,1,2,\cdots,n.$$

上式右端正好对应 $(p+q)^n$ 二项展开式中的 p^k 项. 因此, 该概率模型称为**二项概型**. 自然,

$$\sum_{k=0}^{n}\mathrm{C}_n^k p^k q^{n-k}=(p+q)^n=1.$$

对于不放回抽样, 由于每次抽取不放回, 故可将抽取 n 次看成一次从 $a+b$ 件产品中抽取 $n\,(n<a+b)$ 件. 这样, 该随机试验的样本点总数为 C_{a+b}^n. 对事件 A, 同样将其看成一次从 a 件合格品中随机抽取 k 件, 从 b 件次品中随机抽取 $n-k$ 件. 该情形下所有不同抽法有 $\mathrm{C}_a^k\mathrm{C}_b^{n-k}$ 种, 即事件 A 的样本点数为 $\mathrm{C}_a^k\mathrm{C}_b^{n-k}$. 故

$$P(A)=\frac{\mathrm{C}_a^k\mathrm{C}_b^{n-k}}{\mathrm{C}_{a+b}^n}, \quad k=1,2,\cdots,\min\{a,n\}.$$

该概率模型称为**超几何概型**.

例 7 将 n 个球分别随机地放入 N 个盒子里, 其中 $n\leqslant N$. 求:

(1) 某指定 n 个盒子中各有一个球的概率;

(2) 一个盒子中至多有一个球的概率.

解 记 (1) 和 (2) 中对应的事件分别为 A,B.

首先, 每个球都以 $1/N$ 的概率放入 N 个盒子中的任一个, 所以每个球有 N 种不同的放法. 进而 n 个球放进 N 个盒子里有 N^n 种不同的放法. 这样, 该试验的样本点总数为 N^n.

指定 n 个盒子中各有一个球的不同放法有 $n(n-1)(n-2)\cdots 2\cdot 1$ 种, 即事件 A 的样本点数为 $n!$. 从而

$$P(A)=\frac{n!}{N^n}.$$

若每个盒子最多放一个球, 则这样的放法有 $\mathrm{C}_N^n\cdot n!$ 种. 所以事件 B 发生的概率为

$$P(B)=\mathrm{C}_N^n\cdot\frac{n!}{N^n}.$$

1.3.2　几何概型

若随机试验满足样本空间中有无穷多个样本点, 这些样本点充满一个可度量的区域, 而且任何等度量的区域对应事件的概率相等, 则称这样的概率模型为**几何概型**.

对于几何概型, 记样本空间 Ω 的度量为 $S(\Omega)$, 事件 A 对应区域的度量为 $S(A)$. 该度量是集合元素个数的推广, 它可以是区间长度、区域面积或体积. 需要说明的是, 对同一随机试验, 样本空间 Ω 和事件 A 对应区域的度量单位是一致的.

利用几何概型的"均匀分布"特性, 可得事件 A 的概率

$$P(A)=\frac{S(A)}{S(\Omega)}.$$

例 8　设 a 为正数. 今向半圆 $\{(x,y)\mid 0\leqslant y\leqslant\sqrt{2ax-x^2}\}$ 内随机掷一点, 它落在半圆内任何区域的概率与该区域的面积成正比. 求原点和落点之间的连线与 x 轴夹角小于 $\pi/4$ 的概率.

解　记事件 $A=\{$原点和落点之间的连线与 x 轴的夹角小于 $\pi/4\}$. 容易看出, 该事件对应图 1.6 中的灰色区域.

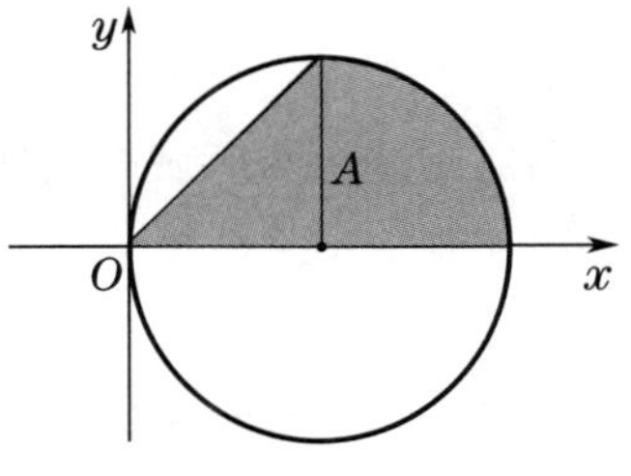

图 1.6

用 $S(A),S(\Omega)$ 表示 A 对应区域和半圆 (样本空间) 对应区域的面积, 则

$$S(\Omega)=\frac{\pi a^2}{2},\quad S(A)=\frac{a^2}{2}+\frac{\pi a^2}{4}.$$

所以

$$P(A)=\frac{a^2/2+\pi a^2/4}{\pi a^2/2}=\frac{1}{2}+\frac{1}{\pi}.$$

例 9 两人约定在 $7\sim 8$ 点在某地会面, 并约定先到者在不超过 8 点且等足 20 分钟便可离去. 设两人在 $7\sim 8$ 点等可能到达. 求两人能会面的概率.

解 记事件 $A=${两人能会面}, 并用 x 和 y 分别表示两人 7 点之后的到达时间 (单位: 分钟). 则样本空间为

$$\Omega=\{(x,y)\mid 0\leqslant x\leqslant 60, 0\leqslant y\leqslant 60\}.$$

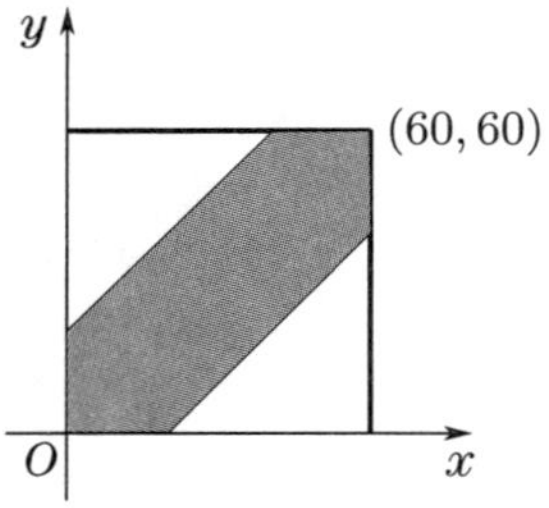

图 1.7

根据约定, 要使事件 A 发生, 即两人能见面, x,y 应满足 $|x-y|\leqslant 20$. 所以

$$A=\{(x,y)\in\Omega \mid |x-y|\leqslant 20\}.$$

它对应于图 1.7 中的阴影部分. 据此, 容易计算

$$P(A)=1-\frac{40^2}{60^2}=\frac{5}{9}.$$

例 10 (蒲丰投针试验) 一张足够大的桌面上画有一族等距的平行线, 每相邻两条线之间的距离为 d. 今将一根长为 l 的针随机地投向该桌面, 其中 $l<d$. 求针与其中一条平行线相交的概率.

解 用与落在桌面上的针距离最近的平行线来表述落针的位置. 记落针的中心点为 O. 从 O 点向最近的一条平行线做一垂线, 记垂线长为 x, 针与垂线的夹角为 θ (见图 1.8). 这样, 针在桌面上的位置可用数对 (x,θ) 表述. 显然, 它们满足

$$0\leqslant x\leqslant \frac{d}{2},\quad 0\leqslant \theta\leqslant \frac{\pi}{2}.$$

它们定义的矩形区域即为样本空间, 其面积为

$$S(\Omega)=\frac{d}{2}\cdot\frac{\pi}{2}=\frac{\pi d}{4}.$$

显然, 针与平行线相交的充要条件是

$$0\leqslant x\leqslant \frac{l}{2}\cos\theta,\quad 0\leqslant \theta\leqslant \frac{\pi}{2}.$$

它同样对应于样本空间 Ω 中的一个区域, 记为 A (见图 1.9). 其面积为

$$S(A)=\int_0^{\pi/2}\frac{l}{2}\cos\theta \mathrm{d}\theta=\frac{l}{2}.$$

由此得针与平行线相交的概率为

$$p = \frac{S(A)}{S(\Omega)} = \frac{l/2}{\pi d/4} = \frac{2l}{\pi d}.$$

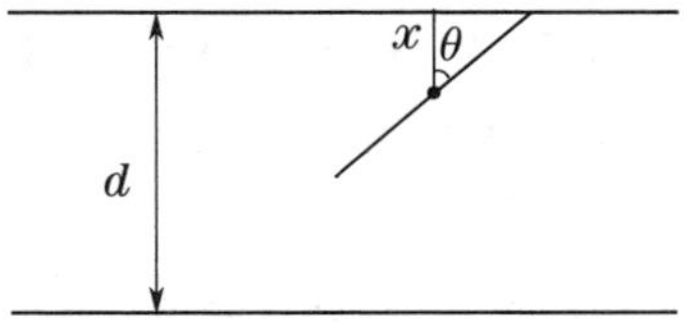

图 1.8

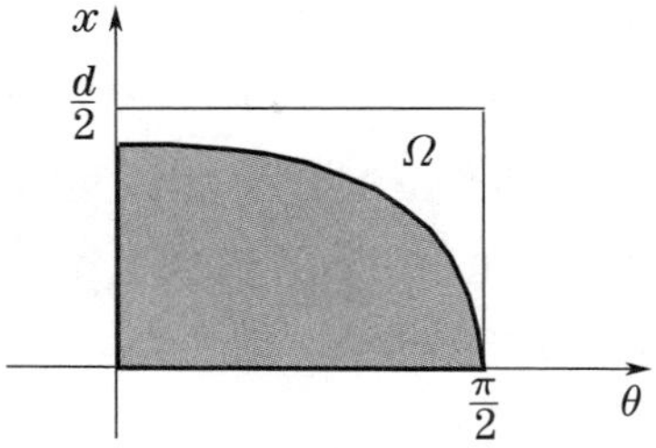

图 1.9

蒲丰投针试验是第一个用几何形式表达概率问题的例子. 由于该计算结果与 π 有关, 所以该试验可用来计算 π 的近似值. 基于此, 人们提出了用随机试验来处理确定性数学问题的蒙特卡罗 (Monte Carlo) 方法. 该名字取自摩纳哥一座赌城的名字.

蒙特卡罗方法的基本思想是先建立一个概率模型, 使所求问题的解恰好是该模型的参数或相关的特征量, 然后模拟一个统计试验, 即多次进行随机抽样试验, 统计出某事件发生的频率. 最后, 基于试验次数足够大时, 频率与概率的高度近似, 根据建立的概率模型求出要估计的参数. 蒙特卡罗方法的适用范围很广, 它既能求解确定性的数学问题, 也能求解随机性的数学问题甚至科学研究中的理论问题.

1.4　条件概率与独立性

1.4.1　条件概率与乘法公式

对 1.3 节例 3 中的抽奖过程做如下分解: 第一个人抽取后, 发现未中奖, 然后再由第二个人抽取. 此时, 第二个人中奖的概率为 $1/(n-1)$. 问题来了: 为什么第二个人中奖的概率较之前有了变化? 原因很简单, 已发生事件, 也就是第一个人抽取未中奖事件影响了第二个人中奖的概率. 这就引出了条件概率的概念. 看下面的例子.

例 1　一个袋子中装有外形、大小和质量完全相同的 5 个红球和 5 个白球. 其中, 2 个红球和 3 个白球各标有一颗星, 其余的球没有星. 现从中随机抽取一球,

求:

(1) 抽到的球标有一颗星的概率;

(2) 在抽到红球的条件下, 该球标有一颗星的概率.

解 (1) 记事件 B={抽到红球}, A={抽到的球标有一颗星}. 由于 10 个球中有 5 个标有一颗星, 利用古典概型的概率计算公式, 得 $P(A)=0.5$.

(2) 若事件 B 发生, 则该实验的样本点总数为 5. 根据假设, 5 个红球中有 2 个标有一颗星. 由古典概型概率计算公式, 在抽到红球的条件下该球标有一颗星的概率为 $2/5=0.4$.

以下对上例做进一步分析. 显然, 上例中的两个问题都是计算抽到的球标有一颗星的概率. 但后一问题是在抽到红球的前提之下. 自然, 有无此假设下的计算结果是不同的. 为此,记后者为 $P(A|B)$, 并称其为事件 B 发生时事件 A 的条件概率, 简称**条件概率**.

$P(A)$ 与 $P(A|B)$ 不同, 这是很容易理解的. 因为条件概率 $P(A|B)$ 是限制在事件 B 已发生的前提下, 而 $P(A)$ 没有. 这就是说, 条件概率 $P(A|B)$ 受到了事件 B 的影响. 那么, 影响程度如何? 或者说, 条件概率 $P(A|B)$ 与概率 $P(B)$ 之间有什么关系? 对此做如下分析.

对上述例子, 根据题设,

$$P(B)=\frac{5}{10},\quad P(AB)=\frac{2}{10}.$$

显然, 计算结果 $P(A|B)=2/5$ 可写成

$$P(A|B)=\frac{2}{5}=\frac{2/10}{5/10}=\frac{P(AB)}{P(B)}.$$

该结论具有普遍性.

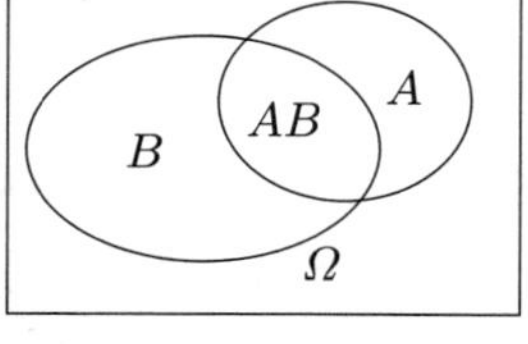

图 1.10

对一般古典概型, 设样本空间的样本点总数为 n, 事件 B 的样本点数为 m, 事件 AB 的样本点数为 r. 若事件 B 已发生, 则其对立事件 $\overline{B}$ 不发生, 从而该随机试验的样本点总数为事件 B 的样本点数 m, 而此时事件 A 发生等同于事件 A,B 同时发生, 故事件 A 的样本点数为事件 AB 的样本点数 r, 见图 1.10. 从而在事件 B 发生的条件下, 事件 A 发生的概率为

$$P(A|B)=\frac{r}{m}=\frac{r/n}{m/n}=\frac{P(AB)}{P(B)}.$$

对几何概型, 设 $S(B), S(AB), S(\Omega)$ 分别表示事件 B, AB, Ω 对应区域的一个度量, 且 $S(B) > 0$, 则

$$P(A|B) = \frac{S(AB)}{S(B)} = \frac{S(AB)/S(\Omega)}{S(B)/S(\Omega)} = \frac{P(AB)}{P(B)}.$$

基于此, 可建立条件概率的定义.

定义 1.3　对事件A, B, 若 $P(B) > 0$, 则称 $P(A|B) = P(AB)/P(B)$ 为事件 B 发生时事件 A 发生的**条件概率**.

由条件概率的计算公式, $P(AB) = P(B)P(A|B)$. 这称为条件概率的**乘法公式**. 类似地, 如果 $P(A) > 0$, 则 $P(AB) = P(A)P(B|A)$.

容易验证, 条件概率 $P(\cdot|B)$ 符合概率定义中的三个条件, 即条件概率 $P(\cdot|B)$ 满足:

(1) 非负性　对于任意事件 A, $P(A|B) \geqslant 0$;

(2) 规范性　$P(\Omega|B) = 1$;

(3) 可列可加性　对于任意两两不相容的事件列 $A_1, A_2, \cdots, A_k, \cdots$, 成立

$$P(\bigcup_{k=1}^{\infty} A_k|B) = \sum_{k=1}^{\infty} P(A_k|B).$$

所以条件概率也是概率, 从而概率的所有性质均适用于条件概率.

例 2　设 100 件产品中有 5 件不合格品. 今采用放回和不放回两种抽取方式依次抽取两件产品. 求在第一次抽到合格品的条件下第二次抽到合格品的概率.

解　记事件 $B = \{$第一次抽到合格品$\}$, $A = \{$第二次抽到合格品$\}$.

容易计算, 对于不放回抽样, $P(A|B) = 94/99$; 对于放回抽样, $P(A|B) = 95/100$.

对于放回抽样, 容易计算得 $P(A) = 95/100$. 它与放回抽样下的条件概率 $P(A|B)$ 相等. 这说明, 对于放回抽样, 事件 B 发生与否并不影响事件 A 发生的概率. 这是很容易理解的, 因为第二次抽取时的状况与第一次完全相同, 即第二次抽取的结果完全不受第一次抽取结果的影响, 这就引出了事件独立性的概念.

1.4.2　事件的独立性

定义 1.4　对事件 A,B, 若事件 B 的发生不影响事件 A 的发生, 即当 $P(B) > 0$ 时, $P(A|B) = P(A)$, 则称事件 A **独立**于事件 B.

下面讨论独立事件的性质, 并给出事件独立的判定条件.

设事件 A 独立于事件 B, 且 $P(A)>0, P(B)>0$, 则由条件概率的定义和乘法公式, 得

$$P(B|A)=\frac{P(AB)}{P(A)}=\frac{P(B)P(A|B)}{P(A)}=\frac{P(A)P(B)}{P(A)}=P(B).$$

这说明事件 B 也独立于事件 A. 因此, 当 $P(A)>0, P(B)>0$ 时, 事件 A 与 B 之间的独立具有对称性. 显然, 此时有

$$P(AB)=P(A)P(B).$$

该结论反过来也成立. 事实上, 对概率非零事件 A,B, 若 $P(AB)=P(A)P(B)$, 则根据条件概率公式,

$$P(A|B)=P(A), \quad P(B|A)=P(B).$$

故事件 A, B 相互独立.

这说明, 当 $P(A)>0, P(B)>0$ 时, 事件 A, B 相互独立的充分必要条件为

$$P(AB)=P(A)P(B).$$

利用 $P(AB)\leqslant \min\{P(A),P(B)\}$, 当 $P(A)=0$ 或 $P(B)=0$ 时, 恒有

$$P(AB)=P(A)P(B).$$

据此, 引入事件独立性的一般定义.

定义 1.5 若事件 A, B 满足 $P(AB)=P(A)P(B)$, 则称事件 A 与 B **相互独立**.

两事件独立的含义是, 其中一个事件的发生不影响另一个事件的发生. 实际应用时, 若两个事件之间没有关联或关联度很小, 就认为它们是独立的.

下面是独立事件的性质.

性质 1.2 若事件 A, B 相互独立, 则事件 A 与 $\overline{B}$, $\overline{A}$ 与 B, $\overline{A}$ 与 $\overline{B}$ 分别相互独立.

证明 先证明事件 A 与 $\overline{B}$ 的独立性. 事实上, 由于

$$\begin{aligned}&A=A\cap(B\cup\overline{B})=AB\cup A\overline{B},\\&AB\cap A\overline{B}=\varnothing,\end{aligned}$$

故由概率的有限可加性和事件的独立性, 得

$$P(A)=P(AB)+P(A\overline{B})=P(A)P(B)+P(A\overline{B}).$$

所以

$$P(A\overline{B}) = P(A)\big(1 - P(B)\big) = P(A)P(\overline{B}).$$

事件 $\overline{A}$ 与 B 的独立性可类似证明. 最后讨论 $\overline{A}$ 与 $\overline{B}$ 的独立性. 对此, 由于

$$\overline{A} = \overline{A} \cap (B \cup \overline{B}) = \overline{A}B \cup \overline{A}\,\overline{B},$$

故由概率的有限可加性和事件的独立性, 得

$$P(\overline{A}) = P(\overline{A}B) + P(\overline{A}\,\overline{B}) = P(\overline{A})P(B) + P(\overline{A}\,\overline{B}).$$

所以

$$P(\overline{A}\,\overline{B}) = P(\overline{A})\big(1 - P(B)\big) = P(\overline{A})P(\overline{B}).$$ □

例 3　甲、乙两人独立地对同一目标射击一次, 其命中率分别为 0.6 和 0.5. 现目标被击中, 求此时甲击中目标的概率.

解　记事件 $A=$\{甲击中目标\}, $B=$\{乙击中目标\}. 显然, 事件 A, B 相互独立, 且目标被击中为事件 A 与 B 的和事件. 从而, 所求事件的概率为 $P(A|A\cup B)$.

依据题意, $P(A) = 0.6, P(B) = 0.5$. 由事件 A 与 B 相互独立得

$$P(A \cup B) = P(A) + P(B) - P(A)P(B) = 0.8.$$

所以

$$P(A|A \cup B) = \frac{P(A \cap (A \cup B))}{P(A \cup B)} = \frac{P(A)}{P(A \cup B)} = 0.75.$$

基于两个事件的独立性, 可定义多个事件的独立性.

定义 1.6　若事件 A, B, C 满足

$$P(AB) = P(A)P(B), \quad P(AC) = P(A)P(C), \quad P(BC) = P(B)P(C),$$

且 $P(ABC) = P(A)P(B)P(C)$, 则称事件 A, B, C **相互独立**.

定义 1.7　对事件 $A_1, A_2, \cdots, A_n$, 若对任意 k $(2 \leqslant k \leqslant n)$, 成立

$$P(A_{i_1}A_{i_2}\cdots A_{i_k}) = P(A_{i_1})P(A_{i_2})\cdots P(A_{i_k}),$$

其中 $i_1, i_2, \cdots, i_k$ 为 $1, 2, \cdots, n$ 中任意 k 个不同的数, 则称事件 $A_1, A_2, \cdots, A_n$ **相互独立**.

显然, 若 n 个事件相互独立, 则其中任意 k $(2 \leqslant k \leqslant n)$ 个事件也相互独立. 将这些事件中的任一部分换为其对立事件, 所得的诸事件也相互独立.

例 4 设事件 A,B,C 两两独立, 且满足

$$ABC=\varnothing,\quad P(A)=P(B)=P(C)<\frac{1}{2},\quad P(A\cup B\cup C)=\frac{9}{16}.$$

求 $P(A)$.

解 由于事件 A,B,C 两两独立且$P(A)=P(B)=P(C)$, 所以

$$\begin{aligned}P(AB)=&P(A)P(B)=(P(A))^2,\\P(AC)=&P(A)P(C)=(P(A))^2,\\P(BC)=&P(B)P(C)=(P(A))^2.\end{aligned}$$

利用概率的加法公式,

$$\begin{aligned}P(A\cup B\cup C)=&P(A)+P(B)+P(C)-P(AB)-P(AC)-P(BC)+P(ABC)\\=&3P(A)-3(P(A))^2.\end{aligned}$$

依据题意, 得

$$3P(A)-3\big(P(A)\big)^2=\frac{9}{16}.$$

解之得

$$P(A)=\frac{1}{4}\text{ 或 }\frac{3}{4}.$$

由于 $P(A)<1/2$, 故 $P(A)=1/4$.

某时间段内元件或系统无故障工作的概率称为元件或系统的**可靠度**. 一般地, 一个系统含有许多元件, 它们按照一定的方式连接起来. 因此, 系统的可靠度依赖于每个元件的可靠度及它们之间的连接方式. 基本的连接方式有两种.

(1) 串联　一个系统中的多个元件按图 1.11 的形式连接, 称其为**串联系统**. 该系统的特点是当其中一个元件发生故障时整个系统就不能正常工作, 也就是说, 系统能正常工作当且仅当这些元件同时正常工作.

(2) 并联　一个系统中的多个元件按图 1.12 的形式连接, 则称其为**并联系统**. 这些元件中只要有一个元件正常工作, 该系统就能正常工作.

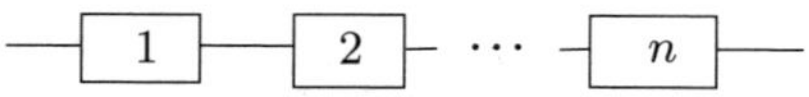

图 1.11

元件的并联装置可提高系统的可靠性. 如大型客机一般装有两台发动机, 而某些越洋客机装有四台发动机, 以确保客机有足够的续航能力和高的可靠度. 实际中比较常见的是上述两种系统的混合式, 见图 1.13.

例 5　有四个独立工作的元件 1, 2, 3, 4, 它们按先串联后并联的方式连接组成一个系统 (见图 1.13). 设所有元件的可靠度均为 $p = 0.9$. 求该系统的可靠度.

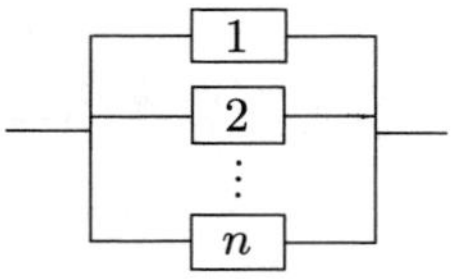

图 1.12

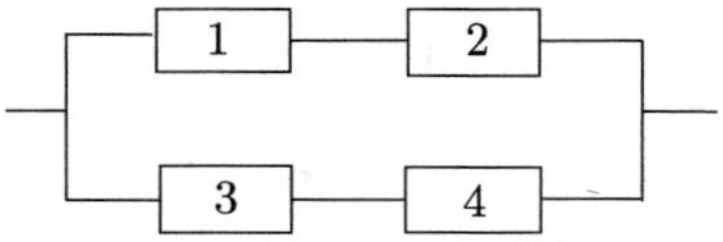

图 1.13

解　记事件 A_k ={第 k 个元件正常工作}, $k = 1, 2, 3, 4$; 事件 A ={系统正常工作}. 根据系统构成, 该系统正常工作当且仅当至少有一个串联系统中的两个元件都正常工作, 所以

$$A = A_1A_2 \cup A_3A_4.$$

从而由事件的独立性, 得整个系统的可靠度为

$$\begin{aligned}P(A) =& P(A_1A_2 \cup A_3A_4)\\ =& P(A_1A_2) + P(A_3A_4) - P(A_1A_2A_3A_4)\\ =& P(A_1)P(A_2) + P(A_3)P(A_4) - P(A_1)P(A_2)P(A_3)P(A_4)\\ =& p^2 + p^2 - p^4\\ =& 0.963\ 9.\end{aligned}$$

1.5　全概率公式与贝叶斯公式

1.5.1　全概率公式

对一个复杂事件, 先根据其特点将其分解为多个互不相容的简单事件, 分别计算其概率, 再求和就得到原事件的概率. 这就是全概率公式. 它是概率论中的一个基本公式. 先看下面的例子.

例 1　设有两个袋子, 其中第一个袋子中有 3 个黑球和 2 个白球, 第二个袋子中有 2 个黑球和 4 个白球. 今从第一个袋子中随机取出一个球放入第二个袋子中, 混合均匀后再从中随机抽取一个. 求抽到白球的概率.

解　记事件 B = {从第一个袋子中抽到白球}, A ={从第二个袋子中抽到白球}. 显然, 要计算事件 A 发生的概率, 必须弄清楚事件 B 是否发生. 也就是说,

事件 B 与 $\overline{B}$ 对事件 A 有直接影响. 它们之间满足

$$A = AB \cup A\overline{B}.$$

由于 $AB \cap A\overline{B} = \varnothing$, 利用事件的有限可加性及条件概率的乘法公式, 得

$$\begin{aligned} P(A) &= P(AB) + P(A\overline{B}) \\ &= P(A|B)P(B) + P(A|\overline{B})P(\overline{B}) \\ &= \frac{2}{5} \times \frac{5}{7} + \frac{3}{5} \times \frac{4}{7} = \frac{22}{35}. \end{aligned}$$

上述计算过程中, 事件 A 的分解式十分重要. 该式可以这样理解: “结果”事件 A 受两个“原因”事件 $B, \overline{B}$ 的影响, 而分解式 $A = AB \cup A\overline{B}$ 恰好反映了这种因果关系. 利用“原因”事件 B 和 $\overline{B}$ 可以简化“结果”事件 A 的概率计算, 这类问题称为全概率问题. 求解这类问题需要如下定义.

定义 1.8 设有事件 $B_1, B_2, \cdots, B_k$, 若对任意 $i, j\,(i \neq j)$, $B_i \cap B_j = \varnothing$ 且 $\Omega = \bigcup\limits_{i=1}^{k} B_i$, 则称事件 $B_1, B_2, \cdots, B_k$ 为样本空间 Ω 的一个**划分**.

设事件 $B_1, B_2, \cdots, B_k$ 为样本空间的一个划分, 则对每次随机试验, 事件 $B_1, B_2, \cdots, B_k$ 中恰有一个发生. 显然, 事件 B 与 $\overline{B}$ 是样本空间 Ω 的最简单划分.

定理 1.1 (全概率公式) 设事件 $B_1, B_2, \cdots, B_k$ 为样本空间的一个划分, 且对 $i = 1, 2, \cdots, k$, 都有 $P(B_i) > 0$, 则对事件A, 成立

$$P(A) = \sum_{i=1}^{k} P(A|B_i)P(B_i).$$

证明 由于

$$\begin{aligned} &A = A \cap \Omega = A \cap (\bigcup_{i=1}^{k} B_i) = \bigcup_{i=1}^{k} AB_i, \\ &(AB_i) \cap (AB_j) = \varnothing, \quad \forall\, i \neq j, \end{aligned}$$

根据概率的有限可加性和条件概率的乘法公式,

$$P(A) = \sum_{i=1}^{k} P(AB_i) = \sum_{i=1}^{k} P(A|B_i)P(B_i). \qquad \square$$

在上述结论中, 条件“事件 $B_1, B_2, \cdots, B_k$ 为样本空间 Ω 的一个划分”可以减弱为: 事件 $B_1, B_2, \cdots, B_k$ 两两不相容且 $A = \bigcup\limits_{i=1}^{k} AB_i$, 即 $A \subset \bigcup\limits_{i=1}^{k} B_i$.

根据上述结论, 当复杂事件 A 的概率不易计算时, 如果可以构造一组两两不相容的事件 $B_1, B_2, \cdots, B_k$, 使事件 A 伴随着某个事件 B_i 的出现而出现, 那么事件 A 的概率计算可分解成事件 AB_i $(i=1,2,\cdots,k)$ 的概率计算. 这就是全概率公式.

例 2　采用不放回抽样从含有 5 件不合格品的 100 件产品中连续抽取两次, 每次抽取一件. 求第二次抽到合格品的概率.

解　记事件 $B=\{$第一次抽到合格品$\}$, A=$\{$第二次抽到合格品$\}$.

显然, 事件 A 会受事件 B 和 $\overline{B}$ 的影响. 为此, 对样本空间做如下划分: $\Omega = B \cup \overline{B}$. 根据全概率公式, 有

$$\begin{aligned} P(A) =& P(A|B)P(B) + P(A|\overline{B})P(\overline{B}) \\ =& \frac{95}{100} \times \frac{94}{99} + \frac{5}{100} \times \frac{95}{99} \\ =& 0.95. \end{aligned}$$

例 3　某电子设备厂所用的元件由三个厂家提供. 根据历史记录的有关数据见表 1.2. 设三个厂家提供的产品在仓库中混合均匀存放且无区别标志. 今从仓库中随机抽取一件, 求它为次品的概率.

表 1.2

厂家	次品率	元件份额
1	0.02	0.15
2	0.01	0.80
3	0.03	0.05

解　记事件 $A=\{$抽到次品$\}$, B_i=$\{$抽到第 i 家工厂的产品$\}$, $i=1,2,3$.

易知事件 B_1, B_2, B_3 为样本空间的一个划分, 且

$$\begin{aligned} &P(B_1)=0.15, \quad && P(B_2)=0.80, \quad && P(B_3)=0.05, \\ &P(A|B_1)=0.02, \quad && P(A|B_2)=0.01, \quad && P(A|B_3)=0.03. \end{aligned}$$

根据全概率公式, 有

$$\begin{aligned} P(A) &= P(B_1)P(A|B_1) + P(B_2)P(A|B_2) + P(B_3)P(A|B_3) \\ &= 0.012\,5. \end{aligned}$$

1.5.2 贝叶斯公式

在例 3 的抽取试验中, 三个厂家生产的元件含有次品, 这导致被抽中的元件可能是次品. 前者是"原因"事件, 后者是"结果"事件. 全概率公式是利用"原因"事件推断"结果"事件发生的概率. 以下将问题反过来考虑, 即从"结果"事件推断"原因"事件发生的概率, 即已知某事件发生, 考虑引发该事件发生的原因事件发生的概率. 对应于例 3 就是, 若被抽中的元件为次品, 计算该次品由第一个厂家生产的概率. 这需要下面的贝叶斯公式.

定理 1.2 (贝叶斯公式) 设事件 $B_1,B_2,\cdots,B_k$ 为样本空间 Ω 的一个划分, 且 $P(B_i)>0\,(i=1,2,\cdots,k)$. 若事件 A 满足 $P(A)>0$, 则对 $j=1,2,\cdots,k$, 成立

$$P(B_j|A)=\frac{P(A|B_j)P(B_j)}{\sum\limits_{i=1}^{k}P(A|B_i)P(B_i)}.$$

证明 由条件概率和全概率公式, 对任意 $j=1,2,\cdots,k$, 有

$$P(B_j|A)=\frac{P(B_jA)}{P(A)}=\frac{P(A|B_j)P(B_j)}{\sum\limits_{i=1}^{k}P(A|B_i)P(B_i)}.\qquad\square$$

该结论中, 事件 A 为结果事件, 事件 $B_1,B_2,\cdots,B_k$ 为原因事件, 即事件 A 的发生一定伴随着某个事件 B_j 的发生. 上述结论给出了该情形发生的概率.

例 4(接例 3) 若抽到次品, 计算该次品由第一个厂家生产的概率.

解 由贝叶斯公式, 有

$$\begin{aligned}P(B_1|A)&=\frac{P(A|B_1)P(B_1)}{P(A)}\\&=\frac{0.02\times0.15}{0.0125}\\&=0.24.\end{aligned}$$

例 5 某发报台分别以概率 0.6 和 0.4 发出信号 0 和 1. 由于通信系统受到干扰, 当发出信号 0 时, 收报台分别以概率 0.8 和 0.2 收到信号 0 和 1; 当发报台发出信号 1 时, 收报台分别以概率 0.9 和 0.1 收到信号 1 和 0. 计算:

(1) 当收到信号是 0 时, 发报台确实发出信号 0 的概率;

(2) 当收到信号是 1 时, 发报台确实发出信号 1 的概率.

解　记事件 $B=$\{发出信号 0\}, 事件 $A=$\{收到信号 0\}. 由题设, 可得

$$
\begin{aligned}
&P(B)=0.6, \quad P(A|B)=0.8, \quad P(A|\overline{B})=0.1,\\
&P(\overline{B})=0.4, \quad P(\overline{A}|B)=0.2, \quad P(\overline{A}|\overline{B})=0.9.
\end{aligned}
$$

以下计算事件概率 $P(B|A)$ 和 $P(\overline{B}|\overline{A})$.

显然, B 与 $\overline{B}$ 为样本空间的一个划分. 由贝叶斯公式,

$$
\begin{aligned}
P(B|A) &= \frac{P(B)P(A|B)}{P(A|B)P(B)+P(A|\overline{B})P(\overline{B})}\\
&= \frac{0.6\times 0.8}{0.6\times 0.8+0.4\times 0.1}\\
&\approx 0.923,\\
P(\overline{B}|\overline{A}) &= \frac{P(\overline{A}|\overline{B})P(\overline{B})}{P(\overline{A}|\overline{B})P(\overline{B})+P(\overline{A}|B)P(B)}\\
&= \frac{0.4\times 0.9}{0.4\times 0.9+0.6\times 0.2}\\
&= 0.75.
\end{aligned}
$$

上述例子中, $P(A)$ 和 $P(A|B)$ 分别称为事件的先验概率和后验概率. $P(A)$ 是在不知“原因”事件 B 是否发生的情况下“结果”事件 A 发生的概率. 在获得新的信息 (“原因”事件 B 发生) 后, 人们对“结果”事件 A 发生的概率 $P(A|B)$ 有了新的估计. 贝叶斯公式从数量上刻画了这种变化.

小　　结

本章学习基本要求

1. 了解样本空间的概念, 理解随机事件的概念, 掌握事件的关系与运算.

2. 理解概率、条件概率的定义, 掌握概率的基本性质, 会计算古典概型和几何概型的概率.

3. 掌握概率的加法公式、减法公式、乘法公式, 会应用全概率公式和贝叶斯公式.

4. 理解事件独立性的概念, 掌握应用事件独立性计算概率的方法.

5. 理解独立重复试验的概率, 掌握计算有关事件概率的计算.

本章知识点网格图

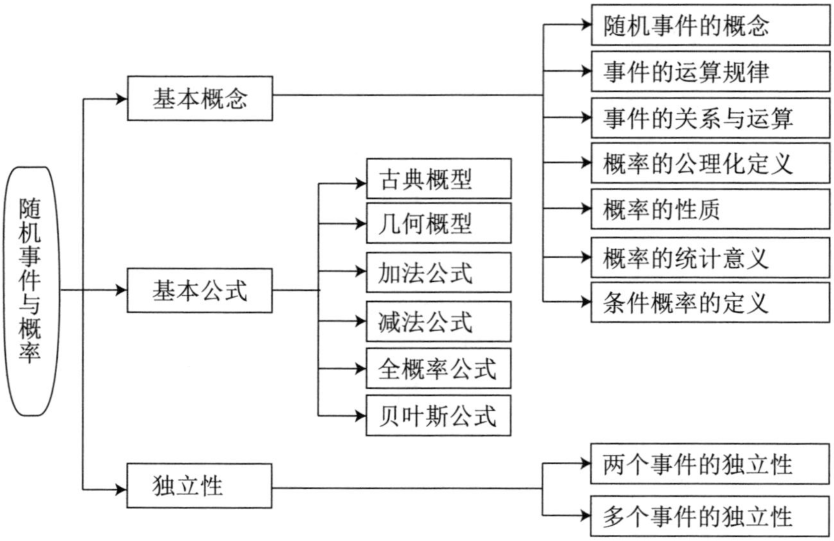

人物简介

安德列 · 柯尔莫哥洛夫 (1903—1987, 图 1.14), 20 世纪杰出的数学家之一. 他在数学的很多领域作出了开创性贡献. 他所著的《概率论基础》一书首次以测度论和积分论为基础建立了概率论的公理化体系, 成为具有划时代意义的巨著. 他发表的《概率论的解析方法》奠定了马尔可夫过程的理论基础. 由于他的卓越成就, 柯尔莫哥洛夫在国内外享有极高的声誉. 他不但是苏联科学院院士, 还是英国、美国、法国、德国、荷兰、波兰等 20 多个国家科学院的外籍院士, 他先后获苏联国家奖、十月革命勋章, 前后七次获得列宁勋章, 并于 1980 年获世界数学领域的最高奖——沃尔夫奖. 柯尔莫哥洛夫热爱生活, 兴趣广泛, 喜欢旅行、滑雪、诗歌、美术和建筑. 虽然他获得了许许多多的荣誉, 但他十分谦虚, 从不夸耀自己的成就和荣誉. 他淡泊名利, 不重金钱, 他把奖金捐给学校图书馆, 而且不去领取高达 10 万美元的沃尔夫奖金, 是一位具有无私奉献精神和高尚品德的科学巨人.

图 1.14

习　题

1. 用事件 A,B,C 的运算关系式表示下列各事件:

(1) A 发生而 B,C 不发生;　(2) A 与 B 发生, 而 C 不发生;

(3) A,B,C 中至少有一个发生;　(4) A,B,C 都发生;

(5) A,B,C 都不发生;　(6) A,B,C 中至多有一个发生.

2. 对事件 A,B, 证明下述结论:

(1) $A\cup B=A\cup B\overline{A}$;　(2) $(A-B)\cup(B-A)=\overline{AB\cup\overline{A}\,\overline{B}}$.

3. 设在某随机试验中, 两对立事件 A,B 发生的概率分别为 0.8 和 0.2. 今将该试验重复做 10 次, 试问 A 或 B 发生的次数之和是多少?

4. 设 $P(A)=0.6, P(B)=0.7$. 问在什么条件下,

(1) $P(AB)$ 取到最大值? 最大值是多少?

(2) $P(AB)$ 取到最小值? 最小值是多少?

5. 设事件 A,B,C 满足 $P(A)=P(B)=P(C)=1/4, P(AB)=P(BC)=0, P(AC)=1/8$. 求 A,B,C 至少有一个发生的概率.

6. 设 $P(A)=0.5, P(B)=0.4, P(A-B)=0.3$. 求 $P(A\cup B)$ 和 $P(\overline{A}\cup\overline{B})$.

7. 在 1 500 件产品中有 400 件次品和 1 100 件正品. 现从中随机抽取 200 件. 求:

(1) 恰有 90 件次品的概率;

(2) 至少有 2 件次品的概率.

8. 从 5 双不同的鞋子中任取 4 只. 求这 4 只鞋子中至少有 2 只配成一双的概率.

9. 有 5 人被随机插入 3 个班. 求每个班至少插入 1 人的概率.

10. 设某地区电话号码是 8 字打头的 8 位数. 求:

(1) 一个电话号码的 8 个数字全不相同的概率;

(2) 一个电话号码的 8 个数字不全相同的概率.

11. 甲、乙两人先后从 52 张牌中各自抽取 13 张. 试在甲抽取后放回和不放回两种情况下, 甲或乙抽到 4 张 A 的概率.

12. 今有 6 人围坐在一起. 求他们的属相各不相同的概率.

13. 某城市流行 A,B,C 三种型号的手机. 其中, 拥有 A 型号手机的占 45%, 拥有 B 型号手机的占 35%, 拥有 C 型号手机的占 30%, 同时拥有 A,B 型号手机

的占 10%, 同时拥有 A,C 型号手机的占 8%, 同时拥有 B,C 型号手机的占 5%, 同时拥有 A,B,C 型号手机的占 3%. 求下列事件的概率:

(1) 只拥有 A 型号手机;

(2) 只拥有 A,B 型号手机;

(3) 只拥有一种型号手机;

(4) 只拥有两种型号手机.

14. 将 3 个球随机地放入 4 个杯子中. 求杯子中球的最多个数分别为 1, 2, 3 的概率.

15. 甲、乙两艘轮船到港后均需在同一泊位停靠 4 小时. 设它们在未来 12 小时内等可能到达. 求这两艘轮船中有一艘在停靠泊位时必须等待的概率.

16. 在区间 $(0,1)$ 中随机地取两个数. 计算下列事件的概率:

(1) 两数之和小于 1.2;

(2) 两数之差的绝对值小于 0.5.

17. 设 $P(\overline{A})=0.3, P(B)=0.4, P(A\overline{B})=0.5$. 求 $P(B|A\cup\overline{B})$.

18. 设 $P(A)=1/4, P(B|A)=1/3, P(A|B)=1/2$. 求 $P(A\cup B)$.

19. 将一个骰子掷两次, 得到的点数之和为 7. 求其中有一次点数为 1 的概率.

20. 一个盒中有 4 个球, 分别编号 $1,2,3,4$. 现从盒中随机抽取一个, 并用 A 表示抽到 1 或 2 号球, 用 B 表示抽到 1 或 3 号球, 用 C 表示抽到 1 或 4 号球. 试验证:

$$P(AB)=P(A)P(B),\quad P(AC)=P(A)P(C),\quad P(BC)=P(B)P(C),$$

但 $P(ABC)\neq P(A)P(B)P(C)$, 即事件 A,B,C 两两独立, 但 A,B,C 不相互独立.

21. 证明: 事件 A 与 B 相互独立的充分必要条件是 $P(B|A)=P(B|\overline{A})$.

22. 设 10 件产品中有 2 件次品. 今从中不放回地随机抽取 2 件, 求下列事件的概率:

(1) 两件都是正品; (2) 两件都是次品;

(3) 一件是正品, 一件是次品; (4) 第二次取出的是次品.

23. 三人独立地破译一份密码, 他们正确译出的概率分别为 1/5, 1/3, 1/2. 试计算三人中至少有一人能将此密码译出的概率.

24. 设四个元件独立工作, 它们的可靠性分别为 p_1, p_2, p_3, p_4. 今将它们按图 1.15 所示方式连接. 求该系统的可靠性.

25. (1) 设甲袋中装有 m_1 个白球、n_1 个红球; 乙袋中装有 m_2 个白球、n_2 个红球. 今从甲袋中任取一个放入乙袋中, 再从乙袋中抽取一个. 计算从乙袋中抽到白球的概率.

(2) 设甲盒中装有 5 个红球、4 个白球; 乙盒中装有 4 个红球、5 个白球. 先从甲盒中任取两个球放入乙盒中, 然后从乙盒中任取一个球. 求抽到白球的概率.

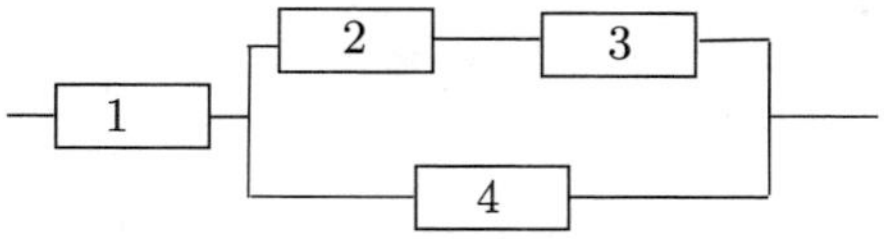

图 1.15

26. 有两箱同种类的零件. 第一箱装 50 件, 其中一等品 10 件; 第二箱装 30 件, 其中一等品 18 件. 今从任一箱中不放回地抽取两次, 每次抽取一件. 求:

(1) 第一次抽到一等品的概率;

(2) 在第一次抽到一等品的条件下, 第二次抽到一等品的概率.

27. 甲、乙、丙三人同时向一架飞机射击, 设他们击中飞机的概率分别为 0.4, 0.5, 0.7. 如果只有一人击中飞机, 则飞机被击落的概率是 0.2, 如果有两人同时击中飞机, 则飞机被击落的概率是 0.6, 如果三人都击中飞机, 则飞机一定被击落. 求飞机被击落的概率.

28. 设第一个盒子中装有 3 个蓝球、2 个绿球、2 个白球; 第二个盒子中装有 2 个蓝球、3 个绿球、4 个白球. 现独立地分别从每个盒子中随机取出一个球. 求:

(1) 至少取到一个蓝球的概率;

(2) 取到一个蓝球和一个白球的概率;

(3) 在已知至少抽到一个蓝球的条件下, 取到一个蓝球和一个白球的概率.

29. 设 A, B, C 三人在一装有固定电话的办公室工作. 据统计, 在该办公室的所有来电中, 打给 A, B, C 的电话的概率分别为 2/5, 2/5, 1/5, 而他们三人因工作外出的概率分别为 1/2, 1/4, 1/4. 设三人的行动相互独立. 求来电时无人接电话的概率和被呼叫人在办公室的概率.

在上述假设下, 若某时段打进三个电话, 求这三个电话打给同一个人的概率、这三个电话打给不同人的概率, 以及在三个电话都打给 B 的条件下, B 都不在的概率.

30. 某种仪器由三个部件组装而成. 假设各部件质量互不影响且它们的优质品率分别为 0.8, 0.7, 0.9. 如果三个部件都是优质品, 则组装品为合格品; 如果三个部件有一个部件不是优质品, 则组装品的不合格率为 0.2; 如果三个部件有两个部件不是优质品，则组装品的不合格率为 0.6；如果三个部件都不是优质品，则组装品的不合格率为 0.9.

(1) 求组装品的不合格率；

(2) 如果已经发现一台仪器不合格，问它有几个部件不是优质品的概率最大？

31. 某学生接连参加同一课程的两次考试. 其中，第一次考试及格的概率为 p；第一次考试及格时，第二次考试及格的概率为 p；第一次考试不及格时，第二次考试及格的概率为 $p/2$.

(1) 若至少有一次考试及格，才能取得某种资格，求他取得该资格的概率；

(2) 若第二次考试及格，求第一次考试及格的概率.

第 2 章　随机变量及其分布

随机变量是随机事件的数量表示. 它的引入使得人们可以借助数学分析的方法研究各类随机现象. 从对随机事件的研究过渡到对随机变量的研究是概率论发展的一个重大转折. 本章主要给出随机变量的定义、常见的随机变量及其分布.

2.1　随机变量的定义

在随机现象中, 有些随机试验的样本点与数值有关, 如射击时击中的环数、掷骰子时出现的点数等. 还有一些随机试验的样本点不具有数量性质, 如抛硬币和产品抽样等. 为揭示随机现象蕴含的规律, 并将数学方法应用于概率研究, 人们按照某种规则将试验结果进行量化, 即建立随机试验的样本点与实数间的对应关系, 从而将对随机试验结果的研究转化为对一个具有随机取值的特殊函数的研究. 这个具有"随机"取值性质的函数称为**随机变量**, 该随机函数的定义域就是样本空间, 其值域就是该对应关系下的函数值构成的集合.

例 1　连续射击三次, 考察击中目标的次数.

该随机试验的样本空间为 $\Omega = \{0, 1, 2, 3\}$. 该样本空间与实数之间本身就有一种对应关系. 基于此, 可建立从试验结果 e 到实数的如下函数关系:

$$\xi(e) = \begin{cases} 0, & \text{击中 0 次}, \\ 1, & \text{击中 1 次}, \\ 2, & \text{击中 2 次}, \\ 3, & \text{击中 3 次}. \end{cases}$$

对具有非数量性质的随机现象, 也可以建立试验结果到实数的函数关系.

例 2　从装有黑球和白球的袋子中随机抽取一球, 观察球的颜色.

该随机试验的样本空间为 $\Omega=\{黑球, 白球\}$. 引入函数

$$\xi(e)=\begin{cases}1, & 抽到黑球,\\ 0, & 抽到白球.\end{cases}$$

这样就建立了样本空间与实数间的对应关系.

例 3 朝半径为 R 的靶子射击一次, 观察被击中点的分布情况.

设射手射击时不脱靶, 则该随机试验的样本空间为靶子上的所有点. 在该试验中, 靶子上被击中的点没有数量性质. 若记 r 为被击中的点到靶心的距离, 则

$$\xi(e)=r$$

就定义了样本空间与实数间的一个对应关系.

显然, 随机事件是概率论研究的主题. 一旦建立起随机试验的样本点与实数间的对应关系, 由于试验结果的随机性, 该对应关系下函数的取值就是随机的, 因而随机事件可以借助一个具有随机性质的函数来描述. 但要想做到这一点, 需对样本点与实数之间的对应关系做某种限制, 从而有如下定义:

定义 2.1 设 $\xi(e)$ 为定义在样本空间 Ω 上的实值函数, 即对于样本空间中的每个样本点 e, 都有唯一的实数 $\xi(e)$ 与之对应. 若对任意实数 x, 事件 $\{e \mid \xi(e) \leqslant x\}$ 都有确定的概率, 即 $\{e \mid \xi(e) \leqslant x\} \in \mathcal{F}$, 则称 ξ 为**随机变量**.

一般地, 随机变量用字母 $\xi, \eta, \zeta, \cdots$ 表示, 有时用 $X, Y, Z, \cdots$ 表示.

随机变量是定义在样本空间 Ω 上的实值函数, 试验结果所对应的函数值称为**随机变量的值**. 由于试验结果是随机的, 因而随机变量的取值也是随机的. 所以, 随机变量与通常意义下的数值函数有本质的区别. 同时, 在同一概率空间上可定义多个随机变量, 只要它满足定义中的条件. 如例 2 中, 也可定义随机变量

$$\xi(e)=\begin{cases}0, & 抽到黑球,\\ 1, & 抽到白球.\end{cases}$$

借助随机变量, 随机事件有了更简洁的描述. 如例 1 中, 事件 $A=\{至多\ 2\ 次击中目标\}$ 可表示成

$$A=\{e \mid \xi(e) \leqslant 2\}.$$

为简单起见, 对任意 $x \in \mathbb{R}$, 用 $(\xi \leqslant x)$ 表示事件 $\{e \mid \xi(e) \leqslant x\}$.

根据随机变量取值的特点, 常见的随机变量主要有两类:

(1) 离散型随机变量　随机变量的取值有有限个或可列个.

(2) 连续型随机变量　随机变量的取值有无穷不可列个且充满某个区间.

2.2 离散型随机变量

2.2.1 离散型随机变量的分布律

对于离散型随机变量, 关注的焦点是它的取值和相应取值的概率, 它们构成随机变量的分布律.

设随机变量 ξ 所有可能的取值为 $x_1, x_2, \cdots, x_k, \cdots$. 它取每个值的概率, 即事件 $(\xi = x_k)$ 发生的概率为

$$P(\xi = x_k) = p_k, \quad k = 1, 2, \cdots.$$

习惯上, 它用表 2.1 表示. 这就是随机变量的分布律.

由概率的定义, 易知 p_k 满足

$$p_k \geqslant 0,\ k = 1, 2, \cdots; \quad \sum_{k=1}^{\infty} p_k = 1.$$

这说明, 随机变量的分布律是将 1 以一定的分布律分布在随机变量各个可能的取值上.

例 1　袋子中有 5 个球, 分别编号 1, 2, 3, 4, 5. 今不放回地从中随机抽取 3 个球, 求抽到球的最小号码的分布律.

解　用 ξ 表示取出球的最小号码. 显然, ξ 可能的取值为 1, 2, 3. 当 $\xi = 1$ 时, 另外两球的编号只能为 2, 3, 4, 5 中的两个, 这样的取法有 C_4^2 种; 当 $\xi = 2$ 时, 另外两球的编号只能为 3, 4, 5 中的两个, 这样的取法有 C_3^2 种; 当 $\xi = 3$ 时, 另外两球的编号只能是 4 和 5. 从 5 个球中随机取出 3 个的所有可能的取法有 C_5^3 种. 由古典概型的性质, 得

$$P(\xi = 1) = \frac{\mathrm{C}_4^2}{\mathrm{C}_5^3} = \frac{3}{5},$$

$$P(\xi = 2) = \frac{\mathrm{C}_3^2}{\mathrm{C}_5^3} = \frac{3}{10},$$

$$P(\xi = 3) = \frac{1}{\mathrm{C}_5^3} = \frac{1}{10}.$$

因此, 该随机变量的分布律如表 2.2 所示.

表 2.1

ξ	x_1	x_2	$\cdots$	x_k	$\cdots$
P	p_1	p_2	$\cdots$	p_k	$\cdots$

表 2.2

ξ	1	2	3
P	0.6	0.3	0.1

2.2.2 常见的离散型随机变量

1. 单点分布

若随机变量恒取常数 C, 则称该随机变量服从单点分布. 这是一类特殊的随机变量.

2. 0-1 分布

若随机变量可能的取值为 0 和 1, 记 $P(\xi=1)=p$, $P(\xi=0)=1-p$, 其中 $p\in(0,1)$, 则称 ξ 服从 0-1 **分布**, 又称**两点分布**.

与 0-1 分布密切相关的是伯努利试验, 即只含有两个样本点的随机试验. 对伯努利试验, 设样本空间为 $\{e_1,e_2\}$. 定义随机变量

$$\xi(e)=\begin{cases}1, & e=e_1,\\ 0, & e=e_2,\end{cases}$$

则 ξ 服从 0-1 分布.

在日常生活中, 伯努利试验是很常见的, 如抛硬币试验、产品合格性抽检等.

3. 二项分布

在伯努利试验中, 可能出现的结果有两个: e_1,e_2. 记它们对应的基本事件分别为 A 和 $\overline{A}$, 则它们发生的概率分别为

$$P(A)=p,\quad P(\overline{A})=1-p,$$

其中 $p\in(0,1)$. 在相同条件下, 将伯努利试验重复 n 次, 便得到 n **重伯努利试验**.

用 ξ 表示 n 重伯努利试验中事件 A 发生的次数, 则它是一个随机变量, 其所有可能的取值为 $0,1,2,\cdots,n$. 下面考察其分布, 也就是在 n 重伯努利试验中事件 A 发生 k 次的概率, 其中 $0\leqslant k\leqslant n$.

由于在 n 重伯努利试验中每次的试验结果是相互独立的, 所以事件 A 在指定的 k 次试验中发生而在其余 $n-k$ 次试验中不发生的概率为 $p^k(1-p)^{n-k}$. 显然, 这样的指定方式有 C_n^k 种. 故在 n 重伯努利试验中, 事件 A 发生 k 次的概率为 $\mathrm{C}_n^k p^k(1-p)^{n-k}$. 记 $q=1-p$, 则随机变量 ξ 的概率分布为

$$P(\xi=k)=\mathrm{C}_n^k p^k q^{n-k}, \quad k=0,1,2,\cdots,n.$$

显然, $P(\xi=k)\geqslant 0\ (k=0,1,2,\cdots,n)$, 且

$$\sum_{k=0}^{n} P(\xi=k)=\sum_{k=0}^{n}\mathrm{C}_n^k p^k q^{n-k}=(p+q)^n=1.$$

记 $b(k,n,p)=\mathrm{C}_n^k p^k(1-p)^{n-k}$, 则 $b(k,n,p)$ 对应于二次项 $(p+q)^n$ 的展开式中的 p^k 项, 故称上述分布为**二项分布**, 记为 $\xi\sim b(n,p)$.

对于二项分布, 由于

$$\frac{b(k,n,p)}{b(k-1,n,p)}=\frac{(n-k+1)p}{kq}=1+\frac{(n+1)p-k}{kq},$$

所以当 $k<(n+1)p$ 时, $b(k,n,p)$ 随 k 单调递增; 而当$k>(n+1)p$ 时, $b(k,n,p)$ 随 k 单调递减; 当 $k=(n+1)p$ 为整数时, $b(k,n,p)$ 达到最大值. 这说明对于固定的 n 和 p, ξ 取 k 的概率先随 k 的增大而增大, 达到最大值后再随 k 的增大而减小. 进一步研究还发现, 在 n 很大时, $b(n,p)$ 的图像关于最大值点 $(n+1)p$ 近似对称, 见图 2.1.

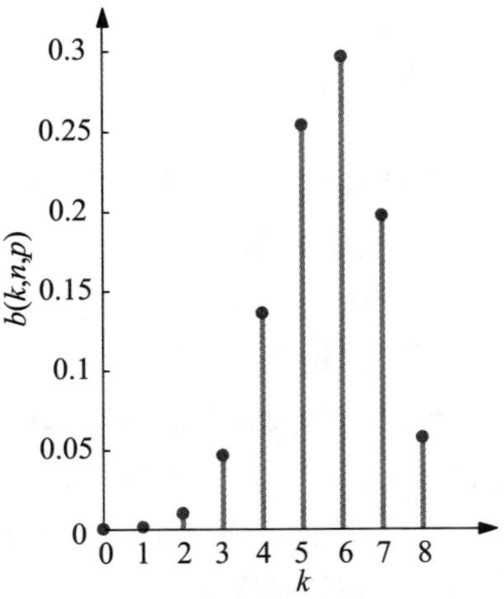

(a) n=8, p=0.7

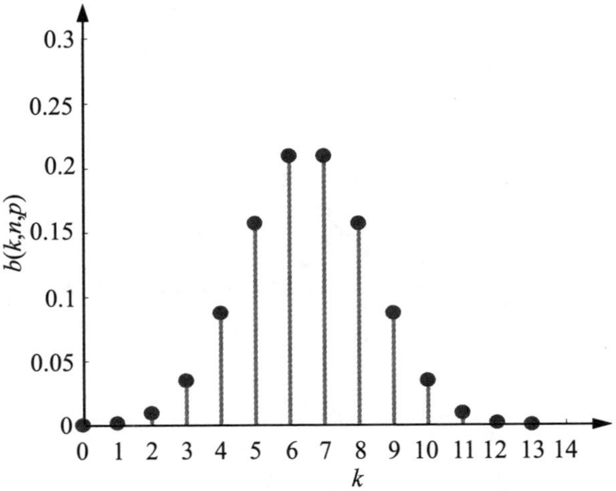

(b) n=13, p=0.5

图 2.1

例 2 某射手射击时击中目标的概率为 0.02. 现对目标连续射击 400 次, 求至少击中一次的概率.

解 记 ξ 为在400次射击试验中击中目标的次数, 则 ξ 服从二项分布 $b(400, 0.02)$. 其分布律为

$$P(\xi = k) = \mathrm{C}_{400}^{k} \cdot 0.02^{k} \cdot 0.98^{400-k}, \quad k = 0, 1, 2, \cdots, 400.$$

所求事件的概率为

$$P(\xi \geqslant 1) = 1 - P(\xi = 0) = 1 - 0.98^{400} \approx 0.999\ 7.$$

该结果是很接近 1 的. 该例子说明, 对于小概率事件, 只要试验次数足够多, 事件几乎必定发生. 这提醒我们, 不可忽视日常生活中带危险系数的小概率事件.

4. 泊松分布

若随机变量 ξ 的取值为 $0, 1, 2, \cdots$, 而取每个值的概率为

$$P(\xi = k) = \frac{\lambda^{k}}{k!}\mathrm{e}^{-\lambda}, \quad k = 0, 1, 2, \cdots,$$

其中 $\lambda > 0$ 为常数, 则称 ξ 服从参数为 λ 的**泊松分布**, 记为 $\xi \sim \pi(\lambda)$.

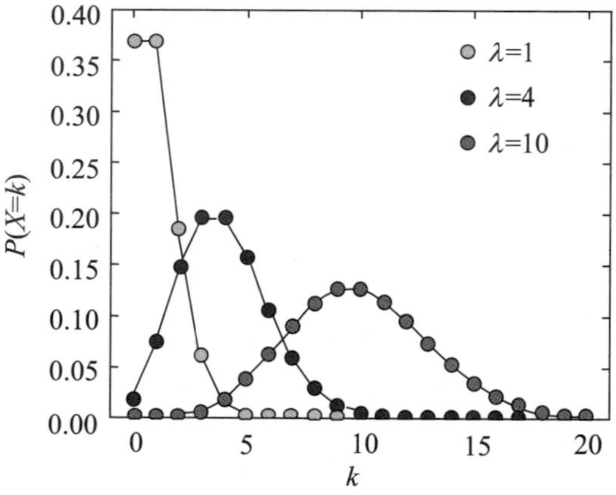

图 2.2

对该分布, 利用指数函数 e^{x} 在零点的泰勒展式, 容易验证

$$\sum_{k=0}^{\infty} P(\xi = k) = \sum_{k=0}^{\infty} \frac{\lambda^{k}}{k!}\mathrm{e}^{-\lambda} = 1.$$

泊松分布由法国数学家泊松引入. 对应不同参数 λ, 其分布律如图 2.2 所示. 自然界中的许多现象服从泊松分布, 如车站一天的乘客数、对大宗产品进行抽检时的不合格产品数、数据传输时发生的误码数等. 基于此, 泊松分布成为概率论中最重要的分布之一. 附表 1 给出了泊松分布的概率值.

例 3 设每分钟通过某交叉路口的汽车流量服从泊松分布, 且在 1 分钟内无车辆通过与恰有一辆车通过的概率相同. 求在 1 分钟内至少有两辆车通过的概率.

解　记 ξ 为每分钟通过交叉路口的汽车流量, 则 ξ 服从泊松分布. 设对应的参数为 λ. 根据题意, 可得

$$P(\xi=0)=P(\xi=1),$$

即

$$\frac{\lambda^0}{0!}\mathrm{e}^{-\lambda}=\frac{\lambda^1}{1!}\mathrm{e}^{-\lambda}.$$

解之得 $\lambda=1$. 故 1 分钟内至少有两辆车通过的概率为

$$P(\xi\geqslant 2)=1-P(\xi=0)-P(\xi=1)=1-2/\mathrm{e}.$$

泊松分布与二项分布有密切关系. 确切地说, 泊松分布是二项分布的极限形式. 具体地, 设在 n 重伯努利试验中, 事件 A 发生的概率与试验次数 n 有关, 即 $P(A)=p_n$, 且在 $n\to\infty$ 时, np_n 的极限存在, 记为 λ. 令试验次数 n 趋于无穷大, 便得到泊松分布.

定理 2.1 (泊松定理)　设非负数列 $\{p_n\}$ 满足 $np_n=\lambda$, 其中 λ 为常数. 则

$$\lim_{n\to\infty}\mathrm{C}_n^k p_n^k(1-p_n)^{n-k}=\frac{\lambda^k\mathrm{e}^{-\lambda}}{k!},\quad k=0,1,2\cdots.$$

证明*　由于 $p_n=\lambda/n$, 故

$$\begin{aligned}\mathrm{C}_n^k p_n^k(1-p_n)^{n-k}=&\frac{n(n-1)\cdots(n-k+1)}{k!}\left(\frac{\lambda}{n}\right)^k\left(1-\frac{\lambda}{n}\right)^{n-k}\\=&\frac{\lambda^k}{k!}\left(1\cdot\left(1-\frac{1}{n}\right)\cdots\left(1-\frac{k-1}{n}\right)\right)\left(1-\frac{\lambda}{n}\right)^n\left(1-\frac{\lambda}{n}\right)^{-k}.\end{aligned}$$

对任意固定的 k, 有

$$\lim_{n\to\infty}1\cdot\left(1-\frac{1}{n}\right)\cdots\left(1-\frac{k-1}{n}\right)=1,$$

$$\lim_{n\to\infty}\left(1-\frac{\lambda}{n}\right)^n=\mathrm{e}^{-\lambda},\quad \lim_{n\to\infty}\left(1-\frac{\lambda}{n}\right)^{-k}=1.$$

所以

$$\lim_{n\to\infty}\mathrm{C}_n^k p_n^k(1-p_n)^{n-k}=\frac{\lambda^k\mathrm{e}^{-\lambda}}{k!}.$$ □

上述结论说明, 以 n,p 为参数的二项分布可以用参数为 $\lambda=np$ 的泊松分布近似.

例 4　设某公司制造的微型芯片的次品率为 0.001, 且各芯片是否为次品相互独立. 求在 1000 件产品中至少有 2 件次品的概率.

解 记产品中的次品数为 ξ, 则 $\xi \sim b(1\,000, 0.001)$. 从而所求事件的概率为

$$\begin{aligned} P(\xi \geqslant 2) =& 1 - P(\xi = 0) - P(\xi = 1) \\ =& 1 - 0.999^{1\,000} - \mathrm{C}_{1\,000}^{1} \times 0.999^{999} \times 0.001 \\ \approx& 1 - 0.367\,695\,4 - 0.368\,063\,5 = 0.264\,241\,1. \end{aligned}$$

如果用泊松分布近似, 则利用 $\lambda = np = 1\,000 \times 0.001 = 1$, 得

$$\begin{aligned} P(\xi \geqslant 2) =& 1 - P(\xi = 0) - P(\xi = 1) \\ =& 1 - \mathrm{e}^{-1} - \mathrm{e}^{-1} \approx 0.264\,241\,1. \end{aligned}$$

由此看出, 二者非常接近. 显然, 用泊松分布计算事件概率更方便. 一般地, 当 $n \geqslant 20$, $p \leqslant 0.05$ 时, 用 $\dfrac{\lambda^k \mathrm{e}^{-\lambda}}{k!}$ 作为 $\mathrm{C}_n^k p^k (1-p)^{n-k}$ 的近似值效果颇佳.

2.3 连续型随机变量

2.3.1 连续型随机变量的定义

连续型随机变量的取值有无穷不可列个且布满某个区间, 如射击时被击中的点到靶心的距离. 经验告诉我们, 对于这样的随机变量, 它取单点值的概率为零. 所以此时考虑随机变量取某固定值的概率没有意义. 为此, 人们考虑随机变量落在某区域内的概率. 这就是为什么在射击比赛时, 人们所关心的是“命中环的内部区域”而不是“命中的某个环”. 故有如下定义:

定义 2.2 对随机变量 ξ, 若存在非负可积函数 $f(x)$, 使得对任意$x \in \mathbb{R}$, 成立

$$P(\xi \leqslant x) = \int_{-\infty}^{x} f(t)\mathrm{d}t,$$

则称 ξ 为**连续型随机变量**. 函数 $f(x)$ 称为 ξ 的**概率密度函数**, 简称**密度函数**.

上述定义可等价地写成:

定义 2.2′ 对随机变量 ξ, 若存在非负可积函数 $f(x)$, 使得对任意实数 a, b $(a < b)$, 均有

$$P(a < \xi \leqslant b) = \int_{a}^{b} f(x)\mathrm{d}x,$$

则称 ξ 为**连续型随机变量**.

概率密度函数相当于一块具有单位质量但质地未必均匀的矿石在某点的密度. 从几何上看, $y = f(x)$ 的图像为一条曲线, 称之为概率密度曲线. 曲线

$y=f(x)$ 与 x 轴所围区域的面积为 1, 即

$$\int_{-\infty}^{+\infty} f(x)\mathrm{d}x = 1.$$

而随机变量 ξ 落在区间 $(a,b]$ 内的概率为

$$P(a<\xi\leqslant b)=\int_a^b f(x)\mathrm{d}x.$$

它等于区间 $(a,b]$ 对应的曲线 $y=f(x)$ 与 x 轴所围成的曲边梯形的面积 (见图 2.3).

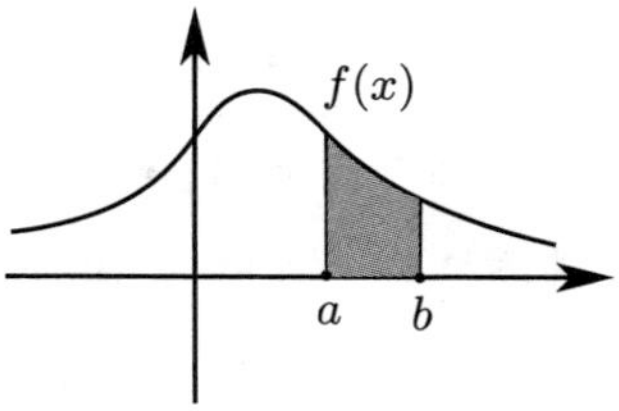

图 2.3

对任意 $x\in\mathbb{R}$, 当 $\Delta x\to 0$ 时,

$$0\leqslant P(\xi=x)\leqslant P(x-\Delta x<\xi\leqslant x)=\int_{x-\Delta x}^{x} f(x)\mathrm{d}x\to 0.$$

所以 $P(\xi=x)=0$, 即连续型随机变量取单点值的概率为零. 因此

$$\begin{aligned}P(a<\xi\leqslant b)=&P(a\leqslant\xi\leqslant b)=P(a\leqslant\xi<b)=P(a<\xi<b)\\=&\int_a^b f(x)\mathrm{d}x.\end{aligned}$$

由此, 连续型随机变量在区间内取值的概率与区间的开、闭无关. 同时, 对任意 $y\in\mathbb{R}$, 随机变量 ξ 落在由连续函数 $g:\mathbb{R}\to\mathbb{R}$ 定义的区域 $\{x\mid g(x)\leqslant y\}$ 上的概率为

$$P(g(\xi)\leqslant y)=\int_{g(x)\leqslant y} f(x)\mathrm{d}x.$$

对于离散型随机变量, 概率为 1 的事件和必然事件是等价的, 且零概率事件和不可能事件也是等价的. 但对于连续型随机变量, 该结论不再成立. 确切地说, 不可能事件是零概率事件, 但零概率事件未必是不可能事件. 同样, 必然事件的概率为 1, 但概率为 1 的事件未必是必然事件. 如在区间 $[a,b]$ 上均匀取值的随机变量取某单点值的概率为零, 但该事件未必不会发生. 这是连续型随机变量和离散型随机变量的一个重要区别.

2.3.2 分布函数

为更好地研究连续型随机变量, 下面引入分布函数的定义.

定义 2.3 对随机变量 ξ, 称函数

$$F(x)=P(\xi\leqslant x),\quad \forall\, x\in\mathbb{R}$$

为随机变量 ξ 的**分布函数**.

利用分布函数, 容易计算 ξ 落在区间 $(a,b]$ 内的概率

$$P(a<\xi\leqslant b)=P(\xi\leqslant b)-P(\xi\leqslant a)=F(b)-F(a).$$

分布函数有如下性质:

性质 2.1 设 $F(x)$ 为随机变量 ξ 的分布函数, 则

(1) 对于任意 $x_1<x_2$, $F(x_1)\leqslant F(x_2)$;

(2) $F(x)\in[0,1]$, $F(-\infty)=0, F(\infty)=1$;

(3) 对任意 $x\in\mathbb{R}$, $P(\xi>x)=1-P(\xi\leqslant x)=1-F(x)$;

(4) 分布函数右半连续, 即对任意 $x\in\mathbb{R}$, $F(x+0)=F(x)$.

证明 对于任意 $x_1<x_2$, 由于 $(\xi\leqslant x_1)\subset(\xi\leqslant x_2)$, 利用概率的单调性, 有

$$P(\xi\leqslant x_1)\leqslant P(\xi\leqslant x_2).$$

由分布函数的定义得结论 (1).

利用随机变量分布函数的定义易证 (2) 和 (3).

对任意 $x\in\mathbb{R}$ 和自然数 n, 由于事件满足

$$\left(\xi\leqslant x+\frac{1}{n}\right)\supset\left(\xi\leqslant x+\frac{1}{n+1}\right),$$

$$(\xi\leqslant x)=\lim_{n\to\infty}\left(\xi\leqslant x+\frac{1}{n}\right)=\bigcap_{n=1}^{+\infty}\left(\xi\leqslant x+\frac{1}{n}\right),$$

利用概率的连续性, 得

$$\lim_{n\to\infty}F\left(x+\frac{1}{n}\right)=\lim_{n\to\infty}P\left(\xi\leqslant x+\frac{1}{n}\right)=P(\xi\leqslant x)=F(x).$$

从而对任意 $x\in\mathbb{R}$, $F(x+0)=F(x)$, 结论 (4) 得证. □

无论是连续型随机变量, 还是离散型随机变量, 它们都存在密度函数. 先考察离散型随机变量的分布函数.

设离散型随机变量 ξ 的分布律如表 2.3 所示.

表 2.3

ξ	x_1	x_2	$\cdots$	x_k	$\cdots$
P	p_1	p_2	$\cdots$	p_k	$\cdots$

根据概率的可列可加性, 其分布函数为

$$F(x) = P(\xi \leqslant x) = \sum_{x_k \leqslant x} P(\xi = x_k).$$

因此

$$\begin{aligned} P(a < \xi \leqslant b) =& P(\xi \leqslant b) - P(\xi \leqslant a) = F(b) - F(a) \\ =& \sum_{x_k \leqslant b} P(\xi = x_k) - \sum_{x_k \leqslant a} P(\xi = x_k). \end{aligned}$$

例 1　设袋中有 6 个球, 其中有 2 个球标号为 1, 3 个球标号为 2, 1 个球标号为 3. 今从中随机抽取 1 个, 并用 ξ 表示取出球的标号. 求 ξ 的分布函数.

表 2.4

ξ	1	2	3
p_k	1/3	1/2	1/6

解　随机变量 ξ 的分布律见表 2.4. 从而

$$F(x) = \begin{cases} 0, & x < 1 \\ P(\xi = 1), & 1 \leqslant x < 2 \\ P(\xi = 1) + P(\xi = 2), & 2 \leqslant x < 3 \\ 1, & x \geqslant 3 \end{cases}$$

$$= \begin{cases} 0, & x < 1, \\ \dfrac{1}{3}, & 1 \leqslant x < 2, \\ \dfrac{5}{6}, & 2 \leqslant x < 3, \\ 1, & x \geqslant 3. \end{cases}$$

该分布函数的图像见图 2.4.

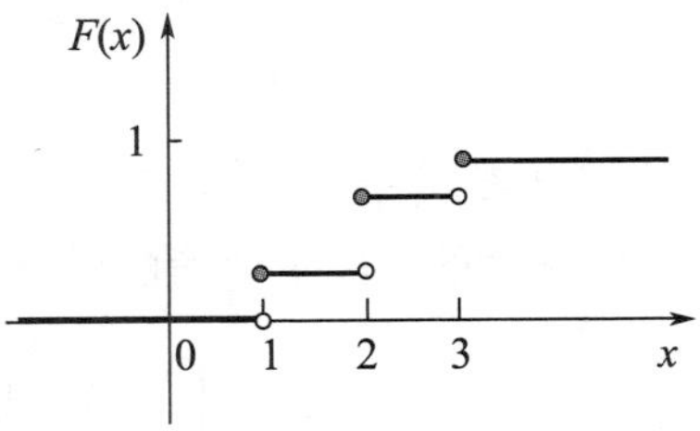

图 2.4

再考察连续型随机变量的分布函数.

性质 2.2　设连续型随机变量的概率密度函数为 $f(x)$, 则其分布函数 $F(x)$ 是连续的. 进一步, 若密度函数 $f(x)$ 在 x 点连续, 则 $F'(x) = f(x)$.

证明 根据连续型随机变量的定义, 得分布函数

$$F(x) = \int_{-\infty}^{x} f(t)\mathrm{d}t.$$

从而对任意 $x \in \mathbb{R}$ 和绝对值充分小的 Δx, 有

$$\lim_{\Delta x \to 0} \big(F(x + \Delta x) - F(x)\big) = \lim_{\Delta x \to 0} \int_{x}^{x+\Delta x} f(t)\mathrm{d}t = 0.$$

故连续型随机变量的分布函数是连续的.

其次, 对任意 $x \in \mathbb{R}$, 有

$$\begin{aligned} F'(x) &= \lim_{\Delta x \to 0} \frac{F(x + \Delta x) - F(x)}{\Delta x} \\ &= \lim_{\Delta x \to 0} \frac{\displaystyle\int_{x}^{x+\Delta x} f(t)\mathrm{d}t}{\Delta x}. \end{aligned}$$

由于 $f(x)$ 在 x 点连续, 利用积分中值定理, 存在 $u \in (x, x + \Delta x)$, 使得

$$F'(x) = \lim_{\Delta x \to 0} \frac{f(u)\Delta x}{\Delta x} = f(x).$$

□

密度函数和分布函数是连续型随机变量的重要工具.

2.3.3 常见的连续型随机变量

1. 均匀分布

设 $a, b \in \mathbb{R}$ 满足 $a < b$. 若随机变量 ξ 的概率密度函数为

$$f(x) = \begin{cases} \dfrac{1}{b-a}, & a \leqslant x \leqslant b, \\ 0, & \text{其他}, \end{cases}$$

则称 ξ 在区间 $[a, b]$ 上服从均匀分布, 并记为 $\xi \sim U(a, b)$. 均匀分布的直观意义是随机变量在区间 $[a, b]$ 内任意等长度的区间上取值的概率相等 (见图 2.5). 显然,

$$f(x) \geqslant 0, \qquad \int_{-\infty}^{+\infty} f(x)\mathrm{d}x = \int_{a}^{b} \frac{1}{b-a}\mathrm{d}x = 1.$$

其分布函数 (见图 2.6) 为

$$F(x) = \int_{-\infty}^{x} f(t)\mathrm{d}t = \begin{cases} 0, & x < a, \\ \dfrac{x-a}{b-a}, & a \leqslant x \leqslant b, \\ 1, & x > b. \end{cases}$$

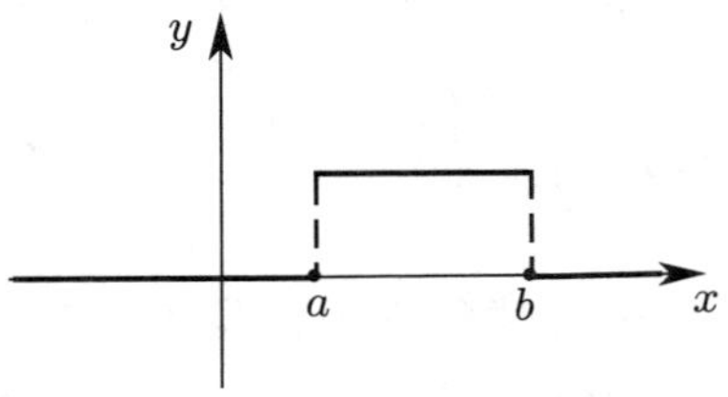

图 2.5

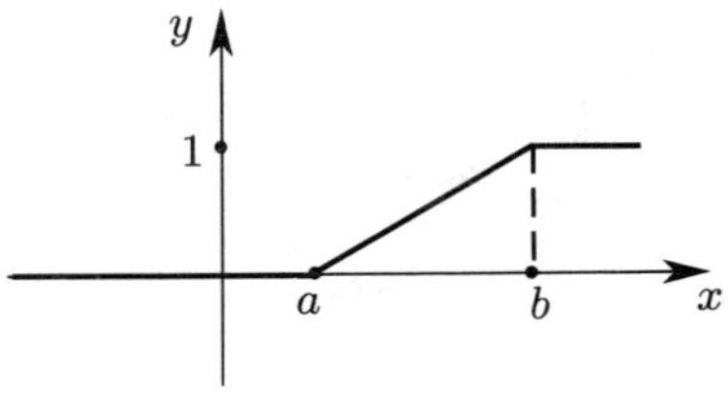

图 2.6

对于区间 $[a,b]$ 内的任意区间 $[c,d]$, 有

$$\begin{aligned}P(c \leqslant \xi \leqslant d) &= \int_c^d \frac{1}{b-a}\mathrm{d}x \\ &= \frac{1}{b-a}\cdot(d-c).\end{aligned}$$

这说明若随机变量在区间 $[a,b]$ 上均匀取值, 则它落在 $[a,b]$ 内任一区间上的概率只与该区间的长度有关.

例 2 某班车于 7:00, 7:15 和 7:30 在某车站发车. 现有某乘客在 7:00~7:30 内随机到达车站乘该车, 求该乘客候车时间少于 5 分钟的概率.

解 记 ξ 为该乘客在 7:00 后到达车站的时间 (单位: 分钟), 则 ξ 在区间 [0,30] 上服从均匀分布, 其概率密度函数为

$$f(x) = \begin{cases} \dfrac{1}{30}, & 0 \leqslant x \leqslant 30, \\ 0, & \text{其他}. \end{cases}$$

为使候车时间少于 5 分钟, 乘客必须在 7:10~7:15, 或 7:25~7:30 内到达车站. 故所求事件的概率为

$$P(10 \leqslant \xi \leqslant 15) + P(25 \leqslant \xi \leqslant 30) = \int_{10}^{15} \frac{1}{30}\mathrm{d}x + \int_{25}^{30} \frac{1}{30}\mathrm{d}x = \frac{1}{3}.$$

即乘客候车时间少于 5 分钟的概率是 1/3.

2. 指数分布

设 $\lambda > 0$. 若随机变量 ξ 的概率密度函数 (见图 2.7) 为

$$f(x) = \begin{cases} \lambda \mathrm{e}^{-\lambda x}, & x \geqslant 0, \\ 0, & x < 0, \end{cases}$$

则称 ξ 服从参数为 λ 的指数分布.

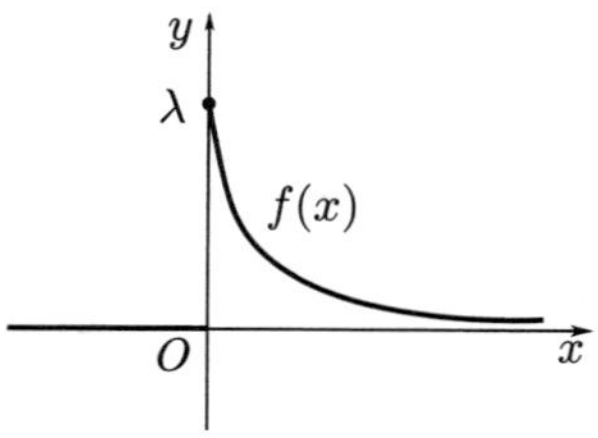

图 2.7

容易计算, 指数分布随机变量的分布函数为

$$F(x)=\begin{cases}1-\mathrm{e}^{-\lambda x}, & x\geqslant 0,\\ 0, & x<0.\end{cases}$$

指数分布可用来表述独立事件发生的时间间隔, 如旅客进机场的时间间隔、设备故障的时间间隔和电子产品的寿命等. 它是可靠性分析中最常见的一种分布.

指数分布的最大特点是无记忆性, 即对于任意 $s,t>0$,

$$P(\xi>s+t|\xi>s)=P(\xi>t).$$

事实上, 由条件概率公式, 有

$$\begin{aligned}P(\xi>s+t|\xi>s)=&\frac{P(\xi>s+t,\ \xi>s)}{P(\xi>s)}=\frac{P(\xi>s+t)}{P(\xi>s)}\\ =&\frac{1-P(\xi\leqslant s+t)}{1-P(\xi\leqslant s)}=\frac{\mathrm{e}^{-\lambda(s+t)}}{\mathrm{e}^{-\lambda s}}\\ =&\mathrm{e}^{-\lambda t}=P(\xi>t).\end{aligned}$$

若用 ξ 表示某电子元件的使用寿命, 则上式表明: 该电子元件使用了 s 小时之后, 可继续使用至少 t 小时的概率, 与从一开始使用算起它至少能使用 t 小时的概率相等. 也就是说, 元件对前面使用过的 s 小时没有记忆.

指数分布缺乏"记忆"是指某种产品或零件经过一段时间的工作后仍然如同新产品一样, 不影响以后的工作寿命. 也就是说, 使用过一段时间后电子产品的使用寿命与同类新产品的使用寿命同分布. 显然, 指数分布的这种特性与机械零件的疲劳、磨损、腐蚀等损伤过程的实际情况不相符. 所以, 指数分布不能作为机械零件功能参数的分布形式.

例 3 设某人每次打电话时的通话长度 (单位: 分钟) 服从参数为 0.2 的指数分布. 求其通话时间超过 5 分钟的概率和通话时间在 $5\sim 10$ 分钟范围内的概率.

解 用 ξ 表示该人打电话时的通话时间. 由题设知, ξ 服从参数为 0.2 的指数分布. 因此, ξ 的概率密度函数为

$$f(x)=\begin{cases}0, & x<0,\\ 0.2\mathrm{e}^{-0.2x}, & x\geqslant 0.\end{cases}$$

从而所求事件的概率分别为

$$P(\xi>5)=\int_5^{+\infty}0.2\mathrm{e}^{-0.2x}\mathrm{d}x=\mathrm{e}^{-1},$$

$$P(5\leqslant\xi\leqslant 10)=\int_5^{10}0.2\mathrm{e}^{-0.2x}\mathrm{d}x=\mathrm{e}^{-1}-\mathrm{e}^{-2}.$$

3. 正态分布

若随机变量 ξ 的密度函数为

$$f(x)=\frac{1}{\sqrt{2\pi}\sigma}\mathrm{e}^{-\frac{(x-\mu)^2}{2\sigma^2}},\quad -\infty<x<\infty,$$

其中 $\sigma>0$, μ 为常数, 则称 ξ 服从参数为 μ,σ 的正态分布, 记为 $\xi\sim N(\mu,\sigma^2)$.

显然, 正态分布的概率密度函数满足 $f(x)\geqslant 0$. 以下验证

$$\int_{-\infty}^{+\infty}f(x)\mathrm{d}x=1.$$

引入变换 $t=(x-\mu)/\sigma$, 则 $x=t\sigma+\mu$. 从而

$$\begin{aligned}\int_{-\infty}^{+\infty}f(x)\mathrm{d}x&=\int_{-\infty}^{+\infty}\frac{1}{\sqrt{2\pi}\sigma}\mathrm{e}^{-\frac{(x-\mu)^2}{2\sigma^2}}\mathrm{d}x\\&=\frac{1}{\sqrt{2\pi}}\int_{-\infty}^{+\infty}\mathrm{e}^{-t^2/2}\mathrm{d}t.\end{aligned}$$

为计算上式中的积分, 考虑该积分的平方, 即

$$\begin{aligned}\left(\int_{-\infty}^{+\infty}\mathrm{e}^{-t^2/2}\mathrm{d}t\right)^2&=\int_{-\infty}^{+\infty}\mathrm{e}^{-s^2/2}\mathrm{d}s\int_{-\infty}^{+\infty}\mathrm{e}^{-t^2/2}\mathrm{d}t\\&=\int_{-\infty}^{+\infty}\int_{-\infty}^{+\infty}\mathrm{e}^{-(s^2+t^2)/2}\mathrm{d}s\mathrm{d}t.\end{aligned}$$

这是一个二重积分. 为计算该积分, 引入极坐标变换

$$\begin{cases}s=r\cos\theta,\\t=r\sin\theta,\end{cases}$$

则

$$\mathrm{d}s\mathrm{d}t=\begin{vmatrix}\dfrac{\partial s}{\partial r}&\dfrac{\partial s}{\partial\theta}\\[2mm]\dfrac{\partial t}{\partial r}&\dfrac{\partial t}{\partial\theta}\end{vmatrix}\mathrm{d}r\mathrm{d}\theta=r\mathrm{d}r\mathrm{d}\theta.$$

这样, 上述重积分可化为如下累次积分:

$$\int_{-\infty}^{+\infty}\int_{-\infty}^{+\infty}\mathrm{e}^{-(s^2+t^2)/2}\mathrm{d}s\mathrm{d}t=\int_0^{2\pi}\mathrm{d}\theta\int_0^{+\infty}r\mathrm{e}^{-r^2/2}\mathrm{d}r=2\pi.$$

从而

$$\int_{-\infty}^{+\infty}\mathrm{e}^{-t^2/2}\mathrm{d}t=\sqrt{2\pi}.$$

代入前面的式子, 即得到所要的结论.

正态分布的密度函数 $f(x)$ 的曲线称为**正态曲线**, 又称**高斯曲线**. 其分布有如下特点:

(1) 密度函数关于直线 $x=\mu$ 对称. 对固定的 σ, 正态曲线随参数 μ 做横向平移, 但形状不变. 故 μ 称为**位置参数**. 对固定的 μ, 参数 σ 取值越大, 曲线越平, 反之越凸. 所以 σ 称为**形状参数** (见图 2.8).

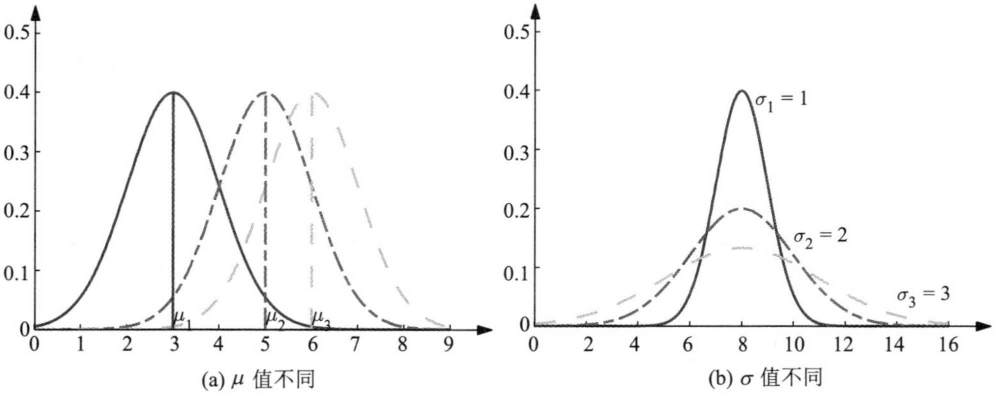

图 2.8

(2) 密度函数在 $x=\mu$ 点达到最大值, x 离 μ 越远, $f(x)$ 取值越小.

(3) 密度函数 $f(x)$ 在 $(-\infty,\mu)$ 内单调递增, 在 (μ,∞) 内单调递减.

由此得正态分布的直观意义: 随机变量 ξ 以很大的概率取 μ 附近的值, 而以很小的概率取离 μ 较远的值, 并且取 μ 左右两边值的概率相等. 实际上, 该随机变量的值几乎全部集中在区间 $(\mu-3\sigma,\mu+3\sigma)$ 内 (见图 2.9). 这在统计学上称为正态分布的 3σ 准则.

现实生活中的大量随机现象都服从或近似服从这种“中间大, 两头小”的正态分布. 如测量误差、某地区成年男性的身高、某班级学生的考试成绩等. 它与二项分布和泊松分布一起构成概率论的三大分布.

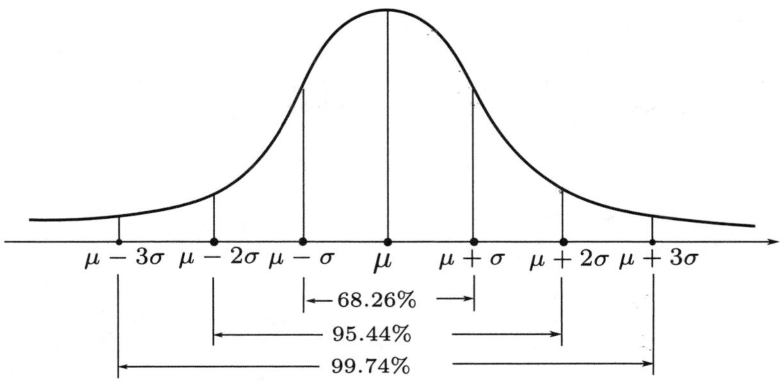

图 2.9

设 $\xi \sim N(\mu,\sigma^2)$. 若 $\mu=0,\sigma=1$, 即 $\xi \sim N(0,1)$, 则称随机变量 ξ 服从**标准正态分布**. 事实上, 对任一正态随机变量, 通过线性变换可将其标准化.

性质 2.3　如果 ξ 服从正态分布 $N(\mu,\sigma^2)$, 则 $\eta=(\xi-\mu)/\sigma$ 服从 $N(0,1)$ 分布.

证明　显然,

$$\begin{aligned}P(\eta \leqslant x) &= P\left(\frac{\xi-\mu}{\sigma} \leqslant x\right) = P(\xi \leqslant \mu+\sigma x)\\ &= \frac{1}{\sqrt{2\pi}\sigma}\int_{-\infty}^{\mu+\sigma x} \mathrm{e}^{-\frac{(t-\mu)^2}{2\sigma^2}}\mathrm{d}t.\end{aligned}$$

令 $u=(t-\mu)/\sigma$, 则

$$P(\eta \leqslant x) = \frac{1}{\sqrt{2\pi}}\int_{-\infty}^{x} \mathrm{e}^{-u^2/2}\mathrm{d}u.$$

所以 η 服从 $N(0,1)$ 分布. □

设随机变量 $\xi \sim N(\mu,\sigma^2)$, 由性质 2.3, $\eta=(\xi-\mu)/\sigma \sim N(0,1)$. 故对任意 $x \in \mathbb{R}$,

$$P(\xi \leqslant x) = P\left(\frac{\xi-\mu}{\sigma} \leqslant \frac{x-\mu}{\sigma}\right) = P\left(\eta \leqslant \frac{x-\mu}{\sigma}\right).$$

从而 ξ 落入 $(-\infty,x]$ 的概率等于标准正态随机变量 η 落入 $(-\infty,(x-\mu)/\sigma]$ 的概率. 这就是说, 一个服从正态分布的随机变量的概率可以通过标准正态分布计算. 为此, 人们制作了标准正态分布表 (见附表 2).

下面简单介绍正态分布表的使用方法.

首先, 根据附表 2, 可以查到标准正态分布函数 $\Phi(u)=\int_{-\infty}^{u}\frac{1}{\sqrt{2\pi}}\mathrm{e}^{-x^2/2}\mathrm{d}x$ 在 $u>0$ 时的值. 而对 $u<0$ 的情况, 利用正态分布密度函数的对称性, 得

$$\Phi(u)=1-\Phi(-u).$$

其次, 对于任意 $a<b$,

$$P(a<\xi\leqslant b)=\Phi(b)-\Phi(a).$$

最后, 若 $\xi\sim N(\mu,\sigma^2)$, 则 $\eta=(\xi-\mu)/\sigma\sim N(0,1)$. 从而 ξ 的分布函数可表示为

$$F(x)=P(\xi\leqslant x)=P\left(\frac{\xi-\mu}{\sigma}\leqslant\frac{x-\mu}{\sigma}\right)=\Phi\left(\frac{x-\mu}{\sigma}\right).$$

这样,

$$\begin{aligned}P(a<\xi\leqslant b)=&P\left(\frac{a-\mu}{\sigma}<\eta\leqslant\frac{b-\mu}{\sigma}\right)\\=&\Phi\left(\frac{b-\mu}{\sigma}\right)-\Phi\left(\frac{a-\mu}{\sigma}\right).\end{aligned}$$

例 4 设 $\xi\sim N(1,4)$. 利用正态分布表, 分别计算如下概率:

$$P(\xi\leqslant 5),\quad P(0<\xi\leqslant 1.6),\quad P(|\xi-1|\leqslant 3).$$

解 对该正态分布, $\mu=1,\sigma=2$. 借助标准正态分布, 依次得

$$P(\xi\leqslant 5)=P\left(\frac{\xi-1}{2}\leqslant\frac{5-1}{2}\right)=\Phi\left(\frac{5-1}{2}\right)=\Phi(2)=0.977\ 2,$$

$$\begin{aligned}P(0<\xi\leqslant 1.6)&=\Phi\left(\frac{1.6-1}{2}\right)-\Phi\left(\frac{0-1}{2}\right)=\Phi(0.3)-\Phi(-0.5)\\&=0.617\ 9-(1-\Phi(0.5))\\&=0.617\ 9-(1-0.691\ 5)=0.309\ 4,\end{aligned}$$

$$\begin{aligned}P(|\xi-1|\leqslant 3)&=P(-2\leqslant\xi\leqslant 4)=P\left(-1.5\leqslant\frac{\xi-1}{2}\leqslant 1.5\right)\\&=2\Phi(1.5)-1=2\times 0.933\ 19-1=0.866\ 38.\end{aligned}$$

最后给出正态分布上 α 分位点的定义.

设 $\eta \sim N(0,1)$, 则对任意 $\alpha \in (0,1)$, 称满足

$$P(\eta > z_\alpha) = \alpha$$

的 z_α 为标准正态分布的**上 α 分位点** (见图 2.10). 一般地, $\alpha \in (0,1)$ 取值较小, 其分位点对应的是概率为 α 的右侧跨度最大的区域, 它在统计学中有重要应用.

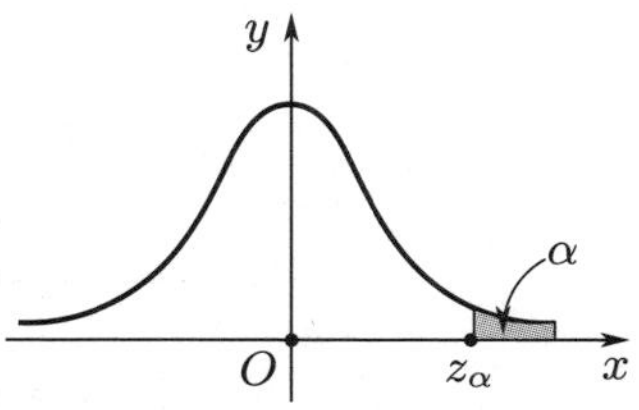

图 2.10

例 5　设 $\xi \sim N(0,1)$. 计算其上 α 分位点 $z_{0.05}$.

解　由上 α 分位点的定义, 知 $\Phi(z_\alpha) = 1-\alpha$. 查表得 $\Phi(1.645) = 0.95$. 所以 $z_{0.05} = 1.645$. 再由正态分布概率密度函数的对称性, 知 $z_{1-\alpha} = -z_\alpha$, 从而 $z_{0.95} = -1.645$.

2.4　随机变量函数的分布

在一些实际问题中, 有时需要计算对随机变量做某些运算或变换后得到的新随机变量的分布, 也就是随机变量函数的分布. 如某商品一天的销售量是随机变量, 该商品一天的销售收入也是随机变量, 而且是销售量的函数. 由此引出随机变量函数的概念. 本节主要研究如何借助随机变量的分布来刻画随机变量函数的分布.

2.4.1　离散型随机变量函数的分布

设离散型随机变量 ξ 的分布律为

$$P(\xi = x_k) = p_k, \quad k = 1,2,\cdots,$$

则对任意的连续函数 g: $\mathbb{R} \to \mathbb{R}$, $\eta = g(\xi)$ 也是离散型随机变量, 其所有可能的取值为 $g(x_k)$ $(k=1,2,\cdots)$. 若这些 $g(x_k)$ 互不相等, 则 η 取这些值的概率为

$$P(\eta = g(x_k)) = p_k, \quad k = 1,2,\cdots.$$

如果 $g(x_k)$ 的值中有相等的, 把它们分别合并, 并把对应事件的概率相加即得随机变量函数的分布律.

例 1　设离散随机变量 ξ 的分布律如表 2.5 所示. 求 $\eta = (\xi-1)^2$ 的分布.

表 2.5

ξ	-1	0	1	2
P	0.2	0.3	0.1	0.4

解 由 ξ 的分布律得表 2.6, 即

$$\begin{aligned}&P(\eta=0)=P\big((\xi-1)^2=0\big)=P(\xi=1)=0.1,\\&P(\eta=1)=P(\xi=0)+P(\xi=2)=0.7,\\&P(\eta=4)=P(\xi=-1)=0.2.\end{aligned}$$

从而 $\eta=(\xi-1)^2$ 的分布律如表 2.7 所示.

表 2.6

P	0.2	0.3	0.1	0.4
ξ	-1	0	1	2
η	4	1	0	1

表 2.7

η	0	1	4
P	0.1	0.7	0.2

2.4.2 连续型随机变量函数的分布

设连续型随机变量 ξ 的密度函数为 $f_\xi(x)$, 则对连续函数 $g\colon \mathbb{R}\to\mathbb{R}$, $\eta=g(\xi)$ 也是连续型随机变量, 其分布函数为

$$F_\eta(y)=P(\eta\leqslant y)=P(g(\xi)\leqslant y)=\int_{g(x)\leqslant y}f_\xi(x)\mathrm{d}x.$$

如果该积分函数可求得解析表达式, 那么将其关于 y 求导, 即得随机变量 η 的概率密度函数. 这种通过分布函数求随机变量函数分布的方法称为**分布函数法**.

例 2 设随机变量 ξ 服从正态分布 $N(\mu,\sigma^2)$. 求 $\eta=2\xi+3$ 的分布.

解 对任意 $y\in\mathbb{R}$, 有

$$\begin{aligned}F_\eta(y)=&P(\eta\leqslant y)=P(2\xi+3\leqslant y)=P\left(\xi\leqslant\frac{y-3}{2}\right)\\=&\int_{-\infty}^{(y-3)/2}\frac{1}{\sqrt{2\pi}\sigma}\mathrm{e}^{-\frac{(x-\mu)^2}{2\sigma^2}}\mathrm{d}x.\end{aligned}$$

所以

$$f_\eta(y)=F'_\eta(y)=\frac{1}{2\sqrt{2\pi}\sigma}\mathrm{e}^{-(\frac{y-3}{2}-\mu)^2/(2\sigma^2)}$$

$$=\frac{1}{\sqrt{2\pi}2\sigma}\mathrm{e}^{-\frac{(y-(2\mu+3))^2}{2(2\sigma)^2}}.$$

这说明 η 服从 $N(2\mu+3,4\sigma^2)$ 分布.

根据上述计算过程, 若随机变量 $\xi\sim N(\mu,\sigma^2)$, 则对任意 $a,b\in\mathbb{R}$, $a\xi+b\sim N(a\mu+b,(a\sigma)^2)$.

例 3　设随机变量 ξ 的密度函数为 $f_\xi(x)$. 求 $\eta=\xi^2$ 的分布.

解　由于 $\eta=\xi^2\geqslant 0$, 故对任意 $y\leqslant 0$, 有

$$F_\eta(y)=P(\eta\leqslant y)=0.$$

对任意 $y>0$, 有

$$\begin{aligned}F_\eta(y)=&P(\xi^2\leqslant y)=P(-\sqrt{y}\leqslant\xi\leqslant\sqrt{y})\\=&P(\xi\leqslant\sqrt{y})-P(\xi\leqslant-\sqrt{y})\\=&\int_{-\infty}^{\sqrt{y}}f_\xi(x)\mathrm{d}x-\int_{-\infty}^{-\sqrt{y}}f_\xi(x)\mathrm{d}x.\end{aligned}$$

将上述函数关于 y 求导, 得

$$f_\eta(y)=\frac{1}{2\sqrt{y}}\big(f_\xi(\sqrt{y})+f_\xi(-\sqrt{y})\big).$$

这样,

$$f_\eta(y)=\begin{cases}\dfrac{1}{2\sqrt{y}}\big(f_\xi(\sqrt{y})+f_\xi(-\sqrt{y})\big), & y>0,\\0, & y\leqslant 0.\end{cases}$$

特别地, 若随机变量 ξ 服从标准正态分布, 则 $\eta=\xi^2$ 的概率密度函数为

$$f_\eta(y)=\begin{cases}\dfrac{1}{\sqrt{2\pi}}y^{-1/2}\mathrm{e}^{-y/2}, & y>0,\\0, & y\leqslant 0.\end{cases}$$

此时, 称 η 服从自由度为 1 的 χ^2 分布, 记为 $\eta\sim\chi^2(1)$.

例 4　设随机变量 ξ 的概率密度函数为

$$f_\xi(x)=\begin{cases}\dfrac{2x}{\pi^2}, & 0\leqslant x\leqslant\pi,\\0, & \text{其他}.\end{cases}$$

求随机变量 $\eta=\sin\xi$ 的概率密度函数.

解 显然, 对任意 $\theta \in [0,\pi]$, $0 \leqslant \sin\theta \leqslant 1$. 所以

$$P(\eta < y) = \begin{cases} 0, & y \leqslant 0, \\ 1, & y \geqslant 1. \end{cases}$$

这说明, $\eta = \sin\xi$ 的概率密度函数满足

$$f_\eta(y) = 0, \quad y \leqslant 0 \text{ 或 } y \geqslant 1.$$

为此, 只需考虑 $y \in (0,1)$ 的情况. 此时, 利用三角函数的性质,

$$\begin{aligned} F_\eta(y) =& P(\sin\xi \leqslant y) = P(\xi \leqslant \arcsin y) + P\big(\xi \geqslant \pi - \arcsin y\big) \\ =& \int_0^{\arcsin y} \frac{2x}{\pi^2}\mathrm{d}x + \int_{\pi-\arcsin y}^{\pi} \frac{2x}{\pi^2}\mathrm{d}x \\ =& \frac{2}{\pi}\arcsin y. \end{aligned}$$

从而

$$f_\eta(y) = \begin{cases} \dfrac{2}{\pi\sqrt{1-y^2}}, & 0 < y < 1, \\ 0, & \text{其他}. \end{cases}$$

显然, 并不是在任何情况下都可以计算出随机变量函数的概率分布. 特别地, 如果 $y = g(x)$ 是严格单调的光滑函数 (即连续可微函数), 则可建立随机变量函数 $\eta = g(\xi)$ 的概率密度函数的通式.

具体地, 不妨设 $y = g(x)$ 关于 $x \in \mathbb{R}$ 连续可微且严格单调递增. 记 $\alpha = g(-\infty)$, $\beta = g(+\infty)$, 则 $g(x)$ 存在逆函数 g^{-1}, 且该逆函数在区间 (α,β) 上连续可微.

由于 $\eta = g(\xi) \in (\alpha,\beta)$, 所以

$$F_\eta(y) = \begin{cases} 0, & y \leqslant \alpha, \\ 1, & y \geqslant \beta. \end{cases}$$

而对任意 $y \in (\alpha,\beta)$, 有

$$\begin{aligned} F_\eta(y) =& P(\eta \leqslant y) = P(g(\xi) \leqslant y) \\ =& P\big(\xi \leqslant g^{-1}(y)\big) = \int_{-\infty}^{g^{-1}(y)} f_\xi(x)\mathrm{d}x. \end{aligned}$$

将该函数关于 y 求导, 得

$$f_\eta(y)=f_\xi\big(g^{-1}(y)\big)\big(g^{-1}(y)\big)'.$$

所以

$$f_\eta(y)=\begin{cases}f_\xi\big(g^{-1}(y)\big)\big(g^{-1}(y)\big)', & \alpha<y<\beta,\\ 0, & \text{其他}.\end{cases}$$

连同函数 $g(x)$ 严格单调递减的情形, 得到如下结论:

定理 2.2　设随机变量 ξ 的密度函数为 $f_\xi(x)$, $g(x)$ 为连续可微的严格单调递增函数. 令 $\alpha=g(-\infty)$, $\beta=g(+\infty)$, 则 $\eta=g(\xi)$ 也是连续型随机变量, 其密度函数为

$$f_\eta(y)=\begin{cases}f_\xi\big(g^{-1}(y)\big)\big(g^{-1}(y)\big)', & \alpha<y<\beta,\\ 0, & \text{其他}.\end{cases}$$

若函数 $g(x)$ 为连续可微的严格单调递减函数, 令

$$\alpha=g(+\infty),\quad \beta=g(-\infty),$$

则 $\eta=g(\xi)$ 的密度函数为

$$f_\eta(y)=\begin{cases}-f_\xi\big(g^{-1}(y)\big)\big(g^{-1}(y)\big)', & \alpha<y<\beta,\\ 0, & \text{其他}.\end{cases}$$

例 5 (对数正态分布)　设随机变量 ξ 的对数函数 $\eta=\ln\xi$ 服从正态分布 $N(\mu,\sigma^2)$. 求随机变量 ξ 的密度函数.

解　由 $\eta=\ln\xi\sim N(\mu,\sigma^2)$, 知

$$\xi=\mathrm{e}^\eta,\quad \eta\sim N(\mu,\sigma^2).$$

从而由 η 的概率密度函数 $f_\eta(y)=\dfrac{1}{\sqrt{2\pi}\sigma}\mathrm{e}^{-\frac{(y-\mu)^2}{2\sigma^2}}$ 和定理 2.2, 得 ξ 的密度函数

$$\begin{aligned}f_\xi(x)&=\begin{cases}\dfrac{1}{x}f_\eta(\ln x), & x>0\\ 0, & x\leqslant 0\end{cases}\\ &=\begin{cases}\dfrac{1}{\sqrt{2\pi}\sigma x}\mathrm{e}^{-\frac{(\ln x-\mu)^2}{2\sigma^2}}, & x>0,\\ 0, & x\leqslant 0.\end{cases}\end{aligned}$$

需要说明的是, 对于连续型随机变量 ξ, 若 $g: \mathbb{R} \to \mathbb{R}$ 不连续, 则 $\eta = g(\xi)$ 可能不是连续型随机变量.

例 6 设某工厂生产的某种零件的内径 ξ 服从正态分布 $N(11,1)$. 当产品内径在 10~12 之间时被定义为合格品, 其余为次品. 该工厂销售每件合格品会赢利, 而销售每件次品会根据次品的不合格程度遭受不同程度的亏损. 具体地, 每件产品的销售利润或亏损与产品的内径有如下关系:

$$\eta = \begin{cases} -1, & \xi < 10, \\ 20, & 10 \leqslant \xi \leqslant 12, \\ -5, & \xi > 12. \end{cases}$$

求 η 的分布.

解 由题设, 零件的内径 ξ 服从正态分布 $N(11,1)$, 而随机变量 $\eta = g(\xi)$ 的不同取值为 $-5, -1, 20$. 容易计算:

$$\begin{aligned} P(\eta = -5) = P(\xi > 12) &= 1 - P(\xi \leqslant 12) \\ &= 1 - \int_{-\infty}^{\frac{12-11}{1}} \frac{1}{\sqrt{2\pi}} \mathrm{e}^{-x^2/2} \mathrm{d}x = 0.16, \end{aligned}$$

$$P(\eta = -1) = P(\xi < 10) = \int_{-\infty}^{\frac{10-11}{1}} \frac{1}{\sqrt{2\pi}} \mathrm{e}^{-x^2/2} \mathrm{d}x = 0.16,$$

$$\begin{aligned} P(\eta = 20) &= P(10 \leqslant \xi \leqslant 12) = 1 - P(\xi < 10) - P(\xi > 12) \\ &= 1 - 0.32 = 0.68. \end{aligned}$$

小　结

本章学习基本要求

1. 理解随机变量及其概率分布的概念, 理解分布函数的概念及性质, 会计算与随机变量相关的概率.

2. 理解离散型随机变量及其概率分布的概念, 掌握 0-1 分布、二项分布、泊松分布、几何分布、超几何分布及其应用.

3. 了解泊松定理的结论和应用条件, 会用泊松分布近似表示二项分布.

4. 理解连续型随机变量及其概率密度函数的概念, 掌握均匀分布、正态分布、指数分布及其应用.

5. 会求随机变量函数的分布.

本章知识点网格图

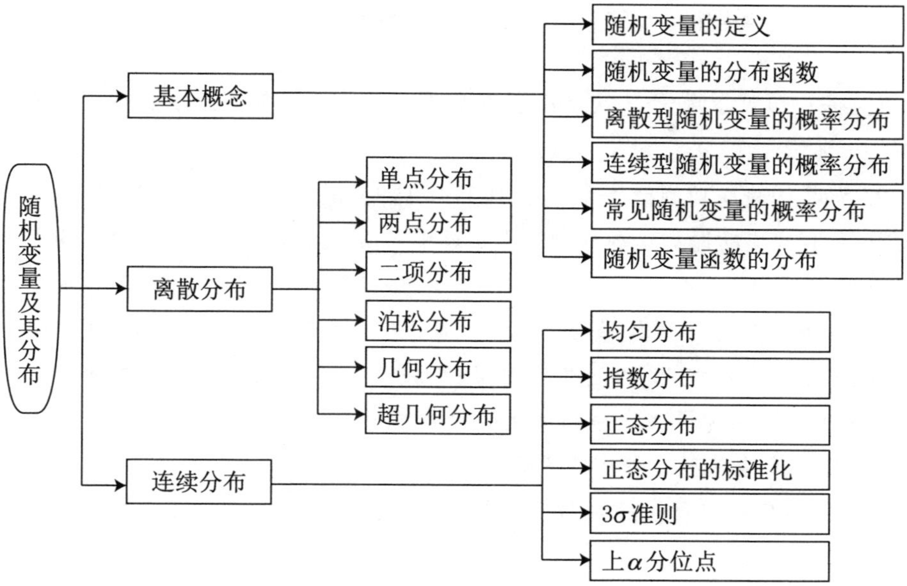

人物简介

西莫恩 · 德尼 · 泊松 (1781—1840, 图 2.11), 法国数学家和物理学家. 泊松最初学医, 后转学数学. 1802 年, 21 岁的他成为巴黎理学院教授. 1812 年当选为巴黎科学院院士, 1826 年被选为彼得堡科学院名誉院士.

泊松善于用数学方法研究各类物理问题, 并由此得到数学上的许多发现. 他对积分理论、行星运动理论、热物理、弹性理论、电磁理论、位势理论都作出了重要贡献. 除此之外, 他建立了描述随机现象的一种概率分布——泊松分布, 推广了大数定律, 并导出了在概率论与数理方程中有重要应用的泊松积分, 对概率统计作出了巨大贡献.

图 2.11

习　题

1. 将一颗骰子抛掷 2 次, 用 ξ 表示两次抛掷后得到的最小点数. 求 ξ 的分布律.

2. 设某试验成功的概率为 $p \in (0,1)$. 现将该试验独立地重复多次, 并用 ξ 表示出现第 1 次成功时的试验次数, 用 η 表示第 3 次成功时的试验次数. 分别计算 ξ 和 η 的分布律.

3. 一房间有 3 个同样型号的窗户, 其中有一个是打开的. 现房间内有一只小鸟在房间内飞来飞去, 试图从开着的窗户飞出去. 它飞向各个窗户的概率是相等的, 用 ξ 表示小鸟为了飞出房间试飞的次数.

(1) 若小鸟在飞行过程中是无记忆的, 求 ξ 的分布律.

(2) 若小鸟在飞行过程中是有记忆的, 也就是它飞向同一窗户的尝试至多一次, 求 ξ 的分布律.

4. 一座楼装有 5 个同类型的供水设备. 调查表明, 在任一时刻每个设备被使用的概率为 0.1. 令 ξ 为同一时刻设备被使用的个数. 求其分布律.

5. 在每次试验中事件 A 发生的概率为 0.3. 当事件 A 发生的次数超过 2 时, 指示灯发出信号. 分别求进行 5 次和 7 次独立试验时, 指示灯发出信号的概率.

6. 设甲、乙两人投篮时投中的概率分别为 0.6 和 0.7. 今各投 3 次, 求:

(1) 两人投中次数相等的概率;　(2) 甲比乙投中次数多的概率.

7. 有一大批产品, 其验收方案如下: 先从中任取 10 件, 经检验无次品则接受这批产品, 次品数大于 2 则拒收; 否则从中再任取 5 件, 当 5 件中无次品时接受这批产品, 否则拒收. 设产品的次品率为 10%, 求:

(1) 这批产品经第一次检验能被接受的概率;

(2) 需做第二次检验的概率;

(3) 这批产品在第一次检验未能做决定而第二次检验时被接受的概率;

(4) 这批产品被接受的概率.

8. 某商场各柜台收到消费者投诉事件数为 0, 1, 2 三种情况, 其概率分别为 0.6, 0.3, 0.1. 有关部门每月抽查商场的两个柜台, 并规定, 如果两个柜台收到投诉事件数之和超过 1, 则给商场通报批评; 若一年中有三个月受到通报批评, 则该商场受挂牌处分一年. 求该商场一年内受到处分的概率.

9. 一电话总机每分钟收到呼叫的次数服从参数为 4 的泊松分布. 求:

(1) 某分钟恰有 8 次呼叫的概率;　(2) 某分钟的呼叫次数大于 3 的概率.

10. 设任意 t 小时内, 某急救中心收到紧急呼救的次数 ξ 服从参数为 $t/2$ 的泊松分布. 求:

(1) 某天从中午 12 时至下午 3 时没有收到紧急呼救的概率;

(2) 某天从中午 12 时至下午 5 时至少收到 1 次紧急呼救的概率.

11. 设某设备在任意 t 时间段内发生故障的次数 $N(t)$ 服从参数为 λt 的泊松分布. 求:

(1) 前后相邻两次故障之间的时间间隔 T 的概率分布;

(2) 求在设备已经无故障工作 8 小时的情况下, 再无故障运行 8 小时的概率.

12. 在区间 $[0,1]$ 上任意投掷一个质点, 以 ξ 表示这个质点的坐标. 设这个质点落在 $[0,1]$ 中任意小区间内的概率与该小区间的长度成正比. 求 ξ 的分布函数.

13. 用 ξ 表示某商店从早晨开始营业起到第一个顾客到达的等待时间 (单位: 分钟). 其分布函数为

$$F(x)=\begin{cases}1-\mathrm{e}^{-0.5x}, & x>0,\\ 0, & x\leqslant 0.\end{cases}$$

计算:

(1) $P(\xi\leqslant 3)$;　(2) $P(\xi\geqslant 4)$;　(3) $P(3\leqslant\xi\leqslant 4)$;　(4) $P(\xi=2.5)$.

14. 设随机变量 ξ 的绝对值不大于 1, 且 $P(\xi=-1)=1/8, P(\xi=1)=1/4$. 在事件 $(-1<\xi<1)$ 发生的条件下, ξ 在 $(-1,1)$ 内的任一子区间上取值的条件概率与该子区间的长度成正比. 求:

(1) ξ 的分布函数 $F(x)=P(\xi\leqslant x)$;　(2) ξ 取负值的概率.

15. 设随机变量 ξ 的分布函数为

$$F(x)=\begin{cases}a, & x\leqslant 1,\\ bx\ln x+cx+d, & 1<x\leqslant \mathrm{e},\\ d, & x>\mathrm{e}.\end{cases}$$

试确定 a,b,c,d 的值, 并计算概率 $P(|\xi|\leqslant \mathrm{e}/2)$.

16. 设随机变量 ξ 的概率密度函数为

$$f(x)=\begin{cases}A\cos x, & |x|\leqslant \pi/2,\\ 0, & |x|>\pi/2.\end{cases}$$

求:

(1) 常数 A;　(2) ξ 落在 $(0,\pi/4)$ 内的概率;　(3) 分布函数 $F(x)$.

17. 一盒中有 5 个纪念章, 分别编号 1,2,3,4,5. 从中等可能地任取 3 个, 并

用 ξ 表示取出的 3 个纪念章上的最大号码. 求 ξ 的分布律和分布函数.

18. 设 $F_1(x), F_2(x)$ 为分布函数, 请问 $F_1(x)+F_2(x)$ 是否为分布函数? 再若 a_1, a_2 是正常数, 且 $a_1+a_2=1$, 证明 $a_1F_1(x)+a_2F_2(x)$ 是分布函数.

19. 设某器件的寿命 (单位: 小时) 的概率密度函数为

$$f(x)=\begin{cases}\dfrac{1\,000}{x^2}, & x>1\,000,\\ 0, & \text{其他}.\end{cases}$$

今从一大批此种器件中任取 5 只, 试计算其中至少有 2 只寿命大于 1 500 小时的概率.

20. 设顾客在某银行窗口等待服务的时间 ξ (单位: 分钟) 服从指数分布, 密度函数为

$$f(x)=\begin{cases}\dfrac{1}{5}\mathrm{e}^{-x/5}, & x>0,\\ 0, & \text{其他}.\end{cases}$$

某顾客在窗口等待服务, 若超过 10 分钟, 他就离开. 他一个月要到银行 5 次, 以 η 表示一个月内他未等到服务而离开窗口的次数. 求 η 的分布律, 并计算 $P(\eta\geqslant 1)$.

21. 设随机变量 ξ 的概率密度函数为

$$f(x)=\begin{cases}12x^2-12x+3, & 0<x<1,\\ 0, & \text{其他}.\end{cases}$$

试计算 $P(\xi\leqslant 0.2\mid 0.1<\xi\leqslant 0.5)$.

22. 设 η 服从参数为 1 的指数分布. 对任意 $a>0$, 计算条件概率 $P(\eta\leqslant a+1\mid \eta>a)$.

23. 设参数 β 的取值在区间 $[0,5]$ 上服从均匀分布. 求二次方程

$$4x^2+4\beta x+\beta+2=0$$

关于 x 有实根的概率.

24. 设某 100 件产品中, 90 件为合格品, 10 件为次品. 今从中随机抽取 2 件安装在某台机器上. 若该机器有 i 件次品, $i=0,1,2$, 则机器的使用寿命服从参数为 $\lambda=i+1$ 的指数分布.

(1) 求设备寿命超过 1 的概率;

(2) 已知设备寿命超过 1, 求安装在设备上的两件产品都是合格品的概率.

25. 设某批螺栓的长度 (单位: 厘米) 服从参数为 $\mu=10.05, \sigma=0.06$ 的正态分布. 规定长度在 10.05 ± 0.12 范围内的螺栓为合格品. 求该批产品中一螺栓为不合格品的概率.

26. 设某种元件的寿命 ξ (单位: 小时) 服从参数为 $\mu=160, \sigma>0$ 的正态分布. 要使 $P(120<\xi\leqslant 200)\geqslant 0.8$, 求 σ 的最大值.

27. 设随机变量 ξ 的分布律如表 2.8 所示. 求 $\eta=\xi^2$ 的分布律.

表 2.8

ξ	-2	-1	0	1	3
P	$\frac{1}{5}$	$\frac{1}{6}$	$\frac{1}{5}$	$\frac{1}{15}$	$\frac{11}{30}$

28. 某单位招聘 155 人, 按考试成绩录用, 共有 526 人报名. 假设报名者考试成绩 $\xi\sim N(\mu,\sigma^2)$, 已知 90 分以上的 12 人, 60 分以下的 83 人. 若从高分到低分依次录取, 某人成绩为 78 分, 问此人能否被录取?

29. 设随机变量 ξ 在区间 $[0,1]$ 上服从均匀分布. 分别求 e^{ξ} 和 $-2\ln\xi$ 的概率密度函数.

30. 设随机变量 $\xi\sim N(\mu_1,\sigma_1^2), \eta\sim N(\mu_2,\sigma_2^2)$. 若

$$P(|\xi-\mu_1|\leqslant 1)>P(|\eta-\mu_2|\leqslant 1),$$

试比较 σ_1 和 σ_2 的大小.

31. 设 $\xi\sim N(0,1)$. 分别求 $\mathrm{e}^{\xi}, 2\xi^2+1$ 和 $|\xi|$ 的概率密度函数.

32. 设随机变量 ξ 服从参数为 2 的指数分布. 求 $\eta=1-\mathrm{e}^{-2\xi}$ 的分布.

33. 设随变量 ξ 的概率密度函数为

$$f(x)=\begin{cases}1/(3\sqrt[3]{x^2}), & 1\leqslant x\leqslant 8,\\ 0, & \text{其他}.\end{cases}$$

其分布函数为 $F(x)$. 求随机变量 $\eta=F(\xi)$ 的分布函数.

34. 设随机变量 ξ 的概率密度函数为

$$f(x)=\begin{cases}\dfrac{1}{9}x^2, & 0<x<3,\\ 0, & \text{其他}.\end{cases}$$

求随机变量

$$\eta=\begin{cases}2, & \xi\leqslant 1,\\ \xi, & 1<\xi<2,\\ 1, & \xi\geqslant 2\end{cases}$$

的分布函数和 $\xi\leqslant\eta$ 的概率.

第 3 章　二维随机变量及其分布

由于描述随机试验结果的需要, 二维随机变量应运而生. 二维随机变量的联合分布不但包含各分量的分布, 还蕴含它们之间的相互关系. 这构成了二维随机变量的研究主题. 本章主要讨论二维随机变量的联合分布、边缘分布、条件分布及它们之间的独立性.

3.1　二维随机变量

3.1.1　离散型二维随机变量

在某些随机试验中, 试验结果需要用多个随机变量来表述, 如射击时被击中的点偏离靶心的程度需要用横向偏离与纵向偏离共同描述; 考察某地区学龄前儿童的发育状况, 需要对每一个被抽查对象的身高、体重、视力等多项指标进行考察. 这些考察指标构成了概率空间上的多维随机变量. 下面给出二维随机变量的定义.

定义 3.1　设 ξ 和 η 为定义在样本空间 Ω 上的两个随机变量, 则随机变量组 (ξ, η) 称为样本空间 Ω 上的**二维随机变量**.

与一维随机变量类似, 二维随机变量也分为离散型和连续型. 如果二维随机变量所有可能的取值是有限对或可列对, 则称其为**离散型二维随机变量**.

设离散型二维随机变量 (ξ,η) 所有可能的取值为 (x_i, y_j) $(i,j=1,2,\cdots)$, 而它们取这些值的概率分别为

$$P(\xi=x_i,\eta=y_j)=p_{ij},\quad i,j=1,2,\cdots,$$

则二维随机变量的所有取值连同相应取值的概率构成 (ξ,η) 的**联合分布律**. 用表 3.1 表示.

表 3.1

$\xi \backslash \eta$	y_1	y_2	$\cdots$	y_j	$\cdots$
x_1	p_{11}	p_{12}	$\cdots$	p_{1j}	$\cdots$
x_2	p_{21}	p_{22}	$\cdots$	p_{2j}	$\cdots$
$\vdots$	$\vdots$	$\vdots$		$\vdots$	
x_i	p_{i1}	p_{i2}	$\cdots$	p_{ij}	$\cdots$
$\vdots$	$\vdots$	$\vdots$		$\vdots$	

显然, 对于任意 i,j, $0 \leqslant p_{ij} \leqslant 1$, 且 $\sum\limits_{i,j=1}^{\infty} p_{ij} = 1$.

例 1　把一枚硬币抛掷 3 次, 记 ξ 为 3 次抛掷中出现正面的次数, η 为正、反面出现次数差的绝对值. 求 (ξ,η) 的联合分布律.

解　由题意, (ξ,η) 所有可能的取值为 $(0,3),(1,1),(2,1),(3,3)$, 而取这些值的概率分别为

$$
\begin{aligned}
P(\xi=0,\eta=3) &= P(\xi=0) = (1/2)^3 = 1/8,\\
P(\xi=1,\eta=1) &= P(\xi=1) = \mathrm{C}_3^1(1/2)^3 = 3/8,\\
P(\xi=2,\eta=1) &= P(\xi=2) = \mathrm{C}_3^2(1/2)^3 = 3/8,\\
P(\xi=3,\eta=3) &= P(\xi=3) = (1/2)^3 = 1/8.
\end{aligned}
$$

由此得 (ξ,η) 的联合分布律, 如表 3.2 所示.

表 3.2

$\eta \backslash \xi$	0	1	2	3
1	0	3/8	3/8	0
3	1/8	0	0	1/8

例 2　某盒子里有 3 个黑球、2 个红球和 2 个白球. 今从中任意抽取 4 个, 并用 ξ 表示抽到黑球的个数, 用 η 表示抽到红球的个数. 求 $\xi=\eta$ 的概率.

解　由于

$$(\xi=\eta) = (\xi=1,\eta=1) \cup (\xi=2,\eta=2),$$

所以

$$P(\xi=\eta)=\frac{C_3^1\cdot C_2^1\cdot C_2^2}{C_7^4}+\frac{C_3^2\cdot C_2^2\cdot C_2^0}{C_7^4}=\frac{9}{35}.$$

3.1.2 二维随机变量的分布函数

为引入连续型二维随机变量, 下给出联合分布函数的定义.

定义 3.2 对二维随机变量 (ξ,η), 称二元函数

$$F(x,y)=P(\xi\leqslant x,\eta\leqslant y),\quad x,y\in\mathbb{R}$$

为随机变量 (ξ,η) 的**联合分布函数**.

若将二维随机变量 (ξ,η) 看成平面上随机点的坐标, 那么分布函数 $F(x,y)$ 在 (x,y) 点的函数值就是随机点 (ξ,η) 落在平面直角坐标系中位于点 (x,y) 左下方的无穷矩形区域内的概率 (见图 3.1).

借助分布函数, 随机变量落在矩形区域 $[x_1,x_2]\times[y_1,y_2]$ (见图 3.2) 内的概率表示为

$$P(x_1<\xi\leqslant x_2,y_1<\eta\leqslant y_2)=F(x_2,y_2)-F(x_2,y_1)-F(x_1,y_2)+F(x_1,y_1).$$

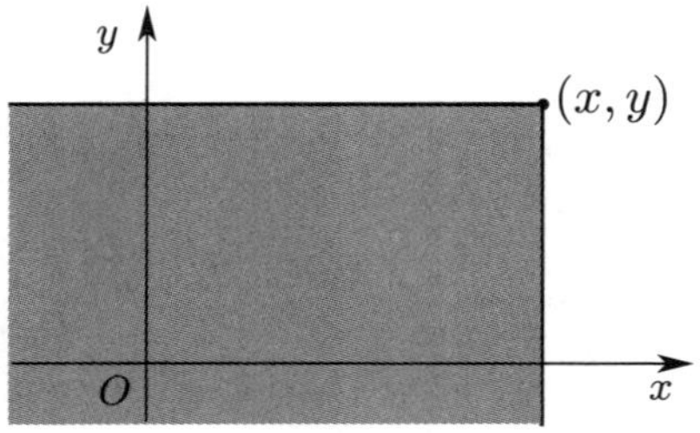

图 3.1

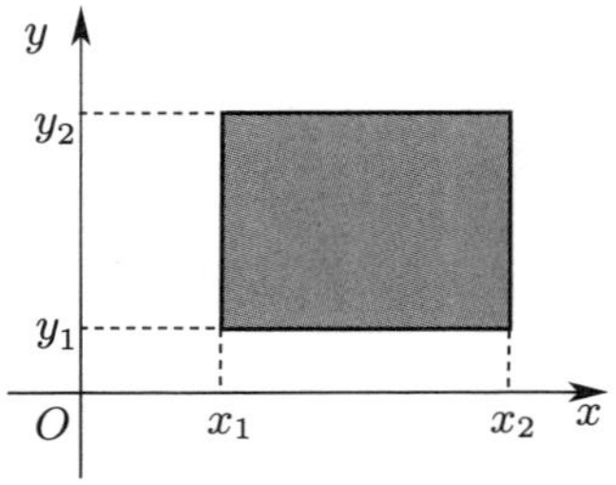

图 3.2

分布函数具有如下基本性质:

(1) $F(x,y)$ 关于 x 和 y 分别单调不减, 即对任意固定的 y, 若 $x_1>x_2$, 则 $F(x_1,y)\geqslant F(x_2,y)$; 而对任意固定的 x, 若 $y_1>y_2$, 则 $F(x,y_1)\geqslant F(x,y_2)$.

(2) $F(x,y)\in[0,1]$, 且对任意 y, 都有 $F(-\infty,y)=0$; 对任意 x, 都有 $F(x,-\infty)=0$, 且

$$F(-\infty,-\infty)=0,\quad F(+\infty,+\infty)=1.$$

这两个结论可从几何角度加以说明. 如图 3.1 中将无穷矩形的右边界向左无限平移, 则随机点 (ξ,η) 落在该矩形内的可能性减小至零, 故其概率趋于 0, 即 $F(-\infty,y)=0$; 而当 $x\to+\infty, y\to+\infty$ 时, 该图中的矩形扩展至整个平面, 故随机点 (ξ,η) 落在该区域的概率趋于 1, 即 $F(+\infty,+\infty)=1$.

与一维随机变量类似, 离散型二维随机变量 (ξ,η) 的联合分布函数为

$$F(x,y)=\sum_{x_i\leqslant x}\sum_{y_j\leqslant y}P(\xi=x_i,\eta=y_j).$$

例 3　设二维随机变量 (ξ,η) 的联合分布函数为

$$F(x,y)=A(B+\arctan x)(C+\arctan y),\quad -\infty<x,y<+\infty.$$

求常数 A,B,C.

解　由分布函数 $F(x,y)$ 的性质, 得

$$\begin{cases}\lim\limits_{\substack{x\to+\infty\\y\to+\infty}}A(B+\arctan x)(C+\arctan y)=A\left(B+\dfrac{\pi}{2}\right)\left(C+\dfrac{\pi}{2}\right)=1,\\ \lim\limits_{x\to-\infty}A(B+\arctan x)(C+\arctan y)=A\left(B-\dfrac{\pi}{2}\right)(C+\arctan y)=0,\\ \lim\limits_{y\to-\infty}A(B+\arctan x)(C+\arctan y)=A(B+\arctan x)\left(C-\dfrac{\pi}{2}\right)=0.\end{cases}$$

解之得 $A=1/\pi^2,\ B=\pi/2,\ C=\pi/2$.

3.1.3　连续型二维随机变量

下面借助联合分布函数给出连续型二维随机变量的定义.

定义 3.3　设 (ξ,η) 的联合分布函数为 $F(x,y)$. 若存在非负可积函数 $f(x,y)$, 使对任意 $x,\ y\in\mathbb{R}$, 有

$$F(x,y)=\int_{-\infty}^{x}\int_{-\infty}^{y}f(u,v)\mathrm{d}u\,\mathrm{d}v,$$

即

$$P(\xi\leqslant x,\eta\leqslant y)=\int_{-\infty}^{x}\int_{-\infty}^{y}f(u,v)\mathrm{d}u\,\mathrm{d}v,$$

则称 (ξ,η) 为**连续型二维随机变量**. 函数 $f(x,y)$ 称为随机变量 (ξ,η) 的**联合概率密度函数**, 又称**联合密度函数**.

二维连续型随机变量的联合密度函数与一维连续型随机变量的密度函数有类似的性质:

$$f(x,y)\geqslant 0,\qquad \int_{-\infty}^{+\infty}\int_{-\infty}^{+\infty}f(x,y)\mathrm{d}x\,\mathrm{d}y=1.$$

进一步, 若 $f(x,y)$ 在 (x,y) 点连续, 则 $\dfrac{\partial^2 F(x,y)}{\partial x\partial y}=f(x,y)$.

设 $G\subset\mathbb{R}^2$, 则 (ξ,η) 落在该区域内的概率为 $\iint\limits_G f(x,y)\mathrm{d}x\mathrm{d}y$. 特别地,

$$P(x_1<\xi\leqslant x_2,y_1<\eta\leqslant y_2)=\int_{x_1}^{x_2}\int_{y_1}^{y_2}f(x,y)\mathrm{d}x\,\mathrm{d}y.$$

而对任意 $z\in\mathbb{R}$, 二维随机变量 (ξ,η) 落在由连续函数 g: $\mathbb{R}^2\to\mathbb{R}$ 定义的区域 $\{(x,y)\mid g(x,y)\leqslant z\}$ 内的概率, 也就是 $g(\xi,\eta)\leqslant z$ 的概率为

$$P(g(\xi,\eta)\leqslant z)=\iint\limits_{g(x,y)\leqslant z}f(x,y)\mathrm{d}x\,\mathrm{d}y.$$

例 4 设二维随机变量 (ξ,η) 的联合概率密度函数为

$$f(x,y)=\begin{cases}Cxy, & 0\leqslant x\leqslant y\leqslant 1,\\ 0, & \text{其他}.\end{cases}$$

试确定常数 C, 计算概率 $P(\xi+\eta\leqslant 1)$, 并求联合分布函数 $F(x,y)$.

解 首先, 由题设, 二维随机变量 (ξ,η) 在区域

$$D=\{(x,y)\mid 0\leqslant x\leqslant y\leqslant 1\}$$

上取值 (见图 3.3). 由二维随机变量的性质, 得

$$1=\int_{-\infty}^{+\infty}\int_{-\infty}^{+\infty}f(x,y)\mathrm{d}x\,\mathrm{d}y=\iint\limits_D f(x,y)\mathrm{d}x\,\mathrm{d}y$$
$$=\int_0^1\mathrm{d}x\int_x^1 Cxy\,\mathrm{d}y=\frac{C}{8}.$$

所以 $C=8$. 从而 (ξ,η) 的联合概率密度函数为

$$f(x,y)=\begin{cases}8xy, & 0\leqslant x\leqslant y\leqslant 1,\\ 0, & \text{其他}.\end{cases}$$

为计算 $P(\xi+\eta\leqslant 1)$, 以下对密度函数 $f(x,y)$ 在区域

$$\{(x,y)\mid x+y\leqslant 1, 0\leqslant x\leqslant y\leqslant 1\}$$

上积分 (见图 3.4). 容易计算

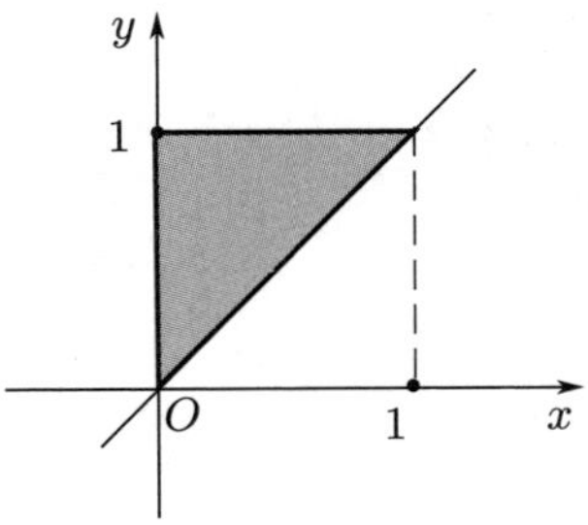

图 3.3

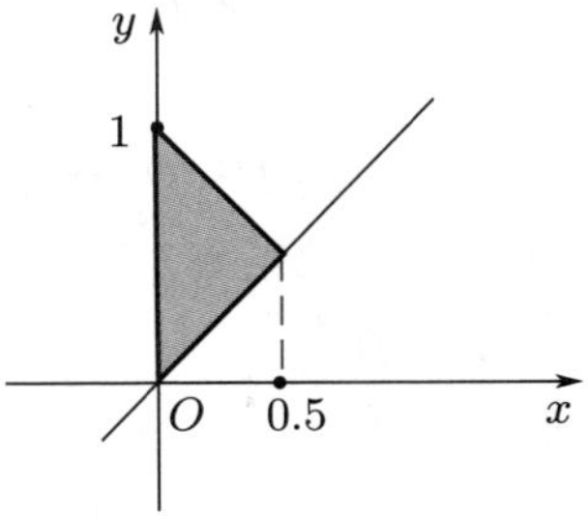

图 3.4

$$P(\xi+\eta \leqslant 1)=\iint_{x+y \leqslant 1} f(x, y) \mathrm{d} x \, \mathrm{d} y$$

$$=\int_0^{1/2} \mathrm{d} x \int_x^{1-x} 8 x y \, \mathrm{d} y=\frac{1}{6}.$$

对联合分布函数 $F(x,y)$, 由联合概率密度函数的分片连续性, 以下分情况讨论:

首先, 当 $x<0$ 或 $y<0$ 时, $F(x,y)=0$; 而当 $x \geqslant 1, y \geqslant 1$ 时, $F(x,y)=1$.

其次, 当 $0 \leqslant x \leqslant y<1$ 时,

$$F(x, y)=\int_0^x \mathrm{d} u \int_u^y 8 u v \, \mathrm{d} v=2 x^2 y^2-x^4;$$

当 $0 \leqslant y<1$ 且 $x>y$ 时,

$$F(x, y)=\int_0^y \mathrm{d} u \int_u^y 8 u v \, \mathrm{d} v=y^4;$$

当 $0 \leqslant x<1$ 且 $y \geqslant 1$ 时,

$$F(x, y)=\int_0^x \mathrm{d} u \int_u^1 8 u v \, \mathrm{d} v=2 x^2-x^4.$$

综上, 得

$$F(x, y)=\begin{cases}0, & x<0 \text{ 或 } y<0, \\ 2 x^2 y^2-x^4, & 0 \leqslant x \leqslant y<1, \\ y^4, & x>y,\ 0 \leqslant y<1, \\ 2 x^2-x^4, & y \geqslant 1,\ 0 \leqslant x<1, \\ 1, & x, y \geqslant 1.\end{cases}$$

例 5 设二维随机变量 (ξ,η) 的联合概率密度函数为

$$f(x,y)=\begin{cases}2\mathrm{e}^{-(2x+y)}, & x>0,\ y>0,\\ 0, & \text{其他}.\end{cases}$$

计算其联合分布函数.

解 根据定义,

$$\begin{aligned}F(x,y)&=\int_{-\infty}^{x}\mathrm{d}u\int_{-\infty}^{y}f(u,v)\mathrm{d}v\\&=\begin{cases}\displaystyle\int_{0}^{x}\mathrm{d}u\int_{0}^{y}2\mathrm{e}^{-(2u+v)}\mathrm{d}v, & x,\ y>0\\ 0, & \text{其他}\end{cases}\\&=\begin{cases}(1-\mathrm{e}^{-2x})(1-\mathrm{e}^{-y}), & x,\ y>0,\\ 0, & \text{其他}.\end{cases}\end{aligned}$$

3.1.4 常见的连续型二维随机变量

常见的连续型二维分布有均匀分布和正态分布. 这两个分布与一维情形有极为相似的密度函数形式.

设 G 是平面上面积为 A 的有界区域. 若二维随机变量 (ξ,η) 的联合概率密度函数为

$$f(x,y)=\begin{cases}\dfrac{1}{A}, & (x,y)\in G,\\ 0, & \text{其他},\end{cases}$$

则称它们在区域 G 上服从**均匀分布**. 这里的区域 G 不限于圆、椭圆或矩形等规则区域.

例 6 设二维随机变量 (ξ,η) 在区域

$$G=\{(x,y)\mid 0\leqslant x\leqslant 1,|y|\leqslant x\}$$

上服从均匀均分布. 求 (ξ,η) 的联合概率密度函数.

解 易知, 区域 G (见图 3.5) 的面积为 1. 所以 (ξ,η) 的联合概率密度函数为

$$f(x,y)=\begin{cases}1, & 0\leqslant x\leqslant 1,|y|\leqslant x,\\ 0, & \text{其他}.\end{cases}$$

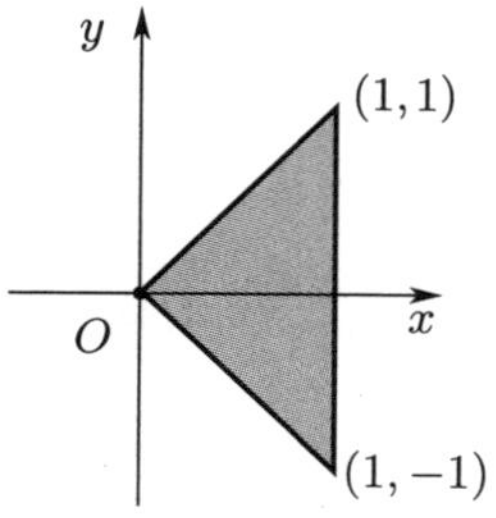

图 3.5

下面讨论二维正态分布.

若二维随机变量 (ξ,η) 的联合概率密度函数为

$$f(x,y)=\frac{1}{2\pi\sigma_1\sigma_2\sqrt{1-\rho^2}}\mathrm{e}^{\frac{-1}{2(1-\rho^2)}\left(\frac{(x-\mu_1)^2}{\sigma_1^2}-2\rho\frac{(x-\mu_1)(y-\mu_2)}{\sigma_1\sigma_2}+\frac{(y-\mu_2)^2}{\sigma_2^2}\right)},$$

其中 $\mu_1,\mu_2\in\mathbb{R},\sigma_1,\sigma_2>0,\rho\in(-1,1)$ 为常数, 则称 (ξ,η) 服从**二维正态分布**, 记为 $(\xi,\eta)\sim N(\mu_1,\mu_2,\sigma_1^2,\sigma_2^2,\rho)$.

记

$$\boldsymbol{w}=(x,y)^{\mathrm{T}},\quad \boldsymbol{\mu}=(\mu_1,\mu_2)^{\mathrm{T}},\quad \boldsymbol{\Sigma}=\begin{pmatrix}\sigma_1^2 & \rho\sigma_1\sigma_2\\ \rho\sigma_1\sigma_2 & \sigma_2^2\end{pmatrix},$$

则二维正态分布的联合概率密度函数可写成

$$f(x,y)=\frac{1}{2\pi|\boldsymbol{\Sigma}|^{1/2}}\mathrm{e}^{-\frac{1}{2}(\boldsymbol{x}-\boldsymbol{\mu})^{\mathrm{T}}\boldsymbol{\Sigma}^{-1}(\boldsymbol{w}-\boldsymbol{\mu})}.$$

二维正态分布的概率密度函数的图像如图 3.6(a) 所示, 它形同一个帽子, 而它的一个切面又形如一维正态分布密度函数的图像 (见图 3.6(b)).

(a)　　　　(b)

图 3.6

以上关于二维随机变量的讨论可推广到多维随机变量的情况.

设随机试验 E 的样本空间为 Ω, $\xi_1,\xi_2,\cdots,\xi_n$ 为定义在 Ω 上的 n 个随机变量, 由它们构成的随机变量组 $(\xi_1,\xi_2,\cdots,\xi_n)$ 称为样本空间 Ω 上的 n 维随机变量. 类似地, 可定义它们的联合分布函数及联合密度函数.

3.2　二维随机变量的边缘分布

二维随机变量 (ξ,η) 有联合分布, 同时 ξ 和 η 本身也都是随机变量, 因为在每次随机试验中, 它们的取值都是随机的. 这两个随机变量各自的分布称为二维

随机变量的**边缘分布**. 显然, 二维随机变量的联合分布不但蕴含两个随机变量之间的关联信息, 同时也包含单个随机变量的分布信息, 即二维随机变量的边缘分布信息. 下面讨论如何由二维随机变量的联合分布计算它们的边缘分布.

3.2.1 离散型随机变量的边缘分布

设离散型二维随机变量 (ξ,η) 的联合分布律为

$$P(\xi=x_i,\eta=y_j)=p_{ij},\quad i,j=1,2,\cdots,$$

则 ξ 和 η 均为离散型随机变量, 且其边缘分布律分别为

$$\begin{aligned}P(\xi=x_i)&=P(\xi=x_i,\eta<+\infty)\\&=P\Big(\bigcup_{j=1}^{\infty}\{\xi=x_i,\eta=y_j\}\Big)\\&=\sum_{j=1}^{\infty}p_{ij}\triangleq p_{i\cdot},\\P(\eta=y_j)&=P(x<+\infty,\eta=y_j)\\&=P\Big(\bigcup_{i=1}^{\infty}\{\xi=x_i,\eta=y_j\}\Big)\\&=\sum_{i=1}^{\infty}p_{ij}\triangleq p_{\cdot j}.\end{aligned}$$

例 1 二维随机变量 (ξ,η) 的联合分布律见表 3.3. 求它们的边缘分布.

解 根据离散型随机变量边缘分布的计算公式, 将二维随机变量 (ξ,η) 的联合分布律中的每行、每列分别相加, 即得 ξ, η 的边缘分布 (见表 3.4). ξ, η 的边缘分布律分别如表 3.5 和表 3.6 所示.

表 3.3

ξ \ η	1	3
0	0	1/8
1	3/8	0
2	3/8	0
3	0	1/8

表 3.4

ξ \ η	1	3	P_ξ
0	0	1/8	1/8
1	3/8	0	3/8
2	3/8	0	3/8
3	0	1/8	1/8
P_η	3/4	1/4	1

表 3.5

ξ	0	1	2	3
P	1/8	3/8	3/8	1/8

表 3.6

η	1	3
P	3/4	1/4

3.2.2　连续型随机变量的边缘分布

设连续型二维随机变量 (ξ,η) 的联合概率密度函数为 $f(x,y)$. 利用

$$F_\xi(x)=P(\xi\leqslant x)=P(\xi\leqslant x,\eta<+\infty)=F(x,+\infty),$$

得

$$\begin{aligned}F_\xi(x)=&F(x,+\infty)=\int_{-\infty}^{x}\int_{-\infty}^{+\infty}f(u,v)\mathrm{d}u\ \mathrm{d}v\\=&\int_{-\infty}^{x}\mathrm{d}u\int_{-\infty}^{+\infty}f(u,v)\ \mathrm{d}v.\end{aligned}$$

所以 ξ 为连续型随机变量, 其边缘密度函数为

$$f_\xi(x)=\int_{-\infty}^{+\infty}f(x,y)\ \mathrm{d}y.$$

同样, η 也为连续型随机变量, 其概率密度函数为

$$f_\eta(y)=\int_{-\infty}^{+\infty}f(x,y)\ \mathrm{d}x.$$

例 2　设连续型二维随机变量 (ξ,η) 的联合概率密度函数为

$$f(x,y)=\begin{cases}1, & 0\leqslant x\leqslant 1,|y|\leqslant x,\\0, & 其他.\end{cases}$$

求它们的边缘密度函数.

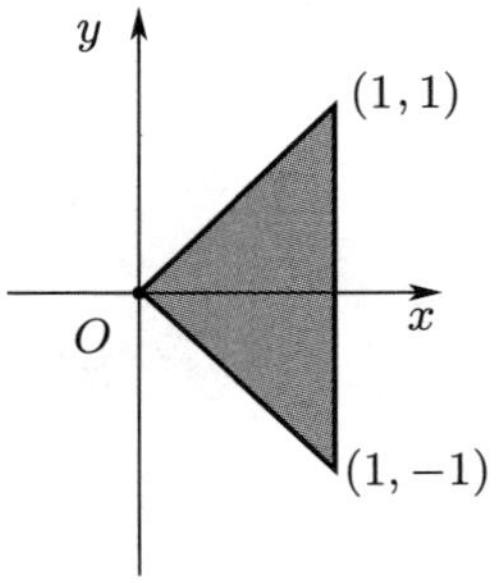

图 3.7

解　由密度函数的定义, 密度函数 $f(x,y)$ 只在图 3.7 中的灰色区域上非零. 故 ξ 和 η 的边缘概率密度函数分别为

$$\begin{aligned}f_\xi(x)=\int_{-\infty}^{+\infty}f(x,y)\mathrm{d}y&=\begin{cases}\displaystyle\int_{-x}^{x}1\mathrm{d}y, & 0\leqslant x\leqslant 1\\0, & 其他\end{cases}\\&=\begin{cases}2x, & 0\leqslant x\leqslant 1,\\0, & 其他,\end{cases}\end{aligned}$$

$$f_\eta(y)=\int_{-\infty}^{+\infty}f(x,y)\mathrm{d}x=\begin{cases}\int_{-y}^{1}1\mathrm{d}x, & -1\leqslant y\leqslant 0\\ \int_{y}^{1}1\mathrm{d}x, & 0\leqslant y\leqslant 1\\ 0, & \text{其他}\end{cases}$$

$$=\begin{cases}1+y, & -1\leqslant y\leqslant 0\\ 1-y, & 0\leqslant y\leqslant 1\\ 0, & \text{其他}\end{cases}=\begin{cases}1-|y|, & |y|\leqslant 1,\\ 0, & \text{其他}.\end{cases}$$

例 3 计算二维正态分布 $(\xi,\eta)\sim N(\mu_1,\mu_2,\sigma_1^2,\sigma_2^2,\rho)$ 的边缘分布.

解 二维正态分布的联合密度函数

$$f(x,y)=\frac{1}{2\pi\sigma_1\sigma_2\sqrt{1-\rho^2}}\mathrm{e}^{\frac{-1}{2(1-\rho^2)}\left[\frac{(x-\mu_1)^2}{\sigma_1^2}-2\rho\frac{(x-\mu_1)(y-\mu_2)}{\sigma_1\sigma_2}+\frac{(y-\mu_2)^2}{\sigma_2^2}\right]}$$

的指数上中括号里的部分可写成

$$\left(\frac{y-\mu_2}{\sigma_2}-\rho\frac{x-\mu_1}{\sigma_1}\right)^2+(1-\rho^2)\frac{(x-\mu_1)^2}{\sigma_1^2}.$$

从而

$$f_\xi(x)=\int_{-\infty}^{+\infty}f(x,y)\mathrm{d}y$$

$$=\frac{1}{2\pi\sigma_1\sigma_2\sqrt{1-\rho^2}}\mathrm{e}^{-\frac{(x-\mu_1)^2}{2\sigma_1^2}}\int_{-\infty}^{+\infty}\mathrm{e}^{-\frac{1}{2(1-\rho^2)}\left(\frac{y-\mu_2}{\sigma_2}-\rho\frac{x-\mu_1}{\sigma_1}\right)^2}\mathrm{d}y.$$

引入线性变换

$$t=\frac{1}{\sqrt{1-\rho^2}}\left(\frac{y-\mu_2}{\sigma_2}-\rho\frac{x-\mu_1}{\sigma_1}\right),$$

则

$$f_\xi(x)=\frac{1}{2\pi\sigma_1}\mathrm{e}^{-\frac{(x-\mu_1)^2}{2\sigma_1^2}}\int_{-\infty}^{+\infty}\mathrm{e}^{-t^2/2}\mathrm{d}t.$$

利用

$$\int_{-\infty}^{+\infty}\mathrm{e}^{-t^2/2}\mathrm{d}t=\sqrt{2\pi},$$

得

$$f_\xi(x)=\frac{1}{\sqrt{2\pi}\sigma_1}\mathrm{e}^{-\frac{(x-\mu_1)^2}{2\sigma_1^2}}.$$

同理, 可得

$$f_\eta(y)=\frac{1}{\sqrt{2\pi}\sigma_2}\mathrm{e}^{-\frac{(y-\mu_2)^2}{2\sigma_2^2}}.$$

由此得 $\xi\sim N(\mu_1,\sigma_1^2)$，$\eta\sim N(\mu_2,\sigma_2^2)$.

根据以上讨论，二维正态分布的两个边缘分布都是一维正态分布．但这些边缘分布与参数 ρ 无关．这表明，单从随机变量的边缘分布不能确定它们的联合分布．一个自然的问题是，对于二维随机变量，在什么条件下由边缘分布可确定联合分布？或更具体地，在什么条件下，

$$f(x,y)=f_\xi(x)f_\eta(y)?$$

下一节将进行探讨.

3.3　随机变量的独立性

用二维随机变量描述同一试验现象时，有时它们的取值没有关联．这就引出了随机变量独立性的概念.

定义 3.4　设 $F(x,y)$, $F_\xi(x)$, $F_\eta(y)$ 分别为二维随机变量 (ξ,η) 的联合分布函数和边缘分布函数．若对于任意 $x,y\in\mathbb{R}$，都有

$$F(x,y)=F_\xi(x)F_\eta(y),$$

也就是

$$P(\xi\leqslant x,\eta\leqslant y)=P(\xi\leqslant x)P(\eta\leqslant y),$$

则称随机变量 ξ,η **相互独立**.

可以证明：随机变量 ξ,η 相互独立的充分必要条件是，对任意实数集 A,B，都有

$$P(\xi\in A,\eta\in B)=P(\xi\in A)P(\eta\in B).$$

下面依次讨论离散型随机变量和连续型随机变量独立的条件.

3.3.1　离散型随机变量的独立性

如同事件的独立性，随机变量的独立性是指它们的取值互不影响．下面给出离散型二维随机变量相互独立的判断条件.

定理 3.1 对离散型二维随机变量 (ξ,η), 它们相互独立的充分必要条件为

$$P(\xi=x_i,\eta=y_j)=P(\xi=x_i)P(\eta=y_j),\quad i,j=1,2,\cdots,$$

即

$$p_{ij}=p_{i\cdot}\cdot p_{\cdot j},\quad i,j=1,2,\cdots.$$

证明 先证充分性. 由题设, 对任意 $x,y\in\mathbb{R}$,

$$\begin{aligned}F(x,y)&=\sum_{x_i\leqslant x}\sum_{y_j\leqslant y}P(\xi=x_i,\eta=y_j)\\&=\sum_{x_i\leqslant x}P(\xi=x_i)\sum_{y_j\leqslant y}P(\eta=y_j)\\&=F_\xi(x)F_\eta(y).\end{aligned}$$

充分性得证. 再证必要性. 对任意 x_i,y_j, 取 $x_i'<x_i$, $y_j'<y_j$, 则

$$\begin{aligned}P(x_i'<\xi\leqslant x_i)=F_\xi(x_i)-F_\xi(x_i'),\\P(y_j'<\eta\leqslant y_j)=F_\eta(y_j)-F_\eta(y_j').\end{aligned}$$

将上式两端分别相乘, 得

$$\begin{aligned}&P(x_i'<\xi\leqslant x_i)P(y_j'<\eta\leqslant y_j)\\&\quad=F_\xi(x_i)F_\eta(y_j)-F_\xi(x_i)F_\eta(y_j')-F_\xi(x_i')F_\eta(y_j)+F_\xi(x_i')F_\eta(y_j').\end{aligned}$$

利用随机变量的独立性, 上式可写成

$$P(x_i'<\xi\leqslant x_i)P(y_j'<\eta\leqslant y_j)=F(x_i,y_j)-F(x_i,y_j')-F(x_i',y_j)+F(x_i',y_j'),$$

也就是

$$P(x_i'<\xi\leqslant x_i)P(y_j'<\eta\leqslant y_j)=P(x_i'<\xi\leqslant x_i,y_j'<\eta\leqslant y_j).$$

令 $x_i'\uparrow x_i,y_j'\uparrow y_j$, 利用概率的连续性, 得

$$P(\xi=x_i)P(\eta=y_j)=P(\xi=x_i,\eta=y_j),$$

即

$$p_{ij}=p_{i\cdot}\cdot p_{\cdot j}.$$ □

例 1 二维随机变量 (ξ,η) 的联合分布律见表 3.7. 试判断 ξ,η 的独立性.

表 3.7

ξ \ η	-1	0	2
0	2/20	1/20	2/20
1	2/20	1/20	2/20
2	4/20	2/20	4/20

解 随机变量 ξ,η 的边缘分布率分别如表 3.8 和表 3.9 所示.

表 3.8

ξ	0	1	2
p	1/4	1/4	2/4

表 3.9

η	-1	0	2
p	2/5	1/5	2/5

容易验证, 对任意 $i,j=1,2,3$,

$$p_{ij}=p_{i\cdot}\cdot p_{\cdot j}.$$

故 ξ,η 相互独立.

3.3.2 连续型随机变量的独立性

对连续型二维随机变量 (ξ,η), 设 $f(x,y), f_\xi(x), f_\eta(y)$ 分别为它们的联合概率密度函数和边缘密度函数. 若随机变量 ξ,η 相互独立, 则对任意 $x,y\in\mathbb{R}$,

$$F(x,y)=F_\xi(x)F_\eta(y).$$

若密度函数 $f(x,y), f_\xi(x), f_\eta(y)$ 在 x,y 点都连续, 则将上式两边分别关于 x,y 求导, 得

$$f(x,y)=f_\xi(x)f_\eta(y).$$

从而有如下结论:

定理 3.2 设连续型二维随机变量 (ξ,η) 的联合概率密度函数为 $f(x,y)$, 边缘密度函数分别为 $f_\xi(x)$ 和 $f_\eta(y)$. 则 ξ,η 相互独立的充分必要条件是: 在它们的公共连续点成立

$$f(x,y)=f_\xi(x)f_\eta(y).$$

例 2 设 (ξ,η) 的联合概率密度函数为

$$f(x,y)=\begin{cases}1, & 0\leqslant x\leqslant 1, |y|\leqslant x,\\ 0, & \text{其他}.\end{cases}$$

试讨论它们的独立性.

解 根据上节例 2, ξ 和 η 的边缘概率密度函数分别为

$$f_\xi(x)=\begin{cases}2x, & 0\leqslant x\leqslant 1,\\ 0, & \text{其他},\end{cases}\qquad f_\eta(y)=\begin{cases}1-|y|, & |y|\leqslant 1,\\ 0, & \text{其他}.\end{cases}$$

考虑密度函数 $f(x,y),f_\xi(x),f_\eta(y)$ 的公共连续点 $x=1/2,y=1/4$. 由于

$$f\left(\frac{1}{2},\frac{1}{4}\right)=1\neq f_\xi\left(\frac{1}{2}\right)f_\eta\left(\frac{1}{4}\right)=1\times\frac{3}{4}=\frac{3}{4},$$

故 ξ 与 η 不独立.

最后给出二维正态分布随机变量独立的充分必要条件.

例 3 证明: 二维正态随机变量 (ξ,η) 相互独立的充分必要条件是 $\rho=0$.

证明 首先给出该分布的联合概率密度函数

$$f(x,y)=\frac{1}{2\pi\sigma_1\sigma_2\sqrt{1-\rho^2}}\mathrm{e}^{\frac{-1}{2(1-\rho^2)}\left(\frac{(x-\mu_1)^2}{\sigma_1^2}-2\rho\frac{(x-\mu_1)(y-\mu_2)}{\sigma_1\sigma_2}+\frac{(y-\mu_2)^2}{\sigma_2^2}\right)}$$

和边缘密度函数

$$f_\xi(x)=\frac{1}{\sqrt{2\pi}\sigma_1}\mathrm{e}^{-\frac{(x-\mu_1)^2}{2\sigma_1^2}},\quad f_\eta(y)=\frac{1}{\sqrt{2\pi}\sigma_2}\mathrm{e}^{-\frac{(y-\mu_2)^2}{2\sigma_2^2}}.$$

若 $\rho=0$, 则对任意 $x,y\in\mathbb{R}$, 有

$$f_\xi(x)f_\eta(y)=\frac{1}{2\pi\sigma_1\sigma_2}\mathrm{e}^{\frac{-1}{2}\left(\frac{(x-\mu_1)^2}{\sigma_1^2}+\frac{(y-\mu_2)^2}{\sigma_2^2}\right)}=f(x,y).$$

所以 ξ,η 相互独立.

反过来, 若 ξ,η 相互独立, 则由 $f_\xi(x),f_\eta(\eta)$ 的连续性知, 对于任意 $x,y\in\mathbb{R}$, 有

$$f(x,y)=f_\xi(x)f_\eta(y).$$

令 $x=\mu_1,y=\mu_2$, 得

$$\frac{1}{2\pi\sigma_1\sigma_2\sqrt{1-\rho^2}}=\frac{1}{2\pi\sigma_1\sigma_2}.$$

所以 $\rho=0$. □

3.4　随机变量的条件分布

一般情况下, 二维随机变量并不独立, 也就是说, 它们的取值有某种关联. 下面利用条件分布来刻画它们的关联度.

3.4.1　离散型随机变量的条件分布

设离散型二维随机变量 (ξ,η) 的联合分布律为

$$P(\xi=x_i,\eta=y_j)=p_{ij},\quad i,j=1,2,\cdots,$$

则 ξ 和 η 的边缘分布律分别为

$$P(\xi=x_i)=p_{i\cdot}=\sum_{j=1}^{\infty}p_{ij},\quad P(\eta=y_j)=p_{\cdot j}=\sum_{i=1}^{\infty}p_{ij}.$$

设 $p_{\cdot j}>0$. 考虑在事件 $(\eta=y_j)$ 发生时随机变量 ξ 的分布律, 也就是事件 $(\xi=x_i\mid\eta=y_j)$ 发生的概率. 显然, 若 $p_{\cdot j}>0$, 则由条件概率的计算公式得

$$P(\xi=x_i|\eta=y_j)=\frac{P(\xi=x_i,\eta=y_j)}{P(\eta=y_j)}=\frac{p_{ij}}{p_{\cdot j}},\quad i=1,2,\cdots.$$

由此得下面的定义:

定义 3.5　对离散型二维随机变量 (ξ,η), 若 $p_{\cdot j}>0$, 则称

$$P(\xi=x_i|\eta=y_j)=\frac{P(\xi=x_i,\eta=y_j)}{P(\eta=y_j)}=\frac{p_{ij}}{p_{\cdot j}},\quad i=1,2,\cdots$$

为 $\eta=y_j$ 条件下随机变量 ξ 的**条件分布律**.

同样, 可定义 $\xi=x_i$ 条件下随机变量 η 的条件概率.

显然, 若 ξ,η 相互独立, 则对任意 $j\geqslant 1$,

$$P(\xi=x_i|\eta=y_j)=\frac{p_{ij}}{p_{\cdot j}}=p_{i\cdot},\quad i=1,2,\cdots.$$

例 1　设二维随机变量 (ξ,η) 的联合分布律如表 3.10 所示. 分别计算 $\xi=0$ 时 η 的分布律和 $\eta=-1$ 时 ξ 的分布律.

表 3.10

ξ \ η	-1	1	2
0	$1/12$	0	$3/12$
$3/2$	$2/12$	$1/12$	$1/12$
2	$3/12$	$1/12$	0

解 根据边缘分布的计算公式, 得

$$p_{\cdot 1} = P(\eta = -1) = \frac{1}{12} + \frac{2}{12} + \frac{3}{12} = \frac{3}{6},$$

$$p_{1\cdot} = P(\xi = 0) = \frac{1}{12} + 0 + \frac{3}{12} = \frac{2}{6}.$$

从而可得所求条件分布律, 见表 3.11 和表 3.12.

表 3.11

$\xi\|\eta = -1$	0	$3/2$	2
P	$1/6$	$2/6$	$3/6$

表 3.12

$\eta\|\xi = 0$	-1	1	2
P	$1/4$	0	$3/4$

例 2 设某射手每次射击时击中目标的概率为 $p \in (0,1)$. 现该射手对目标连续射击, 并用 ξ 和 η 分别表示第一次和第二次击中目标时的射击次数. 试计算随机变量 (ξ,η) 的联合分布律和条件概率分布.

解 先求二维随机变量 (ξ,η) 的联合分布律.

在该试验中, 二维随机变量 (ξ,η) 的所有可能的取值 (m,n) 满足 $m = 1,2,\cdots$ 和 $n = 2,3,\cdots$. 容易计算

$$P(\xi = m, \eta = n) = \begin{cases} 0, & m \geqslant n, \\ p^2(1-p)^{n-2}, & m < n. \end{cases}$$

即二维随机变量 (ξ,η) 的联合分布律.

以下求 ξ 和 η 的边缘分布. 根据边缘分布的计算公式, 对 $m = 1,2,\cdots$ 和 $n = 2, 3, \cdots$,

$$\begin{aligned} P(\xi = m) &= \sum_{n=m+1}^{\infty} P(\xi = m, \eta = n) \\ &= \sum_{n=m+1}^{\infty} p^2(1-p)^{n-2} = p(1-p)^{m-1}, \end{aligned}$$

$$\begin{aligned}P(\eta=n)&=\sum_{m=1}^{n-1}P(\xi=m,\eta=n)\\&=\sum_{m=1}^{n-1}p^2(1-p)^{n-2}=(n-1)p^2(1-p)^{n-2}.\end{aligned}$$

根据条件概率公式,分别得到 ξ 和 η 的条件概率分布

$$P(\xi=m|\eta=n)=\frac{p^2(1-p)^{n-2}}{(n-1)p^2(1-p)^{n-2}}=\frac{1}{n-1},\quad m=1,2,\cdots,n-1,$$

$$P(\eta=n|\xi=m)=\frac{p^2(1-p)^{n-2}}{p(1-p)^{m-1}}=p(1-p)^{n-m-1},\quad n=m+1,m+2,\cdots.$$

实际上, ξ 和 η 的边缘分布及它们的条件分布也可直接计算:

$$\begin{aligned}&P(\xi=m)=p(1-p)^{m-1},\\&P(\eta=n)=\mathrm{C}_{n-1}^1p^2(1-p)^{n-2}=(n-1)p^2(1-p)^{n-2}.\\&P(\xi=m|\eta=n)=\frac{1}{\mathrm{C}_{n-1}^1}=\frac{1}{n-1},\quad m=1,2,\cdots,n-1,\\&P(\eta=n|\xi=m)=p(1-p)^{n-m-1},\quad n=m+1,m+2,\cdots.\end{aligned}$$

3.4.2　连续型随机变量的条件分布

设连续型二维随机变量 (ξ,η) 的联合概率密度函数为 $f(x,y)$. 下面考察在 $\eta=y$ 条件下随机变量 ξ 的概率分布.

显然, 若 (ξ,η) 是连续型二维随机变量, 则在 $\eta=y$ 条件下, ξ 仍是连续型随机变量. 根据连续型随机变量的性质, 对任意 $y\in\mathbb{R}$, $P(\eta=y)=0$. 因此不能像离散分布那样定义连续型二维随机变量的条件分布. 为此, 考虑条件概率

$$P(\xi\leqslant x|y<\eta\leqslant y+\varepsilon),$$

其中 $\varepsilon>0$ 充分小.

设 $P(y<\eta\leqslant y+\varepsilon)>0$, 则由条件概率公式得

$$\begin{aligned}P(\xi\leqslant x|y<\eta\leqslant y+\varepsilon)=&\frac{P(\xi<x,y<\eta\leqslant y+\varepsilon)}{P(y<\eta\leqslant y+\varepsilon)}\\=&\frac{\displaystyle\int_{-\infty}^{x}\mathrm{d}u\int_{y}^{y+\varepsilon}f(u,v)\mathrm{d}v}{\displaystyle\int_{y}^{y+\varepsilon}f_\eta(v)\mathrm{d}v}.\end{aligned}$$

设密度函数 $f(x,y)$ 关于 x,y 连续, 则当 $\varepsilon>0$ 充分小时,

$$\begin{aligned}P(\xi\leqslant x|y<\eta\leqslant y+\varepsilon)\approx&\frac{\varepsilon\int_{-\infty}^{x}f(u,y)\mathrm{d}u}{\varepsilon f_\eta(y)}\\=&\int_{-\infty}^{x}\frac{f(u,y)}{f_\eta(y)}\mathrm{d}u.\end{aligned}$$

令 $\varepsilon\to0^+$, 可得连续型二维随机变量的条件概率密度函数的定义.

定义 3.6 设连续型二维随机变量 (ξ,η) 的联合密度函数为 $f(x,y),\eta$ 的边缘密度函数为 $f_\eta(y)$. 若对于任意 $y\in\mathbb{R}$, $f_\eta(y)>0$, 则称 $f(x,y)/f_\eta(y)$ 为在 $\eta=y$ 时 ξ 的**条件概率密度函数**, 记为 $f_{\xi|\eta}(x|y)=f(x,y)/f_\eta(y)$, 并称

$$\begin{aligned}F_{\xi|\eta}(x|y)=&P(\xi\leqslant x|\eta=y)\\=&\int_{-\infty}^{x}f_{\xi|\eta}(u|y)\mathrm{d}u\\=&\int_{-\infty}^{x}\frac{f(u,y)}{f_\eta(y)}\mathrm{d}u\end{aligned}$$

为 $\eta=y$ 时 ξ 的**条件分布函数**.

类似地, 可分别定义 $\xi=x$ 条件下 η 的条件概率密度函数和分布函数:

$$f_{\eta|\xi}(y|x)=\frac{f(x,y)}{f_\xi(x)},$$

$$F_{\eta|\xi}(y|x)=\int_{-\infty}^{y}f_{\eta|\xi}(v|x)\mathrm{d}v=\int_{-\infty}^{y}\frac{f(x,v)}{f_\xi(x)}\mathrm{d}v.$$

例 3 设二维随机变量 (ξ,η) 在区域 $G=\{(x,y)\mid x^2+y^2\leqslant1\}$ 上服从均匀分布. 求条件概率密度函数 $f_{\xi|\eta}(x|y)$.

解 由题设得二维随机变量 (ξ,η) 的联合概率密度函数

$$f(x,y)=\begin{cases}\dfrac{1}{\pi}, & (x,y)\in G,\\0, & \text{其他}.\end{cases}$$

容易计算, η 的边缘密度函数为

$$f_\eta(y)=\int_{-\infty}^{+\infty}f(x,y)\mathrm{d}x=\begin{cases}\dfrac{1}{\pi}\displaystyle\int_{-\sqrt{1-y^2}}^{\sqrt{1-y^2}}\mathrm{d}x=\dfrac{2}{\pi}\sqrt{1-y^2}, & -1\leqslant y\leqslant1,\\0, & \text{其他}.\end{cases}$$

当 $y=-1$ 或 1 时, $f_\eta(y)=0$. 故由条件概率密度函数的定义知 $f_{\xi|\eta}(x|y)=f(x,y)/f_\eta(y)$ 无意义. 另外, 当 $|y|>1$ 时, $f(x,y)=0$, 故只需考虑 $\eta=y\in(-1,1)$ 时 ξ 的条件分布即可. 显然, 此时, ξ 的取值范围是 $[-\sqrt{1-y^2},\sqrt{1-y^2}]$, 见图 3.8. 从而当 $y\in(-1,1)$ 时, ξ 的条件密度函数为

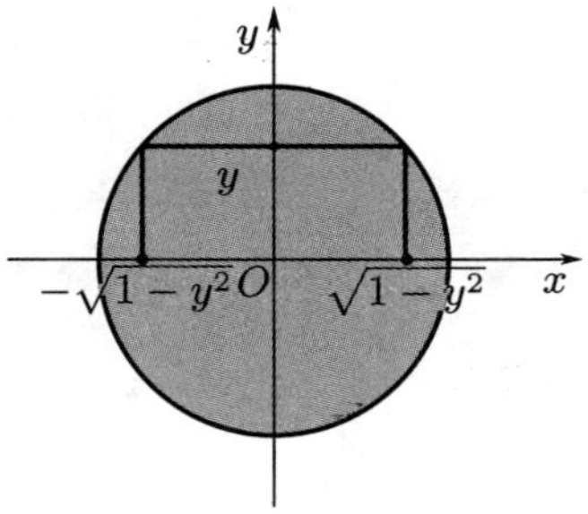

图 3.8

$$f_{\xi|\eta}(x|y)=\begin{cases}\dfrac{1}{2\sqrt{1-y^2}}, & -\sqrt{1-y^2}\leqslant x\leqslant\sqrt{1-y^2},\\ 0, & 其他.\end{cases}$$

由此可以看出, 二维均匀分布的条件分布仍为均匀分布.

例 4　设随机变量 $(\xi,\eta)\sim N(0,0,1,1,\rho)$. 分别计算 ξ 和 η 的条件概率密度函数.

解　由题设, (ξ,η) 的联合概率密度函数为

$$f(x,y)=\frac{1}{2\pi\sqrt{1-\rho^2}}\mathrm{e}^{-\frac{1}{2(1-\rho^2)}(x^2-2\rho xy+y^2)},$$

而 ξ,η 的边缘概率密度函数分别为

$$f_\xi(x)=\frac{1}{\sqrt{2\pi}}\mathrm{e}^{-x^2/2},\qquad f_\eta(y)=\frac{1}{\sqrt{2\pi}}\mathrm{e}^{-y^2/2}.$$

从而由条件密度函数的定义知, 当 $\eta=y$ 时, ξ 的条件密度函数为

$$f_{\xi|\eta}(x|y)=\frac{f(x,y)}{f_\eta(y)}=\frac{\dfrac{1}{2\pi\sqrt{1-\rho^2}}\exp\left(-\dfrac{1}{2(1-\rho^2)}(x^2-2\rho xy+y^2)\right)}{\dfrac{1}{\sqrt{2\pi}}\mathrm{e}^{-y^2/2}}$$

$$=\frac{1}{\sqrt{2\pi}\sqrt{1-\rho^2}}\mathrm{e}^{-\frac{(x-\rho y)^2}{2(1-\rho^2)}},$$

即条件分布为 $N(\rho y,1-\rho^2)$.

类似可得 $\xi=x$ 时, η 的条件密度函数

$$f_{\eta|\xi}(y|x)=\frac{f(x,y)}{f_\xi(x)}=\frac{1}{\sqrt{2\pi}\sqrt{1-\rho^2}}\mathrm{e}^{-\frac{(y-\rho x)^2}{2(1-\rho^2)}},$$

即条件分布为 $N(\rho x,1-\rho^2)$.

该结论告诉我们, 二维正态分布的条件分布仍是正态分布.

例 5 设随机变量 ξ 在区间 $[0,1]$ 上服从均匀分布, 随机变量 η 在 $\xi=x$ $(0<x\leqslant 1)$ 时在区间 $[0,x]$ 上服从均匀分布. 求 (ξ,η) 的联合概率密度函数和 η 的边缘概率密度函数, 并计算概率 $P(\xi+\eta>1)$.

解 由题设, ξ 的概率密度函数为

$$f_\xi(x)=\begin{cases}1, & 0\leqslant x\leqslant 1,\\ 0, & \text{其他}.\end{cases}$$

而当 $\xi=x$ $(0<x\leqslant 1)$ 时, η 的条件概率密度函数为

$$f_{\eta|\xi}(y|x)=\begin{cases}\dfrac{1}{x}, & 0\leqslant y\leqslant x,\\ 0, & \text{其他}.\end{cases}$$

从而当 $0\leqslant y\leqslant x\leqslant 1$ 且 $x>0$ 时, (ξ,η) 的联合概率密度函数为

$$f(x,y)=f_\xi(x)\cdot f_{\eta|\xi}(y|x)=\frac{1}{x},$$

而在其他点, 密度函数值为零. 故 (ξ,η) 的联合概率密度函数为

$$f(x,y)=\begin{cases}\dfrac{1}{x}, & 0\leqslant y\leqslant x\leqslant 1, x>0,\\ 0, & \text{其他}.\end{cases}$$

由 (ξ,η) 的联合概率密度函数, 当 $0<y<1$ 时, η 的边缘概率密度函数为

$$f_\eta(y)=\int_{-\infty}^{+\infty}f(x,y)\mathrm{d}x=\int_y^1\frac{1}{x}\mathrm{d}x=-\ln y.$$

而当 $y\notin(0,1)$ 时, $f_\eta(y)=0$. 因此

$$f_\eta(y)=\begin{cases}-\ln y, & 0<y<1,\\ 0, & \text{其他}.\end{cases}$$

由 (ξ,η) 的联合概率密度函数, 容易计算

$$P(\xi+\eta>1)=\iint_{x+y>1}f(x,y)\mathrm{d}x\mathrm{d}y=\int_{1/2}^1\mathrm{d}x\int_{1-x}^x\frac{1}{x}\mathrm{d}y$$

$$=\int_{1/2}^1(2-\frac{1}{x})\mathrm{d}x=1-\ln 2.$$

3.5 二维随机变量函数的分布

射击时, 被击中点的坐标是二维随机变量. 而被击中点到靶心的距离是该二维随机变量的函数, 它也是随机变量. 本节主要讨论如何由二维随机变量的联合分布来计算其函数的分布.

3.5.1 离散型随机变量函数的分布

设离散型随机变量 (ξ,η) 的联合分布律为

$$P(\xi=x_i,\eta=y_j)=p_{ij},\quad i,j=1,2,\cdots,$$

则对连续函数 $g:\mathbb{R}^2\to\mathbb{R}$, $\zeta=g(\xi,\eta)$ 也是离散型随机变量, 其所有可能的取值为 $g(x_i,y_j)$ $(i,j=1,2,\cdots)$. 若 $g(x_i,y_j)$ 互不相等, 则 ζ 取这些值的概率为

$$P\big(\zeta=g(x_i,y_j)\big)=p_{ij},\quad i,j=1,2,\cdots.$$

如果 $g(x_i,y_j)$ 的取值中有相等的, 则把那些相等的值分别合并, 同时把对应事件的概率相加, 就得到 ζ 的分布律.

例 1 设 (ξ,η) 的联合分布律见表 3.13. 试分别求 $\xi+\eta$ 和 $\xi-\eta$ 的概率分布.

表 3.13

ξ \ η	-1	1	2
-1	5/20	2/20	6/20
2	3/20	3/20	1/20

解 由 (ξ,η) 的联合分布律得表 3.14. "合并同类项", 得 $\xi+\eta$ 的分布律和 $\xi-\eta$ 的分布律分别如表 3.15 和表 3.16 所示.

表 3.14

P	5/20	2/20	6/20	3/20	3/20	1/20
(ξ,η)	$(-1,-1)$	$(-1,1)$	$(-1,2)$	$(2,-1)$	$(2,1)$	$(2,2)$
$\xi+\eta$	-2	0	1	1	3	4
$\xi-\eta$	0	-2	-3	3	1	0

这里给出的二维随机变量的分布比较简单. 对于分布稍复杂的二维随机变量, 我们可以借助分布函数进行计算.

表 3.15

$\xi+\eta$	-2	0	1	3	4
P	5/20	2/20	9/20	3/20	1/20

表 3.16

$\xi-\eta$	-3	-2	0	1	3
P	6/20	2/20	6/20	3/20	3/20

例 2 设 $\xi\sim\pi(\lambda_1),\eta\sim\pi(\lambda_2)$, 且 ξ 和 η 相互独立. 求 $\zeta=\xi+\eta$ 的分布律.

解 根据题设, ξ,η 的分布律分别为

$$P(\xi=k)=\frac{\lambda_1^k}{k!}\mathrm{e}^{-\lambda_1},\quad k=0,1,2,\cdots,$$

$$P(\eta=k)=\frac{\lambda_2^k}{k!}\mathrm{e}^{-\lambda_2},\quad k=0,1,2,\cdots.$$

显然, ζ 的所有可能的取值为 $i=0,1,2,\cdots$. 利用 ξ,η 的独立性, ζ 的概率分布为

$$\begin{aligned}P(\zeta=i)&=\sum_{k=0}^{i}P(\xi=k,\eta=i-k)\\&=\sum_{k=0}^{i}P(\xi=k)P(\eta=i-k)\\&=\sum_{k=0}^{i}\frac{\lambda_1^k}{k!}\mathrm{e}^{-\lambda_1}\frac{\lambda_2^{i-k}}{(i-k)!}\mathrm{e}^{-\lambda_2}\\&=\mathrm{e}^{-(\lambda_1+\lambda_2)}\sum_{k=0}^{i}\frac{1}{k!(i-k)!}\lambda_1^k\lambda_2^{i-k}\\&=\frac{\mathrm{e}^{-(\lambda_1+\lambda_2)}}{i!}\sum_{k=0}^{i}\frac{i!}{k!(i-k)!}\lambda_1^k\lambda_2^{i-k}\\&=\frac{\mathrm{e}^{-(\lambda_1+\lambda_2)}}{i!}\sum_{k=0}^{i}\mathrm{C}_i^k\lambda_1^k\lambda_2^{i-k}\\&=\frac{\mathrm{e}^{-(\lambda_1+\lambda_2)}}{i!}(\lambda_1+\lambda_2)^i\\&=\frac{(\lambda_1+\lambda_2)^i}{i!}\mathrm{e}^{-(\lambda_1+\lambda_2)},\end{aligned}$$

所以 $\zeta=\xi+\eta\sim\pi(\lambda_1+\lambda_2)$.

3.5.2 连续型随机变量函数的分布

设连续型随机变量 (ξ,η) 的联合密度函数为 $f(x,y)$, 则对连续函数 $g:\mathbb{R}^2\to\mathbb{R}$, $\zeta=g(\xi,\eta)$ 为连续型随机变量. 与一维连续型随机变量函数的概率分布的求法相同, 先计算 ζ 的分布函数,

$$F_\zeta(z)=P(\zeta\leqslant z)=P(g(\xi,\eta)\leqslant z)=\iint\limits_{g(x,y)\leqslant z}f(x,y)\mathrm{d}x\,\mathrm{d}y,$$

再将该函数关于 z 求导即得随机变量 ζ 的概率密度函数.

例 3　设 (ξ,η) 的联合密度函数为

$$f(x,y)=\frac{1}{2\pi}\mathrm{e}^{-\frac{1}{2}(x^2+y^2)}.$$

求 $\zeta=\sqrt{\xi^2+\eta^2}$ 的概率密度函数.

解　记 ζ 的分布函数为 $F_\zeta(z)$, 则当 $z<0$ 时,

$$F_\zeta(z)=P(\zeta\leqslant z)=P(\sqrt{\xi^2+\eta^2}\leqslant z)=0;$$

而当 $z\geqslant 0$ 时,

$$F_\zeta(z)=P(\sqrt{\xi^2+\eta^2}\leqslant z)=\iint\limits_{\sqrt{x^2+y^2}\leqslant z}\frac{1}{2\pi}\mathrm{e}^{-\frac{1}{2}(x^2+y^2)}\mathrm{d}x\,\mathrm{d}y.$$

对后者利用极坐标变换

$$\begin{cases}x=r\cos\theta,\\ y=r\sin\theta,\end{cases}$$

得

$$F_\zeta(z)=\int_0^{2\pi}\mathrm{d}\theta\int_0^z\frac{r}{2\pi}\mathrm{e}^{-r^2/2}\mathrm{d}r$$

$$=\int_0^z r\mathrm{e}^{-r^2/2}\mathrm{d}r=1-\mathrm{e}^{-z^2/2}.$$

所以

$$F_\zeta(z)=\begin{cases}0, & z<0,\\ 1-\mathrm{e}^{-z^2/2}, & z\geqslant 0.\end{cases}$$

进而可得随机变量 ζ 的概率密度函数

$$f_\zeta(z)=\begin{cases}0, & z<0,\\ z\mathrm{e}^{-z^2/2}, & z\geqslant 0.\end{cases}$$

例 4　设 (ξ,η) 的联合概率密度函数为

$$f(x,y)=\begin{cases}2\mathrm{e}^{-(2x+y)}, & x>0,\ y>0,\\ 0, & \text{其他}.\end{cases}$$

计算概率 $P(\eta\leqslant\xi)$.

解 记 $\zeta \triangleq \eta-\xi$, 则所求事件的概率为

$$P(\zeta \leqslant 0)=P(\eta \leqslant \xi)=\iint\limits_{y\leqslant x} f(x,y)\mathrm{d}x\,\mathrm{d}y$$
$$=\int_0^{+\infty}\mathrm{d}y\int_y^{+\infty}2\mathrm{e}^{-(2x+y)}\mathrm{d}x=1/3.$$

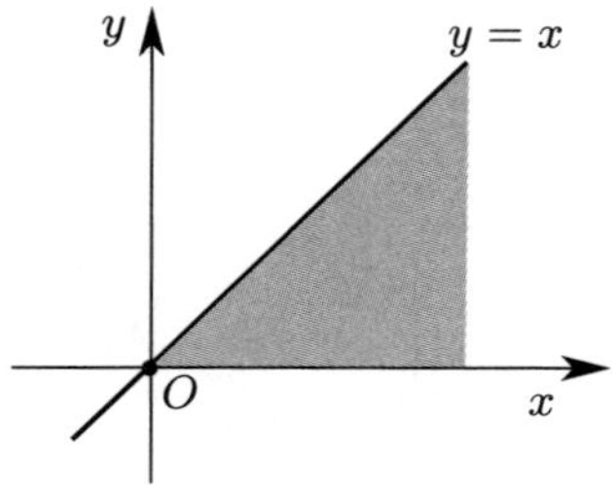

图 3.9

二重积分的积分区域见图 3.9.

对任意形式的二元连续函数, 都可以建立二维随机变量函数的分布函数, 但在实际中很难给出其概率密度函数. 一般情况下, 我们只能对结构简单的函数 $g(x,y)$, 才能给出随机变量函数概率密度函数的解析式. 下面给出几类特殊函数的概率分布.

3.5.3 几类特殊随机变量函数的分布

1. $\zeta=\xi+\eta$ 的分布

设 (ξ,η) 的联合密度函数为 $f(x,y)$, 则 $\zeta=\xi+\eta$ 的分布函数为

$$F_\zeta(z)=P(\xi+\eta\leqslant z)=\iint_{x+y\leqslant z}f(x,y)\mathrm{d}x\mathrm{d}y,$$

其中积分区域如图 3.10 所示.

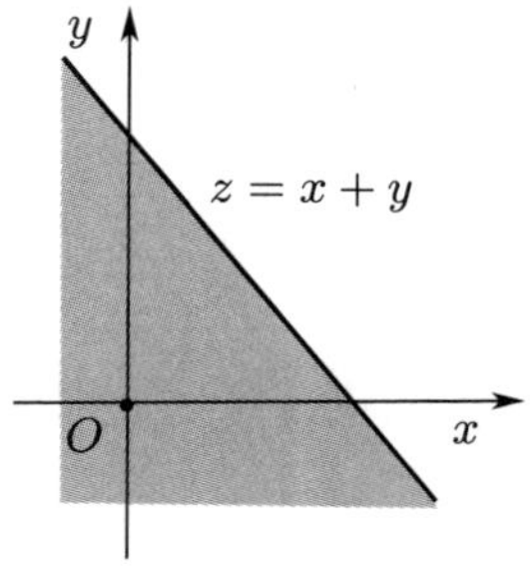

图 3.10

将重积分化成二次积分, 得

$$F_\zeta(z)=\int_{-\infty}^{+\infty}\mathrm{d}y\int_{-\infty}^{z-y}f(x,y)\mathrm{d}x.$$

对内层积分引入线性变换 $u=x+y$, 得

$$\int_{-\infty}^{z-y}f(x,y)\mathrm{d}x=\int_{-\infty}^{z}f(u-y,y)\mathrm{d}u.$$

这样, 原二重积分区域化为一个“矩形”,

$$F_\zeta(z)=\int_{-\infty}^{z}\mathrm{d}u\int_{-\infty}^{+\infty}f(u-y,y)\mathrm{d}y.$$

关于 z 求导, 得

$$f_\zeta(z)=\int_{-\infty}^{+\infty}f(z-y,y)\mathrm{d}y.$$

上式也可写成

$$f_\zeta(z)=\int_{-\infty}^{+\infty}f(x,z-x)\mathrm{d}x.$$

特别地, 当 ξ 和 η 相互独立时, $\zeta=\xi+\eta$ 的密度函数为

$$f_\zeta(z)=\int_{-\infty}^{+\infty}f_\xi(z-y)f_\eta(y)\mathrm{d}y$$

或

$$f_\zeta(z)=\int_{-\infty}^{+\infty}f_\xi(x)f_\eta(z-x)\mathrm{d}x.$$

上述两公式称为函数 $f_\xi(x)$ 与 $f_\eta(y)$ 的卷积公式, 记为 $f_\xi(x)*f_\eta(y)$, 也就是

$$\begin{aligned}f_\xi(x)*f_\eta(y)&=\int_{-\infty}^{+\infty}f_\xi(z-y)f_\eta(y)\mathrm{d}y\\&=\int_{-\infty}^{+\infty}f_\xi(x)f_\eta(z-x)\mathrm{d}x.\end{aligned}$$

例 5　设随机变量 ξ 和 η 相互独立且都服从标准正态分布. 求 $\zeta=\xi+\eta$ 的分布.

解　根据题设, ξ 和 η 的密度函数均为

$$f(x)=\frac{1}{\sqrt{2\pi}}\mathrm{e}^{-x^2/2}.$$

利用相互独立随机变量密度函数的卷积公式, ζ 的密度函数为

$$\begin{aligned}f_\zeta(z)&=\int_{-\infty}^{+\infty}f(x)f(z-x)\mathrm{d}x\\&=\frac{1}{2\pi}\int_{-\infty}^{+\infty}\mathrm{e}^{-x^2/2}\mathrm{e}^{-(z-x)^2/2}\mathrm{d}x\\&=\frac{1}{2\pi}\int_{-\infty}^{+\infty}\mathrm{e}^{-x^2+zx-z^2/2}\mathrm{d}x\\&=\frac{1}{2\pi}\mathrm{e}^{-z^2/4}\int_{-\infty}^{+\infty}\mathrm{e}^{-(x-z/2)^2}\mathrm{d}x\\&=\frac{1}{2\pi}\mathrm{e}^{-z^2/4}\int_{-\infty}^{+\infty}\mathrm{e}^{-t^2}\mathrm{d}t\quad(t=x-z/2)\\&=\frac{1}{2\pi}\sqrt{\pi}\mathrm{e}^{-z^2/4}=\frac{1}{\sqrt{2\pi}\sqrt{2}}\mathrm{e}^{-z^2/4}.\end{aligned}$$

故 ζ 服从 $N(0,2)$ 分布.

一般地, 设随机变量 $\xi \sim N(\mu_1, \sigma_1^2)$, $\eta \sim N(\mu_2, \sigma_2^2)$ 且相互独立, 则 $\xi + \eta$ 服从正态分布 $N(\mu_1 + \mu_2, \sigma_1^2 + \sigma_2^2)$, 而 $\xi - \eta$ 服从正态分布 $N(\mu_1 - \mu_2, \sigma_1^2 + \sigma_2^2)$. 该结论可推广到多个相互独立的正态分布随机变量的情况.

在给出下个例子之前, 先给出 Γ 分布的定义.

定义 3.7* 设 $\alpha, \beta > 0$. 若随机变量 ξ 的密度函数为

$$f(x) = \begin{cases} \dfrac{1}{\beta^\alpha \Gamma(\alpha)} x^{\alpha-1} \mathrm{e}^{-x/\beta}, & x > 0, \\ 0, & \text{其他}. \end{cases}$$

其中 $\Gamma(\alpha) = \int_0^{+\infty} \mathrm{e}^{-t} t^{\alpha-1} \mathrm{d}t$, 则称 ξ 服从参数为 (α, β) 的Γ **分布**, 记为 $\xi \sim \Gamma(\alpha, \beta)$.

Γ 函数有诸多有趣的性质, 如

$$\Gamma(x+1) = x\Gamma(x), \quad \Gamma(n+1) = n!, \quad \Gamma(1/2) = \sqrt{\pi}, \quad \lim_{x \to 0+} \Gamma(x) = +\infty.$$

对 Γ 分布, 若 $\alpha = 1/2, \beta = 2$, 则

$$f(x) = \begin{cases} \dfrac{1}{\sqrt{2\pi}} x^{-1/2} \mathrm{e}^{-x/2}, & x > 0, \\ 0, & \text{其他}. \end{cases}$$

这就是 2.4 节例 3 中自由度为 1 的 χ^2 分布.

例 6* 设 $\xi_1 \sim \Gamma(\alpha_1, \beta), \xi_2 \sim \Gamma(\alpha_2, \beta)$, 且这两个随机变量相互独立. 求 $\zeta = \xi_1 + \xi_2$ 的概率分布函数.

解 记 ζ 的概率密度函数为 $f_\zeta(z)$, 则由独立随机变量密度函数的卷积公式得

$$f_\zeta(z) = \int_{-\infty}^{+\infty} f_{\xi_1}(x) f_{\xi_2}(z - x) \mathrm{d}x.$$

考虑到 $x < 0$ 或 $z - x < 0$ 时,

$$f_{\xi_1}(x) f_{\xi_2}(z - x) = 0,$$

故当 $z \leqslant 0$ 时, $f_\zeta(z) = 0$; 而当 $z > 0$ 时,

$$\begin{aligned} f_\zeta(z) &= \int_0^z f_{\xi_1}(x) f_{\xi_2}(z - x) \mathrm{d}x \\ &= \int_0^z \frac{1}{\beta^{\alpha_1} \beta^{\alpha_2} \Gamma(\alpha_1) \Gamma(\alpha_2)} x^{\alpha_1 - 1} \mathrm{e}^{-x/\beta} (z - x)^{\alpha_2 - 1} \mathrm{e}^{-(z-x)/\beta} \mathrm{d}x \\ &= \frac{\mathrm{e}^{-z/\beta}}{\beta^{\alpha_1 + \alpha_2} \Gamma(\alpha_1) \Gamma(\alpha_2)} \int_0^z x^{\alpha_1 - 1} (z - x)^{\alpha_2 - 1} \mathrm{d}x. \end{aligned}$$

由于积分变量范围 $0 \leqslant x \leqslant z$ 可表示成 $x = tz$, 其中 $t \in [0,1]$, 所以

$$f_\zeta(z) = \frac{\mathrm{e}^{-z/\beta} z^{\alpha_1+\alpha_2-1}}{\beta^{\alpha_1+\alpha_2}\Gamma(\alpha_1)\Gamma(\alpha_2)} \int_0^1 t^{\alpha_1-1}(1-t)^{\alpha_2-1}\mathrm{d}t.$$

记

$$A = \frac{1}{\beta^{\alpha_1+\alpha_2}\Gamma(\alpha_1)\Gamma(\alpha_2)} \int_0^1 t^{\alpha_1-1}(1-t)^{\alpha_2-1}\mathrm{d}t.$$

则由 Γ 分布的密度函数的性质, 得

$$\begin{aligned}
1 = \int_0^{+\infty} f_\zeta(z)\mathrm{d}z &= A\int_0^{+\infty} \mathrm{e}^{-z/\beta} z^{\alpha_1+\alpha_2-1}\mathrm{d}z \\
&= A\beta^{\alpha_1+\alpha_2} \int_0^{+\infty} \mathrm{e}^{-z/\beta}(z/\beta)^{\alpha_1+\alpha_2-1}\mathrm{d}(z/\beta) \\
&= A\beta^{\alpha_1+\alpha_2} \int_0^{+\infty} \mathrm{e}^{-t} t^{\alpha_1+\alpha_2-1}\mathrm{d}t \\
&= A\beta^{\alpha_1+\alpha_2}\Gamma(\alpha_1+\alpha_2),
\end{aligned}$$

其中最后一式利用了 Γ 函数的定义. 从而得

$$f_\zeta(z) = \begin{cases} \dfrac{1}{\beta^{\alpha_1+\alpha_2}\Gamma(\alpha_1+\alpha_2)}\mathrm{e}^{-z/\beta} z^{\alpha_1+\alpha_2-1}, & z > 0, \\ 0, & \text{其他}. \end{cases}$$

这说明, $\zeta = \xi_1 + \xi_2$ 服从参数为 $(\alpha_1+\alpha_2, \beta)$ 的 Γ 分布.

该结论可推广到多个相互独立的 Γ 分布随机变量和的情况, 即若随机变量 $\xi_1, \xi_2, \cdots, \xi_n$ 相互独立, 且每个 ξ_i 服从参数为 (α_i, β) 的 Γ 分布, 则 $\sum\limits_{i=1}^n \xi_i$ 服从参数为 $\left(\sum\limits_{i=1}^n \alpha_i, \beta\right)$ 的 Γ 分布. 这一性质称为 Γ 分布的可加性. 进一步, 利用 $\chi^2(1)$ 分布与 Γ 分布之间的关系知, 若 $\eta_i \sim \chi^2(1)$ $(i = 1, 2, \cdots, n)$, 则 $\sum\limits_{i=1}^n \eta_i \sim \Gamma(n/2, 2)$.

2. $\zeta = \eta/\xi$ 和 $\omega = \xi\eta$ 的分布

设连续型随机变量 (ξ, η) 的联合概率密度函数为 $f(x, y)$, 则 $\zeta = \eta/\xi$ 和 $\omega = \xi\eta$ 仍为连续随机变量, 其概率密度函数分别为

$$f_{\eta/\xi}(z) = \int_{-\infty}^{+\infty} |x| f(x, xz)\mathrm{d}x,$$

$$f_{\xi\eta}(w) = \int_{-\infty}^{+\infty} \frac{1}{|x|} f(x, w/x)\mathrm{d}x.$$

下面给出前一个概率密度函数公式的推导过程, 后一个可类似讨论.

事实上, 对任意 $z \in \mathbb{R}$, 根据 $x \geqslant 0$ 和 $x < 0$, 区域 $\{(x,y) \mid y/x \leqslant z\}$ 分为两部分, 见图 3.11 和图 3.12. 显然, 当 z 由正变负时, 积分区域逐渐变小, 并从图 3.11 过渡到图 3.12. 因此, 在下面的讨论中, 我们不再区分 z 的符号.

$$\begin{aligned}
F_\zeta(z) = P(\eta/\xi \leqslant z) &= \iint\limits_{y/x \leqslant z} f(x,y)\mathrm{d}x\mathrm{d}y \\
&= \iint\limits_{y/x \leqslant z, x<0} f(x,y)\mathrm{d}x\mathrm{d}y + \iint\limits_{y/x \leqslant z, x>0} f(x,y)\mathrm{d}x\mathrm{d}y \\
&= \int_{-\infty}^{0} \mathrm{d}x \int_{zx}^{+\infty} f(x,y)\mathrm{d}y + \int_{0}^{+\infty} \mathrm{d}x \int_{-\infty}^{zx} f(x,y)\mathrm{d}y \\
&= \int_{-\infty}^{0} \mathrm{d}x \int_{z}^{-\infty} xf(x,xu)\mathrm{d}u + \int_{0}^{+\infty} \mathrm{d}x \int_{-\infty}^{z} xf(x,xu)\mathrm{d}u \quad (y = xu) \\
&= \int_{-\infty}^{0} \mathrm{d}x \int_{-\infty}^{z} (-x)f(x,xu)\mathrm{d}u + \int_{0}^{+\infty} \mathrm{d}x \int_{-\infty}^{z} xf(x,xu)\mathrm{d}u \\
&= \int_{-\infty}^{+\infty} \mathrm{d}x \int_{-\infty}^{z} |x|f(x,xu)\mathrm{d}u \\
&= \int_{-\infty}^{z} \mathrm{d}u \int_{-\infty}^{+\infty} |x|f(x,xu)\mathrm{d}x,
\end{aligned}$$

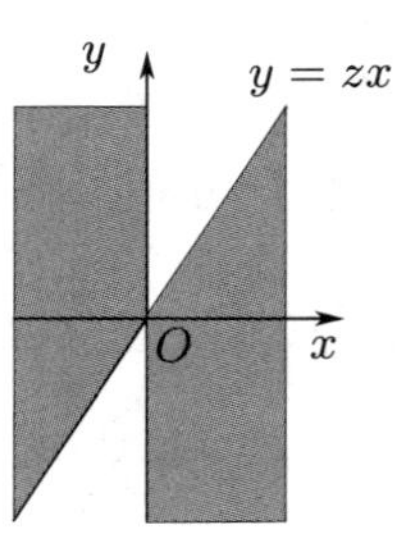

图 3.11 $z \geqslant 0$ **时的积分区域**

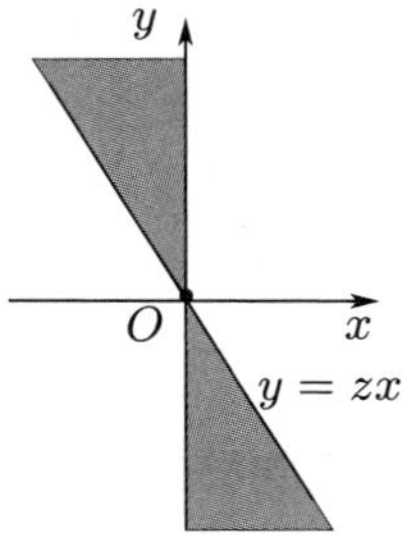

图 3.12 $z < 0$ **时的积分区域**

从而得 ζ 的概率密度函数

$$f_\zeta(z) = F'_\zeta(z) = \int_{-\infty}^{+\infty} |x|f(x,xu)\mathrm{d}x.$$

例 7 设 ξ, η 相互独立, 其概率密度函数分别为

$$f(x) = \begin{cases} \dfrac{1}{5}\mathrm{e}^{-x/5}, & x > 0, \\ 0, & 其他, \end{cases}$$

$$f(y)=\begin{cases}\dfrac{y}{25}\mathrm{e}^{-y/5}, & y>0,\\ 0, & \text{其他}.\end{cases}$$

求 $\zeta=\eta/\xi$ 的概率密度函数.

解　记 ζ 的密度函数为 $f_\zeta(z)$. 则当 $z<0$ 时, $f_\zeta(z)=0$; 当 $z\geqslant 0$ 时, 利用密度函数商的概率密度函数计算公式, 得

$$\begin{aligned}f_\zeta(z)=&\int_0^{+\infty}x\cdot\frac{1}{5}\mathrm{e}^{-x/5}\cdot\frac{xz}{25}\mathrm{e}^{-xz/5}\mathrm{d}x\\=&\frac{z}{125}\int_0^{+\infty}x^2\mathrm{e}^{-x((1+z)/5}\mathrm{d}x=\frac{2z}{(1+z)^3}.\end{aligned}$$

3. $\zeta=\max\{\xi,\eta\}$ 和 $\omega=\min\{\xi,\eta\}$ 的分布

仅考虑 ξ 和 η 相互独立的情况, 并设它们的分布函数分别为 $F_\xi(x),F_\eta(y)$, 则

$$\begin{aligned}P(\zeta\leqslant z)=&P(\xi\leqslant z,\eta\leqslant z)=P(\xi\leqslant z)P(\eta\leqslant z)\\=&F_\xi(z)F_\eta(z).\end{aligned}$$

而

$$\begin{aligned}P(\omega\leqslant z)=&1-P(\omega>z)\\=&1-P(\xi>z,\eta>z)\\=&1-P(\xi>z)P(\eta>z)\\=&1-\big(1-P(\xi\leqslant z)\big)\big(1-P(\eta\leqslant z)\big),\end{aligned}$$

所以

$$F_\omega(z)=1-\big(1-F_\xi(z)\big)\big(1-F_\eta(z)\big).$$

例 8　设有两个系统如图 3.13 和图 3.14 所示. 每个系统都由同型号的三个元件 (S_1,S_2,S_3) 组成, 假设每个元件的寿命都服从参数为 1 的指数分布. 分别求两个系统的寿命分布.

解　三个元件的寿命分别记为 ξ_1,ξ_2,ξ_3, 则 ξ_1,ξ_2,ξ_3 相互独立, 且服从参数为 1 的指数分布. 用 η,ζ 分别表示串联系统和并联系统的寿命, 则

$$\eta=\min_{1\leqslant i\leqslant 3}\xi_i,\quad \zeta=\max_{1\leqslant i\leqslant 3}\xi_i.$$

基于指数分布的分布函数

$$F(x)=\begin{cases}1-\mathrm{e}^{-x}, & x>0,\\ 0, & x\leqslant 0,\end{cases}$$

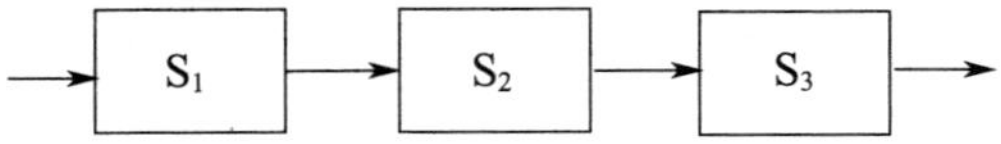

图 3.13　串联系统

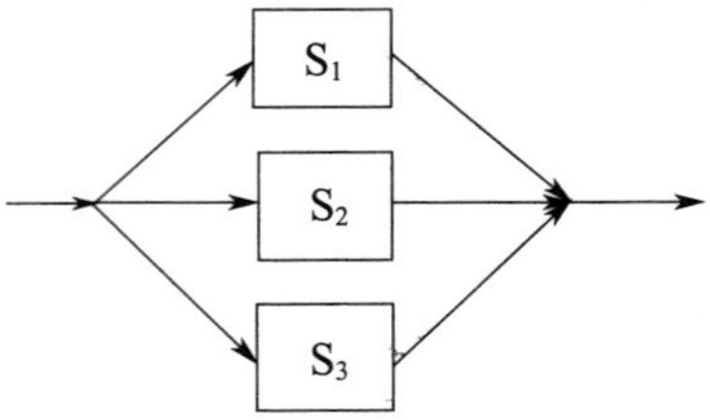

图 3.14　并联系统

得 η,ζ 的分布函数分别为

$$F_\eta(y)=1-(1-F(y))^3=\begin{cases}1-\mathrm{e}^{-3y}, & y>0,\\ 0, & y\leqslant 0,\end{cases}$$

$$F_\zeta(z)=F(z)^3=\begin{cases}(1-\mathrm{e}^{-z})^3, & z>0,\\ 0, & z\leqslant 0.\end{cases}$$

分别对 $F_\eta(y),F_\zeta(z)$ 求导, 得 η和 ζ 的概率密度函数

$$f_\eta(y)=\begin{cases}3\mathrm{e}^{-3y}, & y>0,\\ 0, & y\leqslant 0,\end{cases}\quad f_\zeta(z)=\begin{cases}3(\mathrm{e}^{-z}-2\mathrm{e}^{-2z}+\mathrm{e}^{-3z}), & z>0,\\ 0, & z\leqslant 0.\end{cases}$$

小　　结

本章学习基本要求

1. 理解多维随机变量的概念、多维随机变量的分布的概念和性质, 以及离散型二维随机变量的概率分布、边缘分布和条件分布; 理解连续型二维随机变量的概率密度函数、边缘密度函数和条件密度函数; 会求与二维随机变量相关事件的概率.

2. 理解随机变量的独立性的概念, 掌握离散型和连续型随机变量独立的条件.

3. 掌握二维均匀分布和二维正态分布的概率密度函数, 理解其中参数的概率意义.

4. 会求随机变量简单函数的分布, 会求多个相互独立随机变量简单函数的分布.

本章知识点网格图

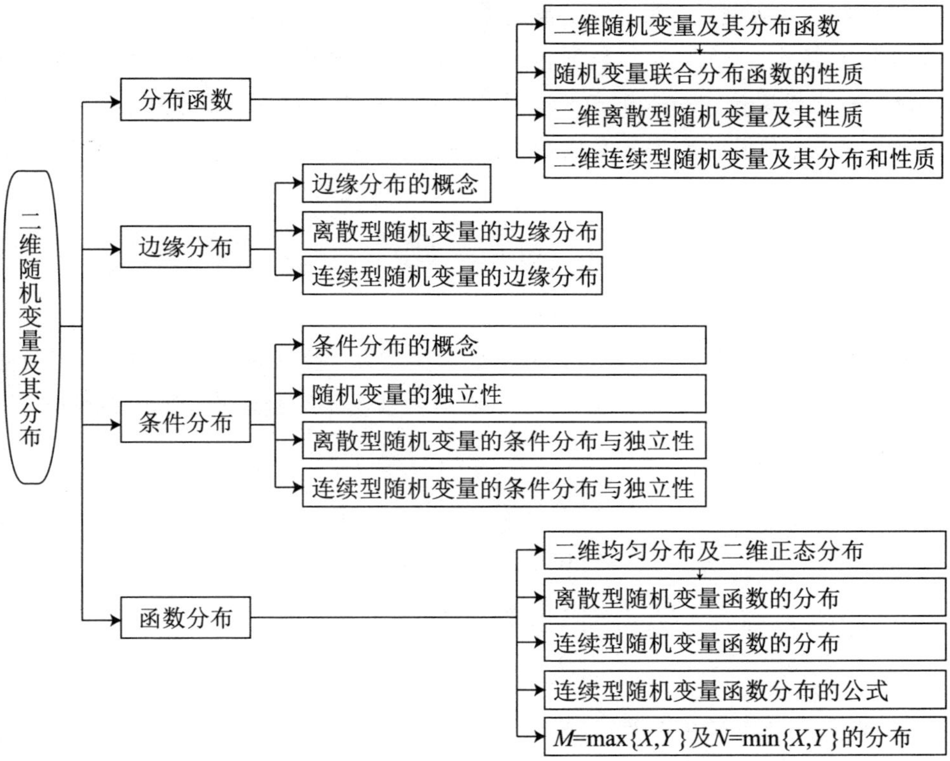

人物简介

在科学史上，父子科学家、兄弟科学家并不鲜见．然而，在一个家族跨世纪的几代人中，众多父子兄弟都是科学家的则较为罕见．在这些家族中，瑞士的伯努利家族最为突出．该家族的 3 代人中一共产生了 8 位伟大的科学家，其中有 3 位的成就可谓是出类拔萃：雅各布 · 伯努利、约翰 · 伯努利、丹尼尔 · 伯努利．而在他们一代又一代的众多子孙中，又至少有一半相继成为科学界的杰出人物．伯努利家族中至少有 120 位科学家在数学、科学、技术、工程乃至法律、管理、文学、艺术等方面享有名望，有的甚至声名显赫．最不可思议的是这个家族中有两代人，他们中的大多数数学家并非有意选择数学作为职业，然而却像“酒鬼碰到了美酒”一样忘情地沉迷于数学．

雅各布 · 伯努利在数学方面的成就主要集中在变分法、解析几何、概率论方面．他将微积分成功地发展应用到几何领域．他和莱布尼茨是同时期的数学家．莱布尼茨曾感慨世上除了他，最懂微积分的便是雅各布. 约翰 · 伯努利在微积分学、微分方程论、变分法、几何学和力学等方面都有贡献. 他首次将函数定义为由变量和常量构成的解析表达式，首次提出最速降落线问题，他与雅各布 · 伯努利一起奠定了变分法的基础. 丹尼尔 · 伯努利在代数学、概率论和微分方程等方面都有重要成果. 他首次在概率论中引入正态分布误差理论，发布了第一个正态分布表. 在研究弦振动问题时，他首次利用三角级数求解偏微分方程.

习　　题

1. 某箱子中装有 12 个开关，其中 2 个是次品. 今采用放回抽样和不放回抽样分别从中抽取两次，每次抽取一件. 试在两种情况下分别写出 (ξ,η) 的联合分布律，其中

$$\xi=\begin{cases}1, & \text{第一次取出正品},\\ 0, & \text{第一次取出次品},\end{cases}$$

$$\eta=\begin{cases}1, & \text{第二次取出正品},\\ 0, & \text{第二次取出次品}.\end{cases}$$

2. 某盒子中装有 3 个黑球、2 个红球、2 个白球. 今从中任取 4 个，并分别用 ξ 和 η 表示取到黑球和红球的个数. 求 (ξ,η) 的联合分布律.

3. 设随机变量 U_k $(k=1,2,3)$ 相互独立，且均服从参数为 p 的 0-1 分布. 令

$$\xi=\begin{cases}1, & U_1+U_2\text{为奇数},\\ 0, & U_1+U_2\text{为偶数},\end{cases}$$

$$\eta=\begin{cases}1, & U_3+U_2\text{为奇数},\\ 0, & U_3+U_2\text{为偶数}.\end{cases}$$

求 (ξ,η) 的联合分布律.

4. 设某班车起点站的上车人数 ξ 服从参数为 λ 的泊松分布，每位乘客中途下车的概率为 $p\in(0,1)$，并设乘客之间相互独立. 若用 η 表示中途下车的人数，求在发车时有 n 个乘客的条件下，中途有 m 人下车的概率，并给出 (ξ,η) 的联合分布律.

5. 设 (ξ,η) 的联合分布律如表 3.17 所示. 若 ξ 与 η 相互独立，求参数 a,b,c 的值.

表 3.17

$\eta \backslash \xi$	x_1	x_2	x_3
y_1	a	$1/9$	c
y_2	$1/9$	b	$1/3$

6. 设 (ξ,η) 的联合概率密度函数为

$$f(x,y)=\begin{cases}k(6-x-y), & 0<x<2,\ 2<y<4,\\ 0, & \text{其他}.\end{cases}$$

试确定常数 k, 并计算概率 $P(\xi<1,\eta<3)$, $P(\xi<1.5)$, $P(\xi+\eta\leqslant 4)$.

7. 设 (ξ,η) 的联合概率密度函数为

$$f(x,y)=\begin{cases}4.8y(2-x), & 0\leqslant y\leqslant x\leqslant 1,\\ 0, & \text{其他}.\end{cases}$$

求 ξ,η 的边缘概率密度函数.

8. 设 (ξ,η) 的联合概率密度函数为

$$f(x,y)=\begin{cases}\mathrm{e}^{-y}, & 0<x<y,\\ 0, & \text{其他}.\end{cases}$$

求 ξ,η 的边缘概率密度函数.

9. 设 (ξ,η) 的联合概率密度函数为

$$f(x,y)=\begin{cases}cx^2y, & x^2\leqslant y\leqslant 1,\\ 0, & \text{其他}.\end{cases}$$

试确定常数 c, 并计算各随机变量的边缘概率密度函数.

10. 设 (ξ,η) 的联合概率密度函数为

$$f(x,y)=\begin{cases}1, & |y|<x,\ 0<x<1,\\ 0, & \text{其他}.\end{cases}$$

求条件概率密度函数 $f_{\eta|\xi}(y|x)$, $f_{\xi|\eta}(x|y)$.

11. 设某袋子中装有 1 个红球、2 个黑球与 3 个白球. 现有放回地从袋中取两次, 每次取一个球. 以 ξ,η,ζ 分别表示两次所取得的红球、黑球和白球的个数. 求概率 $P(\xi=1|\zeta=0)$ 和 (ξ,η) 的联合分布律.

12. 设 (ξ,η) 的联合概率密度函数为

$$f(x,y)=\begin{cases}4xy, & 0\leqslant x\leqslant 1,0\leqslant y\leqslant 1,\\ 0, & \text{其他}.\end{cases}$$

求其联合分布函数.

13. 设 ξ 在 $[0,1]$ 上服从均匀分布, 且对于任意 $x\in\mathbb{R}$, η 的条件概率密度函数为

$$f_{\eta|\xi}(y|x)=\begin{cases}x, & 0<y<1/x,\\ 0, & \text{其他}.\end{cases}$$

求 (ξ,η) 的联合概率密度函数和 η 的边缘概率密度函数.

14. 设随机变量 ξ 和 η 相互独立, ξ 在 $[0,1]$ 上服从均匀分布, η 的概率密度函数为

$$f_\eta(y)=\begin{cases}\dfrac{1}{2}\mathrm{e}^{-y/2}, & y>0,\\ 0, & y\leqslant 0.\end{cases}$$

求 (ξ,η) 的联合概率密度函数, 并通过查表计算二次方程 $x^2+2\xi x+\eta=0$ 有实根的概率.

15. 设 ξ 和 η 相互独立, 其概率密度函数分别为

$$f_\xi(x)=\begin{cases}\lambda\mathrm{e}^{-\lambda x}, & x>0,\\ 0, & x\leqslant 0,\end{cases}\qquad f_\eta(y)=\begin{cases}\mu\mathrm{e}^{-\mu y}, & y>0,\\ 0, & y\leqslant 0,\end{cases}$$

其中 $\lambda,\mu>0$ 是常数. 定义随机变量

$$\zeta=\begin{cases}1, & \xi\leqslant\eta,\\ 0, & \xi>\eta.\end{cases}$$

求条件概率密度函数 $f_{\xi|\eta}(x|y)$ 和 ζ 的分布律.

16. 设 (ξ,η) 的联合概率密度函数为

$$f(x,y)=\begin{cases}\mathrm{e}^{-x}, & 0<y<x,\\ 0, & \text{其他}.\end{cases}$$

求条件概率密度函数 $f_{\eta|\xi}(y|x)$ 和条件概率 $P(\xi\leqslant 1|\eta\leqslant 1)$.

17. 设 (ξ,η) 的联合概率密度函数为

$$f(x,y)=\begin{cases}x+y, & 0<x<1,0<y<1,\\ 0, & \text{其他}.\end{cases}$$

分别求 $\xi+\eta$ 和 $\xi\eta$ 的概率密度函数.

18. 设某商品一周的需求量是随机的, 其概率密度函数为

$$f(t)=\begin{cases}t\mathrm{e}^{-t}, & t>0,\\ 0, & t\leqslant 0.\end{cases}$$

设各周的需求量是相互独立的. 求两周的需求量的概率密度函数.

19. 设随机变量 ξ,η 独立同分布, 其概率密度函数为

$$f(x)=\begin{cases}\mathrm{e}^{-x}, & x>0,\\ 0, & \text{其他}.\end{cases}$$

求 $\zeta=\eta/\xi$ 的概率密度函数.

20. 设 (ξ,η) 在矩形 $G=\{(x,y)|0\leqslant x\leqslant 2,0\leqslant y\leqslant 1\}$ 上服从均匀分布. 求边长为 ξ 和 η 的矩形面积 S 的概率密度函数.

21. 设随机变量 ξ_1,ξ_2 相互独立, 且服从 $N(0,1)$. 计算 $\xi_1^2+\xi_2^2$ 的概率密度函数.

22. 设 (ξ,η) 的联合概率密度函数为

$$f(x,y)=\begin{cases}\dfrac{1}{2}(x+y)\mathrm{e}^{-(x+y)}, & x>0,y>0,\\ 0, & \text{其他}.\end{cases}$$

试验证 ξ 和 η 是否相互独立, 并计算 $\xi+\eta$ 的概率密度函数.

23. 设 (ξ,η) 的联合密度函数为

$$f(x,y)=\begin{cases}\dfrac{1}{\pi R^2}, & x^2+y^2\leqslant R^2,\\ 0, & \text{其他}.\end{cases}$$

求 ξ 和 η 的边缘密度函数、ξ 和 η 的条件密度函数, 并验证 ξ 和 η 是否相互独立.

24. 设随机变量 ξ 与 η 相互独立, 其概率密度函数分别为

$$f_\xi(x)=\begin{cases}1, & 0\leqslant x\leqslant 1,\\ 0, & \text{其他},\end{cases}\qquad f_\eta(y)=\begin{cases}A\mathrm{e}^{-y}, & y>0,\\ 0, & y\leqslant 0.\end{cases}$$

试确定常数 A, 并求随机变量 $2\xi+\eta$ 的概率密度函数.

25. 设随机变量 ξ 与 η 相互独立, 并且 ξ 的分布律和 η 的概率密度函数分别为

$$P(\xi=i)=\frac{1}{3}\ (i=-1,0,1),\qquad f_\eta(y)=\begin{cases}1, & 0\leqslant y\leqslant 1,\\ 0, & \text{其他}.\end{cases}$$

记 $\zeta=\xi+\eta$. 求概率 $P(\zeta\leqslant 1/2|\xi=0)$, 并计算 ζ 的概率密度函数.

26. 设 (ξ,η) 的联合概率密度函数为

$$f(x,y)=\begin{cases}b\mathrm{e}^{-(x+y)}, & 0<x<1, y>0,\\ 0, & \text{其他}.\end{cases}$$

试确定常数 b, 并求边缘概率密度函数 $f_\xi(x), f_\eta(y)$ 和函数 $\max\{\xi,\eta\}$ 的分布函数.

27. 设随机变量 ξ 和 η 相互独立, 且分别在区间 $(0,1)$ 与 $(0,2)$ 上服从均匀分布. 求 $\max\{\xi,\eta\}$ 与 $\min\{\xi,\eta\}$ 的概率密度函数.

28. 设某批电子元件的寿命 (单位: 小时) 近似地服从 $N(160,20^2)$. 今从中随机地抽取 4 件. 求被抽中元件的寿命均高于 180 小时的概率.

29. 设随机变量 ξ 和 η 相互独立, 且服从同一分布. 对 $a\leqslant b$, 证明

$$P(a<\min\{\xi,\eta\}\leqslant b)=(P(\xi>a))^2-(P(\xi>b))^2.$$

30. 设 ξ 和 η 相互独立, 且 $\xi\sim b(m,p)$, $\eta\sim b(n,p)$. 证明 $\xi+\eta\sim b(m+n,p)$.

31. 设随机变量 (ξ,η) 的分布律如表 3.18 所示.

表 3.18

ξ \ η	0	1	2	3	4	5
0	0.00	0.01	0.03	0.05	0.07	0.09
1	0.01	0.02	0.04	0.05	0.06	0.08
2	0.01	0.03	0.05	0.05	0.05	0.06
3	0.01	0.02	0.04	0.06	0.06	0.05

求:

(1) $P(\xi=2|\eta=2), P(\eta=3|\xi=0)$;

(2) $\max\{\xi,\eta\}$ 的分布律;

(3) $\min\{\xi,\eta\}$ 的分布律;

(4) $\xi+\eta$ 的分布律.

第 4 章　随机变量的数字特征

随机变量的分布函数动态刻画了随机变量取值的规律性. 然而对许多问题, 人们更想知道这些分布的一些静态刻画, 如分布的中心位置、分散程度等. 这称为随机变量的数字特征. 本章主要讨论随机变量的数学期望、方差、协方差和相关系数等数字特征.

4.1　数 学 期 望

4.1.1　随机变量的数学期望

根据前面章节的知识, 一个射手射击时击中的环数是随机的. 那么如何根据他的历史记录评价他的射击水平呢? 一个自然的想法就是用其命中环数的均值来判断其射击水平的高低, 该均值称为随机变量的数学期望.

先看下面的例子.

例 1　根据历史记录, 甲、乙两名射手在相同条件下射击时, 击中的环数和相应的概率如表 4.1 所示.

表 4.1

环数	10	9	8	7	6	5	4
$P_{甲}$	0.3	0.3	0.2	0.1	0.05	0.05	0
$P_{乙}$	0.1	0.3	0.3	0.1	0.1	0.05	0.05

请根据所给数据评判两位选手的射击水平.

解　为求解该问题, 现让甲、乙分别独立地射击 100 次. 根据历史记录, 甲约有 30 发击中 10 环, 30 发击中 9 环 …… 5 发击中 6 环, 5 发击中 5 环. 这样甲

在 100 次射击中的总环数约为

$$10\times 30+9\times 30+8\times 20+7\times 10+(6+5)\times 5=855.$$

类似地, 乙在 100 次射击中的总环数约为

$$10\times 10+9\times 30+8\times 30+7\times 10+6\times 10+(5+4)\times 5=785.$$

据此可以判断射手甲的射击技术好于射手乙.

显然, 射手射击时的总环数与射击次数有关. 为便于比较, 下面从单次射击时击中环数的均值考虑. 容易计算, 两射手单次射击时的环数均值分别约为

$$10\times 0.3+9\times 0.3+8\times 0.2+7\times 0.1+(6+5)\times 0.05=8.55,$$
$$10\times 0.1+9\times 0.3+8\times 0.3+7\times 0.1+6\times 0.1+(5+4)\times 0.05=7.85.$$

该均值同样能反映射手的射击水平. 它是随机变量所有可能的取值 (击中的环数) 与相应概率的乘积和, 我们称其为随机变量的数学期望. 它是随机变量的所有取值在概率意义下的加权平均.

定义 4.1 设离散型随机变量 ξ 的分布律为 $P(\xi=x_k)=p_k\ (k=1,2,\cdots)$. 若

$$\sum_{k=1}^{\infty}|x_k|p_k<+\infty,$$

则称 $\sum\limits_{k=1}^{\infty}x_kp_k$ 为随机变量 ξ 的**数学期望**, 也称**均值**, 记为 $E\xi$.

设连续型随机变量 ξ 的概率密度函数为 $f(x)$. 若

$$\int_{-\infty}^{+\infty}|x|f(x)\mathrm{d}x<+\infty,$$

则称 $\int_{-\infty}^{+\infty}xf(x)\mathrm{d}x$ 为随机变量 ξ 的**数学期望**, 记为 $E\xi$.

由数学分析的知识, 级数 $\sum\limits_{k=1}^{\infty}|x_k|p_k$ 收敛可保证级数 $\sum\limits_{k=1}^{\infty}x_kp_k$ 收敛. 同样, 无穷积分 $\int_{-\infty}^{+\infty}|x|f(x)\mathrm{d}x$ 存在也保证无穷积分 $\int_{-\infty}^{+\infty}xf(x)\mathrm{d}x$ 存在. 需要指出的是, 不是所有的随机变量都存在数学期望.

例 2 设随机变量 ξ 服从柯西分布, 密度函数为 $f(x)=\dfrac{1}{\pi(1+x^2)}$. 求其数学期望.

解 对任意 $A>0$,

$$\int_{-A}^{A}|x|f(x)\mathrm{d}x=\frac{2}{\pi}\int_0^A\frac{x}{1+x^2}\mathrm{d}x=\frac{1}{\pi}\ln(1+x^2)\Big|_0^A=\frac{1}{\pi}\ln(1+A^2).$$

显然, 当 $A \to +\infty$ 时, 上式的值趋于 $+\infty$. 所以该随机变量没有数学期望.

尽管如此, 多数随机变量的数学期望还是存在的. 因此在下面的计算中, 不再验证数学期望存在的条件.

例 3　设随机变量 ξ 服从二项分布 $b(n,p)$, 即

$$P(\xi=k)=\mathrm{C}_n^k p^k(1-p)^{n-k}, \quad k=0,1\cdots,n.$$

求其数学期望.

解　利用组合式 $k\mathrm{C}_n^k=n\mathrm{C}_{n-1}^{k-1}$, 得

$$\begin{aligned}
E\xi &= \sum_{k=0}^{n} k\mathrm{C}_n^k p^k(1-p)^{n-k} \\
&= n\sum_{k=1}^{n} \mathrm{C}_{n-1}^{k-1} p^k(1-p)^{n-k} \\
&= np\sum_{k=0}^{n-1} \mathrm{C}_{n-1}^{k} p^k(1-p)^{n-(k+1)} \\
&= np\sum_{k=0}^{n-1} \mathrm{C}_{n-1}^{k} p^k(1-p)^{n-1-k} \\
&= np\big(p+(1-p)\big)^{n-1}=np.
\end{aligned}$$

例 4　设 ξ 服从参数为 λ 的泊松分布, 即

$$P(\xi=k)=\frac{\lambda^k}{k!}\mathrm{e}^{-\lambda}, \quad k=0,1,2,\cdots.$$

求其数学期望.

解　由数学期望的计算公式, 得

$$\begin{aligned}
E\xi &= \sum_{k=0}^{\infty} k\frac{\lambda^k}{k!}\mathrm{e}^{-\lambda}=\mathrm{e}^{-\lambda}\sum_{k=1}^{\infty} k\frac{\lambda^k}{k!} \\
&= \lambda\mathrm{e}^{-\lambda}\sum_{k=1}^{\infty}\frac{\lambda^{k-1}}{(k-1)!}=\lambda\mathrm{e}^{-\lambda}\sum_{k=0}^{\infty}\frac{\lambda^k}{k!} \\
&= \lambda\mathrm{e}^{-\lambda}\mathrm{e}^{\lambda}=\lambda.
\end{aligned}$$

例 5　设随机变量 ξ 在区间 $[a,b]$ 上服从均匀分布. 求其数学期望.

解　该随机变量的密度函数为

$$f(x)=\begin{cases}\dfrac{1}{b-a}, & a\leqslant x\leqslant b,\\ 0, & \text{其他}.\end{cases}$$

从而

$$E\xi = \int_a^b \frac{x}{b-a}\mathrm{d}x = \frac{a+b}{2}.$$

例 6 设随机变量 ξ 服从指数分布. 求其数学期望.

解 该随机变量的概率密度函数为

$$f(x) = \begin{cases} \lambda \mathrm{e}^{-\lambda x}, & x \geqslant 0, \\ 0, & \text{其他}. \end{cases}$$

则由分步积分公式, 得

$$\begin{aligned} E\xi &= \int_0^{+\infty} \lambda x \mathrm{e}^{-\lambda x}\mathrm{d}x \\ &= -\, x\mathrm{e}^{-\lambda x}\Big|_0^{+\infty} + \int_0^{+\infty} \mathrm{e}^{-\lambda x}\mathrm{d}x = \frac{1}{\lambda}. \end{aligned}$$

例 7 设随机变量 ξ 服从正态分布 $N(\mu, \sigma^2)$. 求其数学期望.

解 该随机变量的概率密度函数为

$$f(x) = \frac{1}{\sqrt{2\pi}\sigma}\mathrm{e}^{-\frac{(x-\mu)^2}{2\sigma^2}}.$$

引入线性变换 $t = (x-\mu)/\sigma$, 得

$$\begin{aligned} E\xi &= \int_{-\infty}^{+\infty} \frac{x}{\sqrt{2\pi}\sigma}\mathrm{e}^{-\frac{(x-\mu)^2}{2\sigma^2}}\mathrm{d}x \\ &= \frac{1}{\sqrt{2\pi}}\int_{-\infty}^{+\infty}(\sigma t + \mu)\mathrm{e}^{-t^2/2}\mathrm{d}t \\ &= \frac{\mu}{\sqrt{2\pi}}\int_{-\infty}^{+\infty}\mathrm{e}^{-t^2/2}\mathrm{d}t = \frac{\mu}{\sqrt{2\pi}}\sqrt{2\pi} = \mu. \end{aligned}$$

由上述例子, 随机变量的数学期望给出了其分布函数中某些参数的几何意义.

例 8 设随机变量 ξ 的分布函数为

$$F(x) = \begin{cases} 0, & x < 0, \\ x/4, & 0 \leqslant x \leqslant 4, \\ 1, & x > 4. \end{cases}$$

求 ξ 的数学期望.

解 容易计算, 随机变量 ξ 的概率密度函数为

$$f(x) = F'(x) = \begin{cases} 1/4, & 0 \leqslant x \leqslant 4, \\ 0, & \text{其他}. \end{cases}$$

从而

$$E\xi = \int_{-\infty}^{+\infty} xf(x)\mathrm{d}x = \int_0^4 x \cdot \frac{1}{4}\mathrm{d}x = \frac{x^2}{8}\bigg|_0^4 = 2.$$

4.1.2　随机变量函数的数学期望

设 ξ 是随机变量, 则对任意连续函数 $g: \mathbb{R} \to \mathbb{R}$, $\eta = g(\xi)$ 也是随机变量. 下面的结论 (证明略) 告诉我们, 利用 ξ 的分布律或密度函数可直接计算其函数的数学期望.

定理 4.1　设离散型随机变量 ξ 的分布律为

$$P(\xi = x_k) = p_k, \quad k = 1, 2, \cdots.$$

对连续函数 $g: \mathbb{R} \to \mathbb{R}$, 若 $\sum\limits_{k=1}^{\infty} |g(x_k)| p_k < +\infty$, 则随机变量 $\eta = g(\xi)$ 的数学期望为

$$E\eta = Eg(\xi) = \sum_{k=1}^{\infty} g(x_k) p_k.$$

设连续型随机变量 ξ 的概率密度函数为 $f(x)$. 对连续函数 $g: \mathbb{R} \to \mathbb{R}$, 若

$$\int_{-\infty}^{+\infty} |g(x)| f(x)\,\mathrm{d}x < +\infty,$$

则随机变量 $\eta = g(\xi)$ 的数学期望为

$$E\eta = Eg(\xi) = \int_{-\infty}^{+\infty} g(x) f(x)\,\mathrm{d}x.$$

对于多维随机变量函数, 有类似的结论.

定理 4.2　设离散型二维随机变量 (ξ, η) 的联合分布律为

$$P(\xi = x_i, \eta = y_j) = p_{ij}, \quad i, j = 1, 2, \cdots.$$

对连续函数 $g: \mathbb{R}^2 \to \mathbb{R}$, 若

$$\sum_{i=1}^{\infty} \sum_{j=1}^{\infty} |g(x_i, y_j)| p_{ij} < +\infty,$$

则 $\zeta = g(\xi, \eta)$ 的数学期望为

$$E\zeta = \sum_{i=1}^{\infty} \sum_{j=1}^{\infty} g(x_i, y_j) p_{ij}.$$

设连续型二维随机变量 (ξ,η) 的密度函数为 $f(x,y)$. 对连续函数 $g\colon \mathbb{R}^2\to\mathbb{R}$, 若

$$\int_{-\infty}^{+\infty}\int_{-\infty}^{+\infty}|g(x,y)|f(x,y)\mathrm{d}x\mathrm{d}y<+\infty,$$

则 $\zeta=g(\xi,\eta)$ 的数学期望为

$$E\zeta=\int_{-\infty}^{+\infty}\int_{-\infty}^{+\infty}g(x,y)f(x,y)\mathrm{d}x\,\mathrm{d}y.$$

例 9 设 (ξ,η) 的联合分布律如表 4.2 所示. 求 $E\xi,E\eta,E(\xi\eta)$.

表 4.2

ξ \ η	0	1	2	3
1	0	3/8	3/8	0
3	1/8	0	0	1/8

解 首先, 根据 (ξ,η) 的联合分布律, 容易计算 ξ 和 η 的边缘分布 (表 4.3 和表 4.4). 从而由数学期望的计算公式, 得

表 4.3

ξ	1	3
P	3/4	1/4

表 4.4

η	0	1	2	3
P	1/8	3/8	3/8	1/8

$$\begin{aligned}
&E\xi=1\times\frac{3}{4}+3\times\frac{1}{4}=\frac{3}{2},\\
&E\eta=0\times\frac{1}{8}+1\times\frac{3}{8}+2\times\frac{3}{8}+3\times\frac{1}{8}=\frac{3}{2},\\
&E(\xi\eta)=(1\times 0)\times 0+(1\times 1)\times\frac{3}{8}+(1\times 2)\times\frac{3}{8}+(1\times 3)\times 0\\
&\qquad\qquad+(3\times 0)\times\frac{1}{8}+(3\times 1)\times 0+(3\times 2)\times 0+(3\times 3)\times\frac{1}{8}\\
&\qquad\quad=\frac{9}{4}.
\end{aligned}$$

例 10 设随机变量 ξ 在 $[0,\pi]$ 上服从均匀分布. 求 $E\xi,E(\sin\xi),E\xi^2,E(\xi-E\xi)^2$.

解 由题设, ξ 的概率密度函数为

$$f(x)=\begin{cases}\dfrac{1}{\pi}, & 0\leqslant x\leqslant\pi,\\ 0, & \text{其他}.\end{cases}$$

从而根据随机变量函数数学期望的计算公式, 得

$$E\xi=\int_{-\infty}^{+\infty}xf(x)\mathrm{d}x=\int_0^{\pi}x\cdot\frac{1}{\pi}\mathrm{d}x=\frac{\pi}{2},$$

$$E(\sin\xi)=\int_{-\infty}^{+\infty}\sin xf(x)\mathrm{d}x=\int_0^{\pi}\sin x\cdot\frac{1}{\pi}\mathrm{d}x=\frac{1}{\pi}(-\cos x)\Big|_0^{\pi}=\frac{2}{\pi},$$

$$E\xi^2=\int_{-\infty}^{+\infty}x^2f(x)\mathrm{d}x=\int_0^{\pi}x^2\cdot\frac{1}{\pi}\mathrm{d}x=\frac{\pi^2}{3},$$

$$E(\xi-E\xi)^2=E\left(\xi-\frac{\pi}{2}\right)^2=\int_0^{\pi}\left(x-\frac{\pi}{2}\right)^2\cdot\frac{1}{\pi}\mathrm{d}x=\frac{\pi^2}{12}.$$

例 11　设随机变量 (ξ,η) 的联合密度函数为

$$f(x,y)=\begin{cases}\dfrac{3}{2x^3y^2}, & \dfrac{1}{x}\leqslant y\leqslant x,\ x\geqslant 1,\\ 0, & \text{其他}.\end{cases}$$

分别计算 η 和 $1/(\xi\eta)$ 的数学期望.

解　先计算 η 的边缘分布. 根据 (ξ,η) 的联合概率密度函数 (图 4.1), 对于任意 $y\in\mathbb{R}$, 当 $y\leqslant 0$ 时, $f(x,y)=0$. 对 $0<y<1$, 仅当 $x\geqslant 1/y$ 时, $f(x,y)\neq 0$; 对 $y\geqslant 1$, 仅当 $x\geqslant y$ 时, $f(x,y)\neq 0$. 故

$$\begin{aligned}f_\eta(y)&=\int_{-\infty}^{\infty}f(x,y)\mathrm{d}x\\&=\begin{cases}\displaystyle\int_y^{\infty}\frac{3}{2x^3y^2}\mathrm{d}x, & y\geqslant 1\\ \displaystyle\int_{\frac{1}{y}}^{\infty}\frac{3}{2x^3y^2}\mathrm{d}x, & 0<y<1\\ 0, & y\leqslant 0\end{cases}\\&=\begin{cases}\dfrac{3}{4y^4}, & y\geqslant 1,\\ \dfrac{3}{4}, & 0<y<1,\\ 0, & y\leqslant 0.\end{cases}\end{aligned}$$

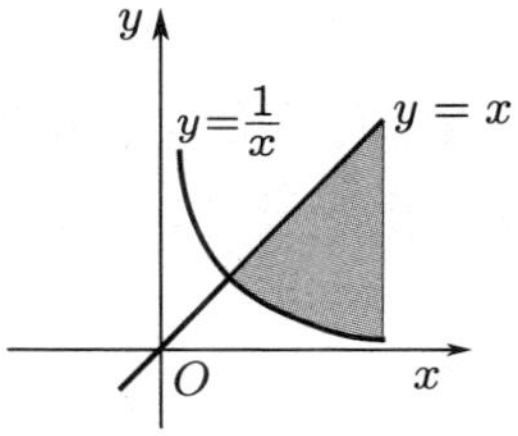

图 4.1

从而有

$$E\eta=\int_{-\infty}^{+\infty}yf_\eta(y)\mathrm{d}y=\int_0^1\frac{3}{4}y\mathrm{d}y+\int_1^{\infty}y\frac{3}{4y^4}\mathrm{d}y=\frac{3}{4}.$$

基于 (ξ,η) 的联合概率密度函数, 容易计算

$$E\frac{1}{\xi\eta}=\int_{-\infty}^{+\infty}\int_{-\infty}^{+\infty}\frac{1}{xy}f(x,y)\mathrm{d}x\mathrm{d}y$$

$$=\int_{1}^{+\infty}\mathrm{d}x\int_{\frac{1}{x}}^{x}\frac{3}{2x^4y^3}\mathrm{d}y=\frac{3}{5}.$$

在上例中, 先计算 η 的边缘分布密度函数 $f_\eta(y)$, 然后通过定义计算它的数学期望. 实际上, 也可由随机变量函数数学期望的计算公式直接计算:

$$\begin{aligned}E\eta&=\int_{-\infty}^{+\infty}\int_{-\infty}^{+\infty}yf(x,y)\mathrm{d}x\mathrm{d}y\\&=\int_{1}^{+\infty}\mathrm{d}x\int_{1/x}^{x}\frac{3}{2x^3y}\mathrm{d}y=\int_{1}^{+\infty}\frac{3\ln x}{x^3}\mathrm{d}x\\&=-\frac{3}{2}\ln x\cdot\frac{1}{x^2}\Big|_{1}^{+\infty}+\frac{3}{2}\cdot\int_{1}^{+\infty}x^{-3}\mathrm{d}x\\&=\frac{3}{4}x^{-2}\Big|_{+\infty}^{1}=\frac{3}{4}.\end{aligned}$$

例 12 设国际市场每年对我国某产品的需求量 ξ (吨) 在区间 $[2\ 000,4\ 000]$ 上服从均匀分布. 我国每销售出 1 吨该产品, 可赚取外汇 3 万元; 而对出口后销售不出去的产品, 需支付贮存费 1 万元/吨. 试确定该产品的最佳年出口量.

题意分析 显然, 该问题是要确定该产品的年出口量, 使得年出口效益达到最大. 由于国际市场的年需求量是随机的, 所以年出口效益也是随机的. 对此, 这里通过极大化年出口效益的期望值求得决策变量——最佳的年出口量. 借助数学期望将随机问题确定化是求解随机问题的一个常用方法.

解 由题设, 国际市场需求量 ξ 的概率密度函数为

$$f(x)=\begin{cases}1/2\,000, & 2\,000\leqslant x\leqslant 4\,000,\\0, & \text{其他}.\end{cases}$$

设该产品的出口量为 t 吨. 显然, $2\ 000\leqslant t\leqslant 4\ 000$. 由题设, 相应的出口效益为

$$\begin{aligned}g(t)&=\begin{cases}3t, & \xi\geqslant t\\3\xi-(t-\xi), & \xi<t\end{cases}\\&=\begin{cases}3t, & \xi\geqslant t,\\4\xi-t, & \xi<t.\end{cases}\end{aligned}$$

该函数含有随机变量 ξ. 下面求该随机函数的数学期望:

$$\begin{aligned}Eg(t)&=\int_{-\infty}^{+\infty}g(x)f(x)\mathrm{d}x=\int_{2\,000}^{4\,000}\frac{1}{2\,000}g(x)\mathrm{d}x\\&=\frac{1}{2\,000}\left(\int_{2\ 000}^{t}(4x-t)\mathrm{d}x+\int_{t}^{4\,000}3t\mathrm{d}x\right)\end{aligned}$$

$$=\frac{1}{2\,000}(-2t^2+14\,000t-8\times10^6).$$

显然, $Eg(t)$ 是 t 的二次函数. 容易计算, 它在 $t=3\,500$ 时取到最大值. 因此, 最佳出口量为 3 500 吨.

4.1.3　数学期望的性质

性质 4.1　数学期望具有如下性质:

(1) 对随机变量 ξ, 若 $P(\xi=C)=1$, 则 $E\xi=C$.

(2) (线性性质) 对二维随机变量 (ξ,η) 及常数 k,

$$E(\xi+\eta)=E\xi+E\eta,\quad E(k\xi)=kE\xi.$$

(3) 若随机变量 ξ 和 η 相互独立, 则 $E(\xi\eta)=E\xi E\eta$.

证明　(1) 根据数学期望的定义易证.

以下以连续型随机变量为例证明 (2) 和 (3).

(2) 设二维随机变量 (ξ,η) 的联合密度函数为 $f(x,y)$, 边缘密度函数为 $f_\xi(x)$ 和 $f_\eta(y)$. 根据定理 4.2, 得

$$\begin{aligned}E(\xi+\eta)&=\int_{-\infty}^{+\infty}\int_{-\infty}^{+\infty}(x+y)f(x,y)\mathrm{d}x\mathrm{d}y\\&=\int_{-\infty}^{+\infty}\left(x\int_{-\infty}^{+\infty}f(x,y)\mathrm{d}y\right)\mathrm{d}x+\int_{-\infty}^{+\infty}\left(y\int_{-\infty}^{+\infty}f(x,y)\mathrm{d}x\right)\mathrm{d}y\\&=\int_{-\infty}^{+\infty}xf_\xi(x)\mathrm{d}x+\int_{-\infty}^{+\infty}yf_\eta(y)\mathrm{d}y\\&=E\xi+E\eta,\end{aligned}$$

$$E(k\xi)=\int_{-\infty}^{+\infty}kxf_\xi(x)\mathrm{d}x=k\int_{-\infty}^{+\infty}xf_\xi(x)\mathrm{d}x=kE\xi.$$

(3) 若二维随机变量 ξ 和 η 相互独立, 则 $f(x,y)=f_\xi(x)f_\eta(y)$. 从而

$$\begin{aligned}E(\xi\eta)&=\int_{-\infty}^{+\infty}\int_{-\infty}^{+\infty}xyf(x,y)\mathrm{d}x\mathrm{d}y\\&=\int_{-\infty}^{+\infty}xf_\xi(x)\mathrm{d}x\cdot\int_{-\infty}^{+\infty}yf_\eta(y)\mathrm{d}y\\&=E\xi E\eta.\end{aligned}$$

□

利用上述结论中数学期望的线性性质, 如果对随机变量做平移, 则其数学期望也做相应平移, 即

$$E(a\xi+b)=aE\xi+b.$$

需要说明的是，若 $E(\xi\eta)=E\xi E\eta$，但 ξ 和 η 未必相互独立. 如在前面例 9 中，虽然

$$E(\xi\eta)=E\xi E\eta=9/4,$$

但

$$P(\xi=1,\eta=0)\neq P(\xi=1)P(\eta=0).$$

故 ξ 和 η 不相互独立.

例 13 设随机变量 ξ 服从二项分布 $b(n,p)$. 计算 ξ^2 的数学期望.

解 根据例 3, $E\xi=np$. 由二项分布的定义和数学期望的线性性质，可得

$$\begin{aligned}
E\xi^2&=E\big(\xi(\xi-1)+\xi\big)\\
&=\sum_{k=0}^{n}\frac{k(k-1)n!}{k!(n-k)!}p^k(1-p)^{n-k}+np\\
&=\sum_{k=2}^{n}\frac{n!}{(k-2)!(n-k)!}p^k(1-p)^{n-k}+np\\
&=\sum_{k=0}^{n-2}\frac{n(n-1)(n-2)!}{k!(n-k-2)!}p^{k+2}(1-p)^{n-k-2}+np\\
&=n(n-1)p^2\sum_{k=0}^{n-2}\frac{(n-2)!}{k!(n-2-k)!}p^k(1-p)^{n-2-k}+np\\
&=n(n-1)p^2(p+(1-p))^{n-2}+np\\
&=n(n-1)p^2+np.
\end{aligned}$$

利用数学期望可以对随机变量的概率分布进行估计. 这称为马尔可夫不等式.

例 14 证明：设非负随机变量 ξ 的数学期望为 $E\xi$，则对任意正数 a，有

$$P(\xi\geqslant a)\leqslant\frac{E\xi}{a}.$$

证明 不妨设 ξ 为连续型随机变量，其概率密度函数为 $f(x)$. 由题设得

$$\begin{aligned}
P(\xi\geqslant a)&=\int_a^{\infty}f(x)\mathrm{d}x\leqslant\int_a^{\infty}\frac{x}{a}f(x)\mathrm{d}x\\
&\leqslant\int_0^{\infty}\frac{x}{a}f(x)\mathrm{d}x=\frac{E\xi}{a}.
\end{aligned}$$

4.2 方　差

4.2.1 方差的定义

将上节例 1 中的数据做如下修改: 甲、乙两射手在同样条件下射击时, 击中的环数和相应的概率如表 4.5 所示.

表 4.5

环数	10	9	8	7	6	5
$P_{甲}$	0.15	0.3	0.25	0.2	0.05	0.05
$P_{乙}$	0.26	0.2	0.2	0.15	0.15	0.04

容易计算, 两射手每次射击时击中的环数均值都为 8.15 (环). 这样, 单从击中环数的均值无法比较两位射手射击水平的高低. 为此, 需考察两位射手的稳定性, 也就是考察射手射击时击中的环数与均值的偏离程度. 这就是随机变量的方差.

定义 4.2 对随机变量 ξ, 若 $E(\xi - E\xi)^2$ 存在, 则称其为 ξ 的**方差**, 记为 $D\xi$.

方差 $D\xi$ 一般记为 σ^2, $\sigma > 0$ 称为**标准差**, 又称**均方差**. 方差反映了随机变量在数学期望附近取值的分散程度或其取值对数学期望的偏离情况: 方差越小, 随机变量取值越集中; 方差越大, 随机变量取值越分散. 方差定义之所以取偏离值平方的均值, 是由于偏离值有正有负, 对其直接求和会出现正负相抵, 而偏离值的绝对值在数学上不易处理.

根据随机变量函数数学期望的计算公式, 对离散型随机变量 ξ, 设其分布律为 $P(\xi = x_k) = p_k\ (k = 1, 2, \cdots)$, 则

$$D\xi = \sum_{k=1}^{\infty} (x_k - E\xi)^2 p_k.$$

对连续型随机变量 ξ, 设其密度函数为 $f(x)$, 则

$$D\xi = \int_{-\infty}^{+\infty} (x - E\xi)^2 f(x) \mathrm{d}x.$$

利用数学期望的线性性质, 可得方差更简洁的计算公式:

$$D\xi = E(\xi - E\xi)^2 = E(\xi^2 - 2\xi E\xi + E^2\xi) = E\xi^2 - E^2\xi.$$

下面计算几种常见的随机变量的方差.

例 1 设随机变量 ξ 服从 0-1 分布, 即

$$P(\xi=1)=p,\quad P(\xi=0)=1-p.$$

求 $D\xi$.

解 由

$$E\xi=0\cdot(1-p)+1\cdot p=p,\quad E\xi^2=0^2\cdot(1-p)+1^2p=p,$$

得

$$D\xi=E\xi^2-E^2\xi=p-p^2=p(1-p).$$

例 2 设随机变量 ξ 服从参数为 λ 的泊松分布, 即

$$P(\xi=k)=\frac{\lambda^k}{k!}\mathrm{e}^{-\lambda},\quad k=0,1,2,\cdots,$$

求 $D\xi$.

解 由上节例 4, 得 $E\xi=\lambda$. 又

$$\begin{aligned}E\xi^2&=E(\xi(\xi-1)+\xi)=E\big(\xi(\xi-1)\big)+E\xi\\&=\sum_{k=0}^{\infty}k(k-1)\frac{\lambda^k}{k!}\mathrm{e}^{-\lambda}+\lambda=\lambda^2\mathrm{e}^{-\lambda}\sum_{k=2}^{\infty}\frac{\lambda^{k-2}}{(k-2)!}+\lambda\\&=\lambda^2\mathrm{e}^{-\lambda}\mathrm{e}^{\lambda}+\lambda=\lambda^2+\lambda,\end{aligned}$$

所以

$$D\xi=E\xi^2-E^2\xi=\lambda.$$

例 3 设随机变量 ξ 在 $[a,b]$ 上服从均匀分布. 求 $D\xi$.

解 由上节例 5, 得 $E\xi=(a+b)/2$. 从而由 ξ 的概率密度函数

$$f(x)=\begin{cases}\dfrac{1}{b-a}, & a\leqslant x\leqslant b,\\ 0, & \text{其他},\end{cases}$$

得

$$D\xi=E\xi^2-E^2\xi=\int_a^b\frac{x^2}{b-a}\mathrm{d}x-\left(\frac{a+b}{2}\right)^2=\frac{(b-a)^2}{12}.$$

例 4 设随机变量 ξ 服从正态分布 $N(\mu,\sigma^2)$. 求 $D\xi$.

解 由上节例 7, 得 $E\xi=\mu$. 从而由方差的定义得

$$D\xi=E(\xi-\mu)^2=\int_{-\infty}^{+\infty}\frac{(x-\mu)^2}{\sqrt{2\pi}\sigma}\mathrm{e}^{-\frac{(x-\mu)^2}{2\sigma^2}}\mathrm{d}x$$

$$= \frac{\sigma^2}{\sqrt{2\pi}} \int_{-\infty}^{+\infty} y^2 \mathrm{e}^{-y^2/2} \mathrm{d}y \quad \left(y = \frac{x-\mu}{\sigma}\right)$$

$$= \frac{\sigma^2}{\sqrt{2\pi}} y(-\mathrm{e}^{-y^2/2})\Big|_{-\infty}^{+\infty} + \frac{\sigma^2}{\sqrt{2\pi}} \int_{-\infty}^{+\infty} \mathrm{e}^{-y^2/2} \mathrm{d}y = \sigma^2.$$

可见, 方差也给出了随机变量分布函数中某些参数的几何意义.

例 5　设 (ξ,η) 在由 $(0,1),(1,0),(1,1)$ 构成的三角区域上服从均匀分布. 求 $\xi+\eta$ 的期望与方差.

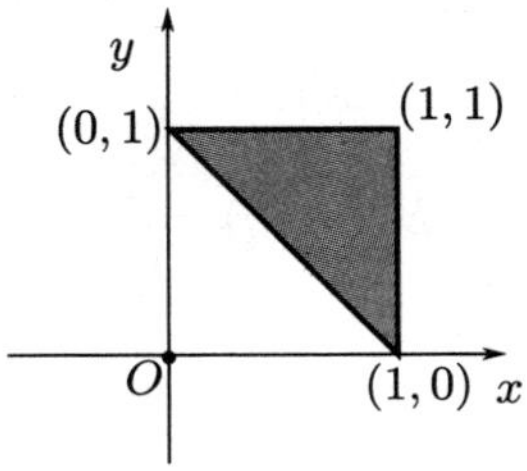

图 4.2

解　记 (ξ,η) 的分布域为 G (图 4.2). 容易计算, 该区域的面积为 $1/2$. 所以 (ξ,η) 的联合概率密度函数为

$$f(x,y) = \begin{cases} 2, & (x,y) \in G, \\ 0, & (x,y) \notin G. \end{cases}$$

利用随机变量函数数学期望的计算公式, 得

$$\begin{aligned} E(\xi+\eta) &= \int_{-\infty}^{+\infty}\int_{-\infty}^{+\infty} (x+y) f(x,y) \mathrm{d}x\mathrm{d}y \\ &= \int_0^1 \mathrm{d}x \int_{1-x}^1 2(x+y) \mathrm{d}y \\ &= \int_0^1 (x^2+2x) \mathrm{d}x = \left(\frac{x^3}{3} + x^2\right)\Big|_0^1 = \frac{4}{3}, \\ E(\xi+\eta)^2 &= \int_{-\infty}^{+\infty}\int_{-\infty}^{+\infty} (x+y)^2 f(x,y) \mathrm{d}x\mathrm{d}y \\ &= \int_0^1 \mathrm{d}x \int_{1-x}^1 2(x+y)^2 \mathrm{d}y \\ &= \int_0^1 \frac{2}{3}(x^3+3x^2+3x) \mathrm{d}x = \frac{11}{6}. \end{aligned}$$

从而有

$$D(\xi+\eta) = E(\xi+\eta)^2 - E^2(\xi+\eta) = \frac{11}{6} - \left(\frac{4}{3}\right)^2 = \frac{1}{18}.$$

4.2.2　方差的性质

方差具有如下性质:

性质 4.2　(1) 若随机变量 $\xi \equiv C$, 则 $D\xi = 0$. 进一步, $D\xi = 0$ 的充分必要条件是

$$P(\xi = E\xi) = 1.$$

(2) 对随机变量 ξ 和常数 k, $D(k\xi)=k^2D\xi$. 特别地, $D(-\xi)=D\xi$.

(3) 对二维随机变量 (ξ,η), 有

$$D(\xi+\eta)=D\xi+D\eta+2E((\xi-E\xi)(\eta-E\eta)).$$

如果 ξ 和 η 相互独立, 则 $D(\xi+\eta)=D\xi+D\eta$.

证明 根据定义, 容易证明结论 (1) 和 (2). 这里只证明结论 (3).

根据方差的定义和数学期望的性质, 得

$$\begin{aligned}D(\xi+\eta)=&E((\xi+\eta)-E(\xi+\eta))^2\\=&E((\xi-E\xi)+(\eta-E\eta))^2\\=&E(\xi-E\xi)^2+E(\eta-E\eta)^2+2E((\xi-E\xi)(\eta-E\eta))\\=&D\xi+D\eta+2E((\xi-E\xi)(\eta-E\eta)).\end{aligned}$$

如果 ξ 和 η 相互独立, 由上节性质 4.1(3) 得

$$E((\xi-E\xi)(\eta-E\eta))=E(\xi\eta)-E\xi E\eta=0.$$

从而 $D(\xi+\eta)=D\xi+D\eta$. □

容易验证, 对随机变量做一平移, 其方差不变, 即对任意常数 b, $D(\xi+b)=D\xi$. 另外, 由 3.5 节例 5 中的讨论, 若随机变量 $\xi_i\sim N(\mu_i,\sigma_i^2)$ $(i=1,2,\cdots,n)$, 且 $\xi_1,\xi_2,\cdots,\xi_n$ 相互独立, 则对不全为零的数组 $c_i\in\mathbb{R}$ $(i=1,2,\cdots,n)$, 线性组合 $c_1\xi_1+c_2\xi_2+\cdots+c_n\xi_n$ 仍服从正态分布. 从而由数学期望和方差的性质, 得

$$c_1\xi_1+c_2\xi_2+\cdots+c_n\xi_n\sim N\Big(\sum_{i=1}^n c_i\mu_i,\sum_{i=1}^n c_i^2\sigma_i^2\Big).$$

例 6 设 ξ 的数学期望为 μ, 方差为 σ^2, 其中 $\sigma>0$. 记 $\eta=(\xi-\mu)/\sigma$. 求 $E\eta$ 和 $D\eta$.

解 根据数学期望和方差的性质, 得

$$\begin{aligned}E\eta&=\frac{1}{\sigma}E(\xi-\mu)=\frac{1}{\sigma}(E\xi-\mu)=0,\\D\eta&=E\eta^2-E^2\eta=E\left(\frac{\xi-\mu}{\sigma}\right)^2=\frac{1}{\sigma^2}E(\xi-\mu)^2\\&=\frac{1}{\sigma^2}E(\xi-E\xi)^2=\frac{\sigma^2}{\sigma^2}=1.\end{aligned}$$

由上例, 对任意随机变量 ξ, 函数 $\eta=(\xi-\mu)/\sigma$ 服从期望值为 0、方差为 1 的概率分布. 这样的 η 称为标准化随机变量.

例 7　对随机变量 ξ, 令 $f(x)=E(\xi-x)^2$. 证明: 当 $x=E\xi$ 时, $f(x)$ 取最小值.

证明　由题设, 得

$$f(x)=E(\xi-x)^2=E\xi^2-2xE\xi+x^2.$$

显然, 该函数是关于 x 的一元二次函数, 其最小值在其稳定点, 即导数零点处达到. 故当 $x=E\xi$ 时, $f(x)$ 达到最小值

$$f(E\xi)=E(\xi-E\xi)^2=D\xi.$$

该结论说明, 数学期望是随机变量取值的中心位置, 是随机变量均值的真实反映.

例 8　设随机变量 ξ 服从二项分布 $b(n,p)$. 计算其方差.

解　定义随机变量

$$\xi_k=\begin{cases}1, & \text{第 } k \text{ 次试验中 } A \text{ 发生},\\ 0, & \text{第 } k \text{ 次试验中 } A \text{ 不发生}.\end{cases}$$

则 $\xi=\xi_1+\xi_2+\cdots+\xi_n$, 且对任意 $k=1,2,\cdots,n$, $E\xi_k=p, D\xi_k=p(1-p)$.

由题设, $\xi_1,\xi_2,\cdots,\xi_n$ 相互独立. 利用方差的性质, 得

$$D\xi=\sum_{k=1}^{n}D\xi_k=np(1-p).$$

显然, 该计算过程比利用定义直接计算简便 (参考上节例 3 和例 7).

对于随机变量, 除非知道它的分布类型, 否则仅从数学期望和方差无法推断其概率分布. 尽管如此, 借助数学期望和方差, 可对随机变量在均值附近的概率分布进行估计, 这就是切比雪夫不等式.

定理 4.3　设随机变量 ξ 的数学期望为 μ, 方差为 σ^2, 则对任意 $\varepsilon>0$,

$$P(|\xi-\mu|\geqslant\varepsilon)\leqslant\frac{\sigma^2}{\varepsilon^2}.$$

证明　只对连续型随机变量的情况进行证明.

设随机变量 ξ 的概率密度函数为 $f(x)$, 则

$$\begin{aligned}P(|\xi-\mu|\geqslant\varepsilon)&=\int_{|x-\mu|\geqslant\varepsilon}f(x)\mathrm{d}x\\&\leqslant\int_{|x-\mu|\geqslant\varepsilon}\frac{(x-\mu)^2}{\varepsilon^2}f(x)\mathrm{d}x\end{aligned}$$

$$\leqslant \frac{1}{\varepsilon^2}\int_{-\infty}^{+\infty}(x-\mu)^2 f(x)\mathrm{d}x = \frac{\sigma^2}{\varepsilon^2}. \qquad \square$$

上述定理中不等式的一个等价形式是

$$P(|\xi-\mu|<\varepsilon) \geqslant 1-\frac{\sigma^2}{\varepsilon^2}.$$

切比雪夫不等式在随机变量的数学期望和方差已知情况下给出了随机变量落在均值附近区域的一个概率估计. 实际上, 该估计很粗糙, 如对随机变量 $\xi \sim N(1,4)$, 若取 $\varepsilon=1$, 则由切比雪夫不等式, 得

$$P(|\xi-1| \geqslant 1) \leqslant 4.$$

该估计式没有任何意义. 所以, 如果随机变量的分布已知, 则事件概率可以精确计算, 没必要利用上述不等式进行估计.

例 9 对于抛掷骰子试验, 为保证至少有 95% 的把握使出现点数为 6 的频率在 $1/6 \pm 0.01$ 范围, 至少需抛掷多少次?

解 对 $k=1,2,\cdots,n$, 令

$$\xi_k = \begin{cases} 1, & \text{第 } k \text{ 次试验中点数为 } 6, \\ 0, & \text{第 } k \text{ 次试验中点数小于 } 6, \end{cases}$$

则 $\xi_1,\xi_2,\cdots,\xi_n$ 两两相互独立. 容易计算

$$E\xi_k = \frac{1}{6}, \quad D\xi_k = \frac{5}{36}, \quad k=1,2,\cdots,n.$$

令 $\overline{\xi} = \frac{1}{n}\sum\limits_{k=1}^{n}\xi_k$, 则 $\overline{\xi}$ 为在 n 次随机试验中出现点数为 6 的频率, 且

$$E\overline{\xi} = \frac{1}{6}, \quad D\overline{\xi} = \frac{1}{n^2}\sum_{k=1}^{n} D\xi_k = \frac{5}{36n}.$$

依据题设, 抛掷次数 n 需满足

$$P\left(\left|\overline{\xi}-\frac{1}{6}\right| < 0.01\right) \geqslant 0.95.$$

下面用切比雪夫不等式对上述概率进行估计. 事实上, 由于

$$P\left(\left|\overline{\xi}-\frac{1}{6}\right| < 0.01\right) \geqslant 1-\frac{D\overline{\xi}}{0.01^2} = 1-\frac{5}{0.0036n},$$

故欲使 $P(|\overline{\xi}-1/6|<0.01) \geqslant 0.95$, 只需 n 满足

$$1-\frac{5}{0.0036n} \geqslant 0.95.$$

解之得 $n \geqslant 27\,778$.

4.3　协方差和相关系数

第 3 章借助独立性和条件分布讨论了二维随机变量之间的动态关系. 本节将借助协方差和相关系数对它们做静态刻画.

4.3.1　协方差和相关系数

根据上一节的讨论, 如果随机变量 ξ 和 η 相互独立, 则 $E((\xi-E\xi)(\eta-E\eta))=0$. 那么, 它的逆命题成立吗? 如果不成立, 那么该式意味着什么? 为此, 给出如下定义.

定义 4.3　对随机变量 (ξ,η), 若 $E((\xi-E\xi)(\eta-E\eta))$ 存在, 则称其为 ξ 和 η 的**协方差**, 记为 $\operatorname{cov}(\xi,\eta)$.

容易验证

$$\operatorname{cov}(\xi,\eta)=\operatorname{cov}(\eta,\xi)=E(\xi\eta)-E\xi E\eta,\quad \operatorname{cov}(\xi,\xi)=D\xi.$$

协方差是两个随机变量中心化后乘积的数学期望. 它是对两个随机变量协同变化的一种刻画, 其大小在一定程度上反映了两个随机变量相互间的取值关系. 协方差为正, 说明它们相对各自的数学期望具有相同的取值趋向: 当随机变量 ξ 取比 $E\xi$ 大的值时, 随机变量 η 也往往取比 $E\eta$ 大的值; 若协方差为负, 则 ξ 和 η 具有相反的取值趋向.

需要指出的是, 协方差受随机变量本身度量单位的影响. 从理论上讲, $k\xi$ 和 $k\eta$ 之间的统计关系与 ξ 和 η 之间的统计关系是一样的, 但由于 $\operatorname{cov}(k\xi,k\eta)=k^2\operatorname{cov}(\xi,\eta)$, $k\xi$ 和 $k\eta$ 的协方差在 ξ 和 η 协方差的基础上扩大了 k^2 倍. 为客观度量随机变量之间的统计关系, 人们将随机变量标准化, 即令

$$\overline{\xi}=\frac{\xi-E\xi}{\sqrt{D\xi}},\quad \overline{\eta}=\frac{\eta-E\eta}{\sqrt{D\eta}},$$

然后将 $\operatorname{cov}(\overline{\xi},\overline{\eta})$ 作为 ξ 和 η 之间统计关系的一种度量.

利用 $E\overline{\xi}=E\overline{\eta}=0$, 得

$$\operatorname{cov}(\overline{\xi},\overline{\eta})=E((\overline{\xi}-E\overline{\xi})(\overline{\eta}-E\overline{\eta}))=E(\overline{\xi}\overline{\eta})=\frac{\operatorname{cov}(\xi,\eta)}{\sqrt{D\xi}\sqrt{D\eta}}.$$

记该值为 $\rho_{\xi\eta}$, 并称其为 ξ 和 η 的**相关系数**.

例 1 随机变量 (ξ,η) 的联合分布律见表 4.6. 求 $\mathrm{cov}(\xi,\eta)$.

表 4.6

ξ \ η	-1	0	2
0	0.1	0.2	0
1	0.3	0.05	0.1
2	0.15	0	0.1

解 利用 (ξ,η) 的联合分布律得 ξ 和 η 的边缘分布 (表 4.7 和表 4.8). 所以

$$
\begin{aligned}
&E\xi = 0\times 0.3 + 1\times 0.45 + 2\times 0.25 = 0.95,\\
&E\eta = (-1)\times 0.55 + 0\times 0.25 + 2\times 0.2 = -0.15,\\
&E(\xi\eta) = 0\times(-1)\times 0.1 + 0\times 0\times 0.2 + 0\times 2\times 0\\
&\qquad + 1\times(-1)\times 0.3 + 1\times 0\times 0.5 + 1\times 2\times 0.1\\
&\qquad + 2\times(-1)\times 0.15 + 2\times 0\times 0 + 2\times 2\times 0.1\\
&\quad = 0.
\end{aligned}
$$

从而得

$$\mathrm{cov}(\xi,\eta) = E(\xi\eta) - E\xi E\eta = 0.95\times 0.15 = 0.1425.$$

表 4.7

ξ	0	1	2
P	0.3	0.45	0.25

表 4.8

η	-1	0	2
P	0.55	0.25	0.2

例 2 设 (ξ,η) 的联合概率密度函数为

$$f(x,y) = \begin{cases} 8xy, & 0\leqslant x\leqslant y\leqslant 1,\\ 0, & \text{其他}.\end{cases}$$

求 $\mathrm{cov}(\xi,\eta)$.

解 由随机变量函数数学期望的计算公式, 可得

$$E\xi = \int_{-\infty}^{+\infty}\int_{-\infty}^{+\infty} xf(x,y)\mathrm{d}x\mathrm{d}y = \int_0^1 \mathrm{d}x\int_x^1 8x^2y\mathrm{d}y = \frac{8}{15},$$

$$E\eta = \int_{-\infty}^{+\infty}\int_{-\infty}^{+\infty} yf(x,y)\mathrm{d}x\mathrm{d}y = \int_0^1 \mathrm{d}x\int_x^1 8xy^2\mathrm{d}y = \frac{4}{5},$$

$$E(\xi\eta)=\int_{-\infty}^{+\infty}\int_{-\infty}^{+\infty}xyf(x,y)\mathrm{d}x\mathrm{d}y=\int_0^1\mathrm{d}x\int_x^1 8x^2y^2\mathrm{d}y=\frac{4}{9}.$$

所以

$$\operatorname{cov}(\xi,\eta)=E(\xi\eta)-E\xi E\eta=\frac{4}{9}-\frac{8}{15}\cdot\frac{4}{5}=\frac{4}{225}.$$

例 3　设 $(\xi,\eta)\sim N(\mu_1,\mu_2,\sigma_1^2,\sigma_2^2,\rho)$, 其联合概率密度函数为

$$f(x,y)=\frac{1}{2\pi\sigma_1\sigma_2\sqrt{1-\rho^2}}\mathrm{e}^{\frac{-1}{2(1-\rho^2)}\left(\frac{(x-\mu_1)^2}{\sigma_1^2}-2\rho\frac{(x-\mu_1)(y-\mu_2)}{\sigma_1\sigma_2}+\frac{(y-\mu_2)^2}{\sigma_2^2}\right)}.$$

计算它们的相关系数.

解　由 3.2 节 例 3 知, ξ 和 η 的边缘分布分别为 $N(\mu_1,\sigma_1^2)$ 和 $N(\mu_2,\sigma_2^2)$. 从而

$$E\xi=\mu_1,\quad D\xi=\sigma_1^2,\quad E\eta=\mu_2,\quad D\eta=\sigma_2^2.$$

所以

$$\operatorname{cov}(\xi,\eta)=\int_{-\infty}^{+\infty}\int_{-\infty}^{+\infty}(x-\mu_1)(y-\mu_2)f(x,y)\mathrm{d}x\mathrm{d}y.$$

(ξ,η) 的联合概率密度函数中的指数部分可写成

$$\frac{-(x-\mu_1)^2}{2\sigma_1^2}+\frac{-1}{2(1-\rho^2)}\left(\rho\frac{x-\mu_1}{\sigma_1}-\frac{y-\mu_2}{\sigma_2}\right)^2.$$

对上述积分引入变换

$$s=\frac{x-\mu_1}{\sigma_1},\quad t=\frac{1}{\sqrt{1-\rho^2}}\left(\frac{y-\mu_2}{\sigma_2}-\rho\frac{x-\mu_1}{\sigma_1}\right),$$

得

$$x=\sigma_1 s+\mu_1,\quad y=\sigma_2\sqrt{1-\rho^2}t+\rho\sigma_2 s+\mu_2.$$

又

$$\mathrm{d}x\mathrm{d}y=\begin{vmatrix}\dfrac{\partial x}{\partial s} & \dfrac{\partial x}{\partial t}\\[2mm] \dfrac{\partial y}{\partial s} & \dfrac{\partial y}{\partial t}\end{vmatrix}\mathrm{d}s\mathrm{d}t=\sigma_1\sigma_2\sqrt{1-\rho^2}\mathrm{d}s\mathrm{d}t.$$

所以

$$\begin{aligned}\operatorname{cov}(\xi,\eta)=&\frac{\sigma_1\sigma_2}{2\pi}\int_{-\infty}^{+\infty}\int_{-\infty}^{+\infty}(\sqrt{1-\rho^2}st+\rho s^2)\mathrm{e}^{-\frac{s^2+t^2}{2}}\mathrm{d}s\mathrm{d}t\\ =&\frac{\sigma_1\sigma_2\sqrt{1-\rho^2}}{2\pi}\left(\int_{-\infty}^{+\infty}s\mathrm{e}^{-s^2/2}\mathrm{d}s\right)\left(\int_{-\infty}^{+\infty}t\mathrm{e}^{-t^2/2}\mathrm{d}t\right)\end{aligned}$$

$$
\begin{aligned}
&+\frac{\rho\sigma_1\sigma_2}{2\pi}\left(\int_{-\infty}^{+\infty}s^2\mathrm{e}^{-s^2/2}\mathrm{d}s\right)\left(\int_{-\infty}^{+\infty}\mathrm{e}^{-t^2/2}\mathrm{d}t\right)\\
=&\frac{\rho\sigma_1\sigma_2}{2\pi}\sqrt{2\pi}\sqrt{2\pi},
\end{aligned}
$$

即

$$
\mathrm{cov}(\xi,\eta)=\rho\sigma_1\sigma_2.
$$

于是

$$
\rho_{\xi\eta}=\frac{\mathrm{cov}(\xi,\eta)}{\sqrt{D\xi}\sqrt{D\eta}}=\rho.
$$

这说明, 二维正态分布中的参数 ρ 为两随机变量的相关系数.

4.3.2 协方差的性质

性质 4.3 对随机变量 ξ,η, 下述结论成立:

(1) (对称性) $\mathrm{cov}(\xi,\eta)=\mathrm{cov}(\eta,\xi)$;

(2) (双线性) $\mathrm{cov}(\xi,\eta)$ 关于 ξ 和 η 均为线性函数, 即

$$
\begin{aligned}
\mathrm{cov}(\xi+\eta,\zeta)&=\mathrm{cov}(\xi,\zeta)+\mathrm{cov}(\eta,\zeta),\\
\mathrm{cov}(\xi,\eta+\zeta)&=\mathrm{cov}(\xi,\eta)+\mathrm{cov}(\xi,\zeta),
\end{aligned}
$$

且对于任意 $a,b\in\mathbb{R}$,

$$
\mathrm{cov}(a\xi,b\eta)=ab\mathrm{cov}(\xi,\eta);
$$

(3) $D(\xi+\eta)=D\xi+D\eta+2\mathrm{cov}(\xi,\eta)$;

(4) $|\rho_{\xi\eta}|\leqslant 1$, 而 $|\rho_{\xi\eta}|=1$ 的充分必要条件是, 存在 $a,b\in\mathbb{R}$, 使得 $P(\eta=a\xi+b)=1$.

证明 由方差的定义和数学期望的性质, 容易验证 (1)~(3). 这里只证明 (4).

考虑用随机变量 ξ 的一个线性函数 $a\xi+b$ 近似 η, 其中 $a,b\in\mathbb{R}$ 待定. 以下求 $a,b\in\mathbb{R}$, 使 $a\xi+b$ 为方差意义下 η 的最佳近似. 为此, 计算下述函数的最小值点:

$$
\begin{aligned}
f(a,b)=&E\big(\eta-(a\xi+b)\big)^2\\
=&E\eta^2+a^2E\xi^2+b^2-2aE(\xi\eta)+2abE\xi-2bE\eta.
\end{aligned}
$$

由于函数 $f(a,b)$ 的黑塞矩阵

$$
\nabla^2 f(a,b)=2\begin{pmatrix}E\xi^2 & E\xi\\ E\xi & 1\end{pmatrix}
$$

半正定, 故函数 $f(a,b)$ 关于 $a,b\in\mathbb{R}$ 为凸函数. 从而该函数关于 a,b 的最小值点为其稳定点, 即偏导数为零的点. 从而得到方程组

$$\begin{cases}\dfrac{\partial f}{\partial a}=2aE\xi^2-2E(\xi\eta)+2bE\xi=0,\\ \dfrac{\partial f}{\partial b}=2b+2aE\xi-2E\eta=0.\end{cases}$$

解之得

$$a^*=\frac{\mathrm{cov}(\xi,\eta)}{D\xi},\quad b^*=E\eta-E\xi\frac{\mathrm{cov}(\xi,\eta)}{D\xi}.$$

这样

$$\begin{aligned}\min_{a,b}E\big(\eta-(a\xi+b)\big)^2=&E\big(\eta-(a^*\xi+b^*)\big)^2\\=&(1-\rho_{\xi\eta}^2)D\eta.\end{aligned}$$

利用 $E\big(\eta-(a^*\xi+b^*)\big)^2$ 和 $D\eta$ 的非负性, 得 $|\rho_{\xi\eta}|\leqslant 1$.

以下根据上述结果证明命题结论.

若 $|\rho_{\xi\eta}|=1$, 则存在 $a^*,b^*\in\mathbb{R}$, 使得

$$0=E\big(\eta-(a^*\xi+b^*)\big)^2=D\big(\eta-(a^*\xi+b^*)\big)+E^2\big(\eta-(a^*\xi+b^*)\big).$$

利用非负性, 得

$$D\big(\eta-(a^*\xi+b^*)\big)=0,\quad E\big(\eta-(a^*\xi+b^*)\big)=0.$$

再利用方差的性质, 推知

$$P(\eta=a^*\xi+b^*)=1.$$

反过来, 若存在常数 $\hat{a},\hat{b}\in\mathbb{R}$, 使得 $P(\eta=\hat{a}\xi+\hat{b})=1$, 则

$$P(\eta-(\hat{a}\xi+\hat{b})=0)=1.$$

根据随机变量函数数学期望的计算公式, 有

$$E\big(\eta-(\hat{a}\xi+\hat{b})\big)^2=0.$$

又

$$\begin{aligned}0=&E\big(\eta-(\hat{a}\xi+\hat{b})\big)^2\geqslant\min_{a,b}E\big(\eta-(a\xi+b)\big)^2\\=&E\big(\eta-(a^*\xi+b^*)\big)^2=(1-\rho_{\xi\eta}^2)D\eta,\end{aligned}$$

所以 $|\rho_{\xi\eta}| = 1$. 命题的结论得证. □

以下根据相关系数的取值对随机变量之间的关系做进一步讨论.

根据定义, 相关系数 (协方差) 是对两个随机变量之间协同变化的一种刻画. 上述结论表明, 这种刻画主要针对两个随机变量之间的线性协同变化关系: ξ, η 之间的线性近似度越高, $|\rho_{\xi\eta}|$ 越靠近 1. 特别地, 若 $|\rho_{\xi\eta}| = 1$, 则随机变量 ξ 与 η 之间以概率 1 存在线性关系. 反之, $|\rho_{\xi\eta}|$ 越小, 随机变量 ξ 与 η 之间的线性近似程度越低. 进一步, 若 $\rho_{\xi\eta} = 0$, 则称 ξ 与 η **不相关**.

根据协方差与相关系数之间的关系和协方差的简易计算公式

$$\operatorname{cov}(\xi, \eta) = E(\xi\eta) - E\xi E\eta,$$

可得如下结论:

性质 4.4 二维随机变量 (ξ, η) 不相关的充分必要条件是 $E(\xi\eta) = E\xi E\eta$.

例 4 设 (ξ, η) 服从正态分布, 其联合概率密度函数为

$$f(x, y) = \frac{1}{2\pi\sigma^2} \mathrm{e}^{-\frac{x^2+y^2}{2\sigma^2}}.$$

求 $\operatorname{cov}(2\xi - \eta, \xi - 2\eta)$.

解 由 (ξ, η) 的联合概率密度函数, 知 $(\xi, \eta) \sim N(0, 0, \sigma^2, \sigma^2, 0)$. 从而 $\xi, \eta \sim N(0, \sigma^2)$, 且

$$\operatorname{cov}(\xi, \eta) = \rho_{\xi\eta}\sqrt{D\xi}\sqrt{D\eta} = 0.$$

由协方差的双线性性质得

$$\begin{aligned}\operatorname{cov}(2\xi - \eta, \xi - 2\eta) =& 2\operatorname{cov}(\xi, \xi) + 2\operatorname{cov}(\eta, \eta) \\ =& 2D\xi + 2D\eta \\ =& 4\sigma^2.\end{aligned}$$

最后讨论二维随机变量不相关与独立性之间的关系. 由数学期望的性质, 若二维随机变量相互独立, 则 $\operatorname{cov}(\xi, \eta) = 0$, 从而 $\rho_{\xi\eta} = 0$. 下面的例子告诉我们: 由二维随机变量不相关, 并不能推出它们相互独立. 这从上述结论的证明过程也可以看出来, 因为相关性是就线性关系而言的, 而独立性是就一般关系而言的. 因此, 若两个随机变量不相关, 只能说明它们之间不存在线性关系, 但并不排除它们之间的非线性关系. 因此, 不相关比相互独立弱.

例 5 设二维随机变量 (ξ, η) 的联合分布律和边缘分布律如表 4.9 所示. 试讨论它们之间的独立性和相关性.

表 4.9

ξ \ η	-2	-1	1	2	P_ξ
1	0	$\frac{1}{4}$	$\frac{1}{4}$	0	$\frac{1}{2}$
4	$\frac{1}{4}$	0	0	$\frac{1}{4}$	$\frac{1}{2}$
P_η	$\frac{1}{4}$	$\frac{1}{4}$	$\frac{1}{4}$	$\frac{1}{4}$	

解　容易计算: $E\xi = 5/2, E\eta = 0,\ E(\xi\eta) = 0$. 所以

$$\operatorname{cov}(\xi, \eta) = E(\xi\eta) - E\xi E\eta = 0,$$

即 ξ, η 不相关. 但

$$P(\xi = 1, \eta = -2) = 0 \neq \frac{1}{8} = P(\xi = 1)P(\eta = -2).$$

因此, 这两个随机变量不相互独立. 事实上, 它们之间满足 $\xi = \eta^2$.

尽管如此, 根据例 1 和 3.3 节的讨论, 对二维正态分布, 其独立性和不相关性等价.

最后给出两个随机变量的方差和协方差之间的关系.

性质 4.5　随机变量 ξ, η 的方差和协方差满足 $\operatorname{cov}^2(\xi, \eta) \leqslant D\xi D\eta$, 即

$$E^2((\xi - E\xi)(\eta - E\eta)) \leqslant E^2(\xi - E\xi)E^2(\eta - E\eta).$$

证明 *　定义随机变量函数

$$\zeta(t) = (\xi - E\xi) + t(\eta - E\eta), \quad t \in \mathbb{R},$$

则

$$\begin{aligned}
E\zeta(t)^2 =& E(\xi - E\xi + t(\eta - E\eta))^2 \\
=& E((\xi - E\xi)^2 + 4t(\xi - E\xi)(\eta - E\eta) + t^2(\eta - E\eta)^2) \\
=& E(\xi - E\xi)^2 + 4t\operatorname{cov}(\xi, \eta) + t^2 E(\eta - E\eta)^2.
\end{aligned}$$

从而由 $E\zeta(t)^2$ 对任意 $t \in \mathbb{R}$ 非负知, 上述关于 t 的二次函数的判别式非正, 即

$$\Delta = \operatorname{cov}^2(\xi, \eta) - E(\xi - E\xi)^2 E(\eta - E\eta)^2 \leqslant 0.$$

整理即得命题结论.

4.4 矩和协方差矩阵

数学期望和方差给出了随机变量的静态刻画, 协方差和相关系数给出了二维随机变量之间关系的静态刻画. 为进一步静态刻画随机变量及多维随机变量之间的关系, 下面给出矩和混合矩的概念.

定义 4.4 对随机变量 ξ 和 $k \in \{1,2,\cdots\}$, 若 $E\xi^k$ 存在, 则称 $E\xi^k$ 为 ξ 的 k 阶原点矩, 简称k **阶矩**.

对 $k \in \{2,3,\cdots\}$, 若 $E(\xi - E\xi)^k$ 存在, 则称 $E(\xi - E\xi)^k$ 为 ξ 的 k **阶中心矩**.

对随机变量 ξ, η 和 $k, l \in \{1,2,\cdots\}$, 若 $E(\xi^k\eta^l)$ 存在, 则称 $E(\xi^k\eta^l)$ 为 ξ 和 η 的 $k+l$ **阶混合矩**.

对随机变量 ξ, η 和 $k, l = 1,2,\cdots$, 若 $E\big((\xi - E\xi)^k(\eta - E\eta)^l\big)$ 存在, 则称 $E\big((\xi - E\xi)^k(\eta - E\eta)^l\big)$ 为 ξ 和 η 的$k+l$ **阶混合中心矩**.

基于以上概念, 可建立协方差矩阵的定义.

对 n 维随机变量 $(\xi_1, \xi_2, \cdots, \xi_n)$, 记 ξ_i, ξ_j 的二阶混合中心矩为

$$\Sigma_{ij} = \mathrm{cov}(\xi_i, \xi_j) = E\big((\xi_i - E\xi_i)(\xi_j - E\xi_j)\big), \quad i, j = 1, 2, \cdots, n,$$

则称矩阵 $\boldsymbol{\Sigma} = (\Sigma_{ij})_{n\times n}$ 为 n 维随机变量 $(\xi_1, \xi_2, \cdots, \xi_n)$ 的协方差矩阵. 协方差矩阵反映多维随机变量之间相互作用的大小, 它在多元统计中扮演重要角色.

例 1 设 $(\xi, \eta) \sim N(\mu_1, \mu_2, \sigma_1^2, \sigma_2^2, \rho)$. 求其协方差矩阵.

解 由 $D\xi = \sigma_1^2, D\eta = \sigma_2^2, \mathrm{cov}(\xi, \eta) = \rho\sigma_1\sigma_2$, 得 (ξ, η) 的协方差矩阵

$$\boldsymbol{\Sigma} = \begin{pmatrix} \mathrm{cov}(\xi,\xi) & \mathrm{cov}(\xi,\eta) \\ \mathrm{cov}(\eta,\xi) & \mathrm{cov}(\eta,\eta) \end{pmatrix} = \begin{pmatrix} \sigma_1^2 & \rho\sigma_1\sigma_2 \\ \rho\sigma_1\sigma_2 & \sigma_2^2 \end{pmatrix}.$$

容易验证, 该协方差矩阵半正定. 这不是个例. 也就是说, 该结论具有普遍性.

性质 4.6 对任意 n 维随机变量 $(\xi_1, \xi_2, \cdots, \xi_n)$, 其协方差矩阵半正定.

证明 设 n 维随机变量 $(\xi_1, \xi_2, \cdots, \xi_n)$ 的协方差矩阵为 $\boldsymbol{\Sigma}$. 为证命题结论, 只需证明: 对任意 $\boldsymbol{x} \in \mathbb{R}^n$, $\boldsymbol{x}^{\mathrm{T}}\boldsymbol{\Sigma}\boldsymbol{x} \geqslant 0$ 即可.

事实上, 利用数学期望的线性性质, 得

$$\begin{aligned} \boldsymbol{x}^{\mathrm{T}}\boldsymbol{\Sigma}\boldsymbol{x} &= \sum_{i,j=1}^{n} E\big((\xi_i - E\xi_i)(\xi_j - E\xi_j)\big)x_i x_j \\ &= E\Big(\sum_{i,j=1}^{n}(\xi_i - E\xi_i)(\xi_j - E\xi_j)x_i x_j\Big) \\ &= E\Big(\sum_{i=1}^{n}(\xi_i - E\xi_i)x_i\Big)^2 \geqslant 0. \end{aligned}$$

性质 4.7 设 n 维随机变量 $(\xi_1,\xi_2,\cdots,\xi_n)$ 的协方差矩阵为 $\boldsymbol{\Sigma}$. 则对任意 $\boldsymbol{a}=(a_1,a_2,\cdots,a_n)^{\mathrm{T}}\in\mathbb{R}^n$, $\sum\limits_{i=1}^n a_i\xi_i$ 的数学期望和方差分别为 $\sum\limits_{i=1}^n a_iE\xi_i, \boldsymbol{a}^{\mathrm{T}}\boldsymbol{\Sigma}\boldsymbol{a}$.

证明* 由数学期望的线性性质得命题的第一个结论.

对第二个结论, 由方差的定义和数学期望的线性性质, 得

$$\begin{aligned}D\Big(\sum_{i=1}^n a_i\xi_i\Big) &=E\Big(\sum_{i=1}^n a_i\xi_i-\sum_{i=1}^n a_iE\xi_i\Big)^2=\sum_{i,j=1}^n a_ia_jE\big((\xi_i-E\xi_i)(\xi_j-E\xi_j)\big)\\&=\boldsymbol{a}^{\mathrm{T}}\boldsymbol{\Sigma}\boldsymbol{a}.\end{aligned}$$

□

小　　结

本章学习基本要求

1. 理解随机变量数字特征 (数学期望、方差、标准差、相关系数) 的概念, 掌握它们的基本性质, 并会计算具体分布的数字特征.
2. 掌握常用分布的数字特征.
3. 会根据二维随机变量的联合分布求其函数的数学期望.
4. 了解切比雪夫不等式.

本章知识点网格图

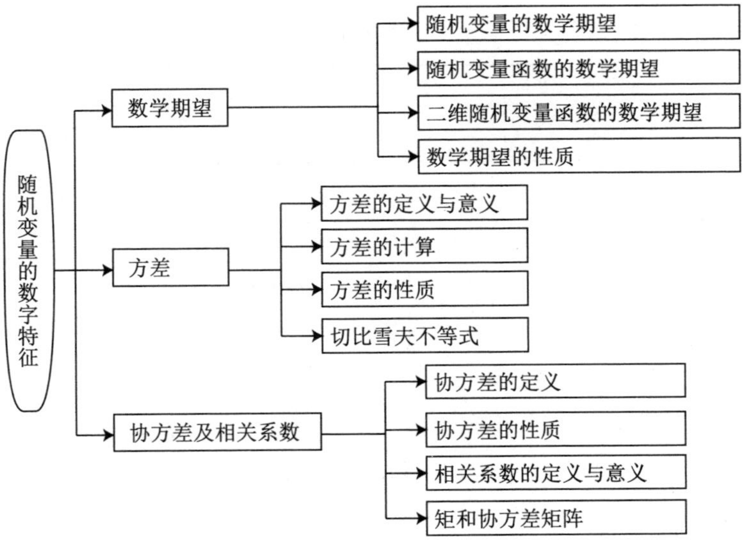

人物简介

图 4.3

帕夫努季 · 利沃维奇 · 切比雪夫 (1821—1894, 图 4.3), 俄罗斯数学家. 19 世纪以前, 俄罗斯的数学是相当落后的, 在彼得大帝去世那年建立起来的科学院中, 数学方面的院士都是外国人. 切比雪夫就是在这种历史背景下从事数学研究的. 他不仅是土生土长的学者, 而且以自己的卓越才能和独特的魅力吸引了一批年轻的俄罗斯数学家, 形成了一个特色鲜明的俄罗斯数学学派, 从而使俄罗斯数学摆脱了落后境地而走向世界前列. 他在概率论、解析数论和函数逼近论领域的开创性工作从根本上改变了法国、德国等传统数学大国的数学家们对俄罗斯数学的看法. 他自己也成为彼得堡数学学派的奠基人和领袖.

习　题

1. 设某产品的次品率为 0.1, 检验员每天抽检 4 次, 每次抽取 10 件产品进行检验. 若每次抽检中次品的件数多于 1, 就去调整设备. 用 ξ 表示一天中调整设备的次数, 求 $E\xi$.

2. 设随机变量 ξ 的分布律如表 4.10 所示. 求 $E\xi$, $E\xi^2$, $E(3\xi^2+5)$.

表 4.10

ξ	-2	0	2
P_k	0.4	0.3	0.3

3. 设随机变量 ξ 的概率密度函数为

$$f(x)=\begin{cases}\mathrm{e}^{-x}, & x>0,\\ 0, & x\leqslant 0.\end{cases}$$

分别求 2ξ 和 $\mathrm{e}^{-2\xi}$ 的数学期望.

4. 设随机变量 η 服从参数为 $\lambda=1$ 的指数分布. 对 $k=1,2$, 定义随机变量

$$\xi_k=\begin{cases}0, & \eta\leqslant k,\\ 1, & \eta>k.\end{cases}$$

求 (ξ_1,ξ_2) 的联合分布律和 $E(\xi_1+\xi_2)$.

5. 设随机变量 ξ 的概率分布为 $P(\xi=1)=P(\xi=2)=1/2$, 而在 $\xi=i$ 的条件下, 随机变量 η 在区间 $(0,i)$ 上服从均匀分布, $i=1,2$. 求 η 的分布函数和数学期望.

6. 二维随机变量 (ξ,η) 的分布律见表 4.11. 分别计算 $E\xi$, $E\eta$, $E(\xi/\eta)$, $E(\xi-\eta)^2$.

表 4.11

ξ \ η	1	0	1
-1	0.2	0.1	0.0
0	0.1	0.0	0.3
1	0.1	0.1	0.1

7. 设 (ξ,η) 的联合概率密度函数为

$$f(x,y)=\begin{cases}12y^2, & 0\leqslant y\leqslant x\leqslant 1,\\ 0, & \text{其他}.\end{cases}$$

求 $E\xi$, $E\eta$, $E\xi\eta$, $E(\xi^2+\eta^2)$.

8. 设连续型随机变量 ξ 的概率密度函数为

$$f(x)=\begin{cases}ax, & 0<x<2,\\ cx+b, & 2\leqslant x<4,\\ 0, & \text{其他}.\end{cases}$$

其中 $E\xi=2, P(1<\xi<3)=3/4$. 求常数 a,b,c 的值, $\eta=\mathrm{e}^{\xi}$ 的数学期望与方差.

9. 设随机变量 ξ_1,ξ_2,ξ_3 相互独立, 其中 ξ_1 在区间 $[0,1]$ 上服从均匀分布, ξ_2 服从正态分布 $N(0,2^2)$, ξ_3 服从参数为 3 的泊松分布. 求 $E(\xi_1-2\xi_2+3\xi_3)^2$.

10. 一工厂生产的某种设备的寿命 ξ 服从指数分布, 概率密度函数为

$$f(x)=\begin{cases}\dfrac{1}{4}\mathrm{e}^{-x/4}, & x>0,\\ 0, & x\leqslant 0.\end{cases}$$

工厂规定, 出售的设备若在售出一年之内损坏可予以调换. 若工厂售出一台设备盈利 100 元, 调换一台设备厂方需花费 300 元. 求厂方出售一台设备净盈利的数学期望.

11. 设某批圆盘的直径在区间 (a,b) 上服从均匀分布. 求圆盘面积的数学期望.

12. 设随机变量 ξ,η 的概率密度函数分别为

$$f_\xi(x)=\begin{cases}2\mathrm{e}^{-2x}, & x>0,\\ 0, & x\leqslant 0,\end{cases}\quad f_\eta(y)=\begin{cases}4\mathrm{e}^{-4y}, & y>0,\\ 0, & y\leqslant 0.\end{cases}$$

求 $E(\xi+\eta)$, $E(2\xi-3\eta^2)$, 并在 ξ,η 相互独立的条件下计算 $E(\xi\eta)$.

13. 用 n 把外形基本相同的钥匙试开门上的锁, 其中只有一把能打开. 设每把钥匙等可能地被抽到, 且每把钥匙试开一次后除去. 求试开次数 ξ 的分布律和数学期望.

14. 今有 10 个人随机地进入 15 个房间, 每个房间容纳的人数不限. 设每个人进入每个房间是等可能的, 且各人是否进入房间是独立的. 令 ξ 表示有人的房间数, 求 $E\xi$.

15. 设随机变量 ξ 的密度函数为

$$p(x)=\begin{cases}\dfrac{1}{2}\cos\dfrac{x}{2}, & 0\leqslant x\leqslant \pi,\\ 0, & \text{其他}.\end{cases}$$

对 ξ 独立地重复观察 4 次, 用 η 表示其观测值大于 $\pi/3$ 的次数, 求 η^2 的数学期望.

16. 设随机变量 ξ 和 η 独立同分布, 且 $\xi\sim U[0,\theta]$, 求 $E(\min\{\xi,\eta\})$.

17. 对任意随机变量 ξ 和任意常数 $c\neq E\xi$, 证明 $D\xi<E(\xi-c)^2$.

18. 设随机变量 ξ 的密度函数为

$$p(x)=\begin{cases}\dfrac{2}{\pi}\cos^2 x, & |x|\leqslant \dfrac{\pi}{2},\\ 0, & \text{其他}.\end{cases}$$

求 $E\xi$ 和 $D\xi$.

19. 设连续型随机变量 ξ 的概率密度函数为

$$f(x)=\begin{cases}\dfrac{x}{\sigma^2}\mathrm{e}^{-x^2/2\sigma^2}, & x>0,\\ 0, & x\leqslant 0,\end{cases}$$

其中 $\sigma>0$ 是常数. 求 $E\xi$, $D\xi$.

20. 设随机变量 ξ 服从 Γ 分布, 其概率密度函数为

$$f(x)=\begin{cases}\dfrac{1}{\beta^\alpha\Gamma(\alpha)}x^{\alpha-1}\mathrm{e}^{-x/\beta}, & x>0,\\ 0, & x\leqslant 0,\end{cases}$$

其中 $\alpha>0$, $\beta>0$ 是常数. 求 $E\xi$ 和 $D\xi$.

21. 设随机变量 ξ 服从几何分布, 其分布律为

$$P(\xi=k)=p(1-p)^{k-1},\quad k=1,2,\cdots,$$

其中 $p\,(0<p<1)$ 是常数. 求 $E\xi$, $D\xi$.

22. 设随机变量 ξ,η 相互独立, 且都服从均值为 0、方差为 1/2 的正态分布. 求随机变量 $|\xi-\eta|$ 的方差.

23. 设二维随机变量 (ξ,η) 的概率密度函数为

$$f(x,y)=\begin{cases}\dfrac{1}{\pi}, & x^2+y^2\leqslant 1,\\ 0, & \text{其他}.\end{cases}$$

试验证 ξ 和 η 不相关, 但不相互独立.

24. 设随机变量 η 在区间 $[0,2\pi]$ 上服从均匀分布. 令

$$\xi_1=\sin\eta,\quad \xi_2=\cos\eta.$$

求 ξ_1,ξ_2 的相关系数.

25. 设随机变量 (ξ,η) 的分布律见表 4.12. 验证 ξ 和 η 不相关, 但不相互独立.

表 4.12

ξ \ η	-1	0	1
-1	$\frac{1}{8}$	$\frac{1}{8}$	$\frac{1}{8}$
0	$\frac{1}{8}$	0	$\frac{1}{8}$
1	$\frac{1}{8}$	$\frac{1}{8}$	$\frac{1}{8}$

26. 设事件 A,B 满足 $P(A)>0, P(B)>0$. 定义随机变量

$$\xi=\begin{cases}1, & A\text{ 发生},\\ 0, & A\text{ 不发生},\end{cases}\qquad \eta=\begin{cases}1, & B\text{ 发生},\\ 0, & B\text{ 不发生}.\end{cases}$$

证明: 若 $\rho_{\xi\eta}=0$, 则 ξ 和 η 相互独立.

27. 设事件 A,B 满足 $P(A)=1/4, P(B|A)=1/3, P(A|B)=1/2$. 令

$$\xi=\begin{cases}1, & \text{事件 }A\text{ 发生},\\ 0, & \text{事件 }A\text{ 不发生},\end{cases}\qquad \eta=\begin{cases}1, & \text{事件 }B\text{ 发生},\\ 0, & \text{事件 }B\text{ 不发生}.\end{cases}$$

求随机变量 (ξ,η) 的分布律、ξ 与 η 的相关系数.

28. 设随机变量 U 服从二项分布 $b(2,1/2)$. 定义随机变量

$$\xi=\begin{cases}-1, & U\leqslant 0,\\ 1, & U>0,\end{cases}\qquad \eta=\begin{cases}-1, & U<2,\\ 1, & U\geqslant 2.\end{cases}$$

求随机变量 $\xi-\eta$ 与 $\xi+\eta$ 的方差、ξ 与 η 的协方差.

29. 设 (ξ,η) 在区域 $G=\{(x,y)\mid 0\leqslant x\leqslant 2, 0\leqslant y\leqslant 1\}$ 上服从均匀分布. 令

$$U=\begin{cases}0, & \xi\leqslant\eta,\\ 1, & \xi>\eta,\end{cases}\qquad V=\begin{cases}0, & \xi\leqslant 2\eta,\\ 1, & \xi>2\eta.\end{cases}$$

求 U 和 V 的联合分布律、U 与 V 的相关系数.

30. 设 (ξ,η) 的联合分布律如表 4.13 所示. 求 $P(\xi=2\eta)$ 和 $\operatorname{cov}(\xi-\eta,\eta)$.

表 4.13

ξ \ η	0	1	2
0	1/4	0	1/4
1	0	1/3	0
2	1/12	0	1/12

31. 设随机变量 (ξ,η) 具有概率密度函数

$$f(x,y)=\begin{cases}\dfrac{1}{8}(x+y), & 0\leqslant x,y\leqslant 2,\\ 0, & \text{其他}.\end{cases}$$

求 $E\xi$, $E\eta$, $\operatorname{cov}(\xi,\eta)$, $\rho_{\xi\eta}$, $D(\xi+\eta)$.

32. 设 $\xi\sim N(\mu,\sigma^2),\eta\sim N(\mu,\sigma^2)$, 且它们相互独立. 对非零常数 α,β, 计算 $\zeta_1=\alpha\xi+\beta\eta$ 和 $\zeta_2=\alpha\xi-\beta\eta$ 的相关系数.

33. (1) 设 $\zeta=(a\xi+3\eta)^2$, $E\xi=E\eta=0$, $D\xi=4$, $D\eta=16$, $\rho_{\xi\eta}=-0.5$. 求常数 a, 使 $E\zeta$ 最小, 并求 $E\zeta$ 的最小值.

(2) 设 (ξ,η) 服从二维正态分布, 且 $D(\xi)=\sigma_\xi^2, D(\eta)=\sigma_\eta^2$. 证明: 当 $a^2=\sigma_\xi^2/\sigma_\eta^2$ 时, 随机变量 $\zeta=\xi-a\eta$ 与 $\omega=\xi+a\eta$ 相互独立.

34. 对随机变量 ξ,η, 设 $E\xi^2$, $E\eta^2$ 存在. 证明 $E^2(\xi\eta)\leqslant E\xi^2E\eta^2$.

35. 设正常成年男性每毫升血液中的白细胞数平均为 7 300, 均方差为 700. 试利用切比雪夫不等式估计一成年男性每毫升血液中白细胞数在 5 200~9 400 范围的概率.

第 5 章　大数定律与中心极限定理

概率论是研究随机现象统计规律性的科学, 而这种规律性只有通过大量的独立重复性试验才会呈现出来. 大量随机现象的研究在数学上常采用极限形式, 由此导致大数定律和中心极限定理的产生. 它们分别从不同角度刻画了随机现象的统计规律. 本章主要介绍一些常见的大数定律和中心极限定理.

5.1 大 数 定 律

5.1.1 大数定律的概念

根据第 1 章的讨论, 随着试验次数的增加, 事件发生的频率渐渐稳定于某个常数, 如抛硬币试验中出现正面的频率. 不但如此, 大量随机试验观测值的算术平均也趋于稳定, 如某物体的长度测量值. 这构成了大数定律的客观背景. 为通过大量随机试验考察某事件发生的概率, 引入随机变量:

$$\xi_i = \begin{cases} 1, & \text{第 } i \text{ 次试验中事件 } A \text{ 发生}, \\ 0, & \text{第 } i \text{ 次试验中事件 } A \text{ 不发生}, \end{cases}$$

则 $\frac{1}{n}\sum\limits_{i=1}^{n}\xi_i$ 为 n 次独立试验中事件 A 发生的频率. 利用频率的稳定性及频率与概率之间的关系, 事件 A 发生的概率似乎可表示成

$$P(A) = \lim_{n\to\infty}\frac{1}{n}\sum_{i=1}^{n}\xi_i.$$

但该式存在如下问题:

(1) $\left\{\frac{1}{n}\sum\limits_{i=1}^{n}\xi_i\right\}$ 是随机变量列, 其极限如何定义?

(2) 该式的理论依据是什么?

为证明频率的这种稳定性，下面给出有关概念.

定义 5.1 对随机变量列 $\{\xi_n\}$，若存在常数 a，使对任意 $\varepsilon>0$，有

$$\lim_{n\to\infty} P(|\xi_n-a|\geqslant\varepsilon)=0,$$

或等价地

$$\lim_{n\to\infty} P(|\xi_n-a|<\varepsilon)=1,$$

则称随机变量列 $\{\xi_n\}$ **依概率收敛于** a，记作 $\xi_n\xrightarrow{\mathrm{P}}a$.

尽管上述定义中的 $\varepsilon>0$ 是任意的，却不能将其写成

$$\lim_{n\to\infty} P(|\xi_n-a|=0)=1.$$

基于依概率收敛，可给出大数定律的定义.

定义 5.2 若随机变量列 $\{\xi_i\}$ 满足

$$\frac{1}{n}\sum_{i=1}^{n}\xi_i-\frac{1}{n}\sum_{i=1}^{n}E\xi_i\xrightarrow{\mathrm{P}}0,$$

即对任意 $\varepsilon>0$，

$$\lim_{n\to\infty} P\left(\left|\frac{1}{n}\sum_{i=1}^{n}\xi_i-\frac{1}{n}\sum_{i=1}^{n}E\xi_i\right|<\varepsilon\right)=1,$$

则称随机变量列 $\{\xi_i\}$ 服从**大数定律**.

5.1.2 常见的大数定律

首先给出一个非常普遍的大数定律，即切比雪夫大数定律.

定理 5.1 设随机变量列 $\{\xi_i\}$ 相互独立，且方差有公共的上界，即存在常数 $c>0$，使得 $D\xi_i\leqslant c\ (i=1,2,\cdots)$，则 $\{\xi_i\}$ 服从大数定律.

证明 由于随机变量列 $\{\xi_i\}$ 相互独立，所以

$$D\left(\frac{1}{n}\sum_{i=1}^{n}\xi_i\right)=\frac{1}{n^2}\sum_{i=1}^{n}D\xi_i\leqslant\frac{c}{n}.$$

从而由切比雪夫不等式，对任意 $\varepsilon>0$，

$$P\left(\left|\frac{1}{n}\sum_{i=1}^{n}\xi_i-\frac{1}{n}\sum_{i=1}^{n}E\xi_i\right|<\varepsilon\right)\geqslant 1-\frac{D\left(\frac{1}{n}\sum\limits_{i=1}^{n}\xi_i\right)}{\varepsilon^2}\geqslant 1-\frac{c}{n\varepsilon^2}.$$

于是

$$\lim_{n\to\infty} P\left(\left|\frac{1}{n}\sum_{i=1}^{n}\xi_i - \frac{1}{n}\sum_{i=1}^{n}E\xi_i\right| < \varepsilon\right) = 1.$$

由此得 $\{\xi_i\}$ 服从大数定律. □

特别地, 若随机变量列 $\{\xi_i\}$ 独立同分布, $E\xi = \mu$, $D\xi = \sigma^2$, 则对任意 $\varepsilon > 0$,

$$\lim_{n\to\infty} P\left(\left|\frac{1}{n}\sum_{i=1}^{n}\xi_i - \mu\right| < \varepsilon\right) = 1.$$

由此可知, 对同一随机试验, 当试验次数 n 充分大时, 观测值 $\xi_1, \xi_2, \cdots, \xi_n$ 的均值 $\frac{1}{n}\sum\limits_{i=1}^{n}\xi_i$ 以接近于 1 的概率取充分靠近 μ 的值, 而取远离 μ 的值的概率很小. 由此, 该均值可作为随机变量数学期望的一个近似. 这是大数定律告诉我们的第一个结论. 许多大数定律都是该大数定律的特例, 它是统计推断中矩估计法的理论基础.

定理 5.2 (伯努利大数定律) 设 n_A 是 n 重伯努利试验中事件 A 发生的次数, p 是事件 A 在每次试验中发生的概率. 则对任意 $\varepsilon > 0$,

$$\lim_{n\to\infty} P\left(\left|\frac{n_A}{n} - p\right| < \varepsilon\right) = 1.$$

证明 引入随机变量列 $\{\xi_i\}$,

$$\xi_i = \begin{cases} 1, & \text{在第 } i \text{ 次试验中事件 } A \text{ 发生}, \\ 0, & \text{在第 } i \text{ 次试验中事件 } A \text{ 不发生}. \end{cases}$$

显然, ξ_i 服从 0-1 分布, 且

$$E\xi_i = p, \quad D\xi_i = p(1-p), \quad i = 1, 2, \cdots.$$

令 $n_A = \xi_1 + \xi_2 + \cdots + \xi_n$, 则由 $\xi_1, \xi_2, \cdots, \xi_n$ 相互独立和切比雪夫大数定律, 得

$$\lim_{n\to\infty} P\left(\left|\frac{n_A}{n} - p\right| < \varepsilon\right) = \lim_{n\to\infty} P\left(\left|\frac{1}{n}\sum_{i=1}^{n}\xi_i - p\right| < \varepsilon\right) = 1.$$ □

伯努利大数定律是最早的大数定律. 它表明, 当试验次数 $n \to \infty$ 时, 事件 A 发生的频率 n_A/n 依概率收敛于事件 A 的概率. 也就是说, 当试验次数很大时, 事件发生的频率和事件的概率之间有较大偏差的概率很小. 这从数学上证明了在试验次数很大时事件频率的稳定性. 由此推断, 当试验次数很大时, 用事件发生的频率替代事件发生的概率是有理论依据的. 这是大数定律告诉我们的第二个结论, 也同时回答了本节开始提出的第二个问题: 为什么频率 $\frac{1}{n}\sum\limits_{i=1}^{n}\xi_i$ 的极限等于 $P(A)$?

注意到, 在上述大数定律的证明中, 只要

$$\lim_{n\to\infty}\frac{1}{n^2}D\Big(\sum_{i=1}^{n}\xi_i\Big)=0,$$

大数定律就成立. 由此得到下面的结论.

定理 5.3 (马尔可夫大数定律)　若随机变量列 $\{\xi_i\}$ 满足

$$\lim_{n\to\infty}\frac{1}{n^2}D\Big(\sum_{i=1}^{n}\xi_i\Big)=0,$$

则 $\{\xi_i\}$ 服从大数定律.

证明　对任意给定的 $\varepsilon>0$ 和固定的 n, 由切比雪夫不等式, 得

$$P\Big(\Big|\frac{1}{n}\sum_{i=1}^{n}\xi_i-\frac{1}{n}\sum_{i=1}^{n}E\xi_i\Big|\geqslant\varepsilon\Big)\leqslant\frac{1}{\varepsilon^2}D\Big(\frac{1}{n}\sum_{i=1}^{n}\xi_i\Big)=\frac{1}{n^2\varepsilon^2}D\Big(\sum_{i=1}^{n}\xi_i\Big).$$

依据题设,

$$\lim_{n\to\infty}P\Big(\Big|\frac{1}{n}\sum_{i=1}^{n}\xi_i-\frac{1}{n}\sum_{i=1}^{n}E\xi_i\Big|\geqslant\varepsilon\Big)=0.$$

所以 $\{\xi_n\}$ 服从大数定律. □

前面给出的大数定律都要求随机变量的方差存在, 但苏联数学家辛钦在独立同分布和数学期望存在的条件下建立了大数定律 (证明略).

定理 5.4 (辛钦大数定律)　设随机变量列 $\{\xi_i\}$ 独立同分布, 数学期望为 μ, 则 $\{\xi_i\}$ 服从大数定律, 即对任意 $\varepsilon>0$,

$$\lim_{n\to\infty}P\Big(\Big|\frac{1}{n}\sum_{i=1}^{n}\xi_i-\mu\Big|<\varepsilon\Big)=1.$$

伯努利大数定律是辛钦大数定律的特殊情况. 辛钦大数定律为寻找随机变量的期望值提供了一条切实可行的途径, 并为实际中经常采用的算术平均值法提供了理论依据.

例 1　设随机变量列 $\{\xi_i\}$ 独立同分布, 且 ξ_i 的概率密度函数为

$$f(x)=\begin{cases}2x, & 0<x<1,\\ 0, & \text{其他}.\end{cases}$$

求 $\eta_n=\frac{1}{n}\sum_{i=1}^{n}\xi_i$ 的依概率收敛极限.

解　由于随机变量序列 $\{\xi_i\}$ 独立同分布, 且对于任意 $i=1,2,\cdots$,

$$E\xi_i=\int_{-\infty}^{+\infty}xf(x)\mathrm{d}x=\int_0^1x\cdot 2x\mathrm{d}x=\frac{2}{3},$$

$$D\xi_i = E\xi_i^2 - E^2\xi = \frac{1}{2} - \frac{4}{9} = \frac{1}{18},$$

所以由切比雪夫大数定律知, $\{\xi_i\}$ 服从大数定律. 从而 $\eta_n = \frac{1}{n}\sum\limits_{i=1}^{n}\xi_i$ 依概率收敛于 2/3.

例 2* 设函数 $f\colon \boldsymbol{R} \to \mathbb{R}$ 在区间 $[0,1]$ 上连续. 试用蒙特卡罗方法计算定积分

$$J = \int_0^1 f(x)\mathrm{d}x.$$

解 设随机变量 ξ 在 $[0,1]$ 上服从均匀分布, 则 $\eta = f(\xi)$ 的数学期望为

$$Ef(\xi) = \int_0^1 f(x)\mathrm{d}x \triangleq J.$$

下面通过 $f(\xi)$ 的期望值估计来求 J 的一个近似值. 由辛钦大数定律, 可以用 $f(\xi)$ 的观测值的平均去估计 $f(\xi)$ 的数学期望值. 具体做法如下: 先在 $[0,1]$ 区间上产生 n 个均匀分布的随机数 x_i $(i=1,2,\cdots,n)$. 然后对每个 x_i 计算 $f(x_i)$. 则 J 的估计值为

$$J \approx \frac{1}{n}\sum_{i=1}^{n} f(x_i).$$

通过试验和计算, 得到积分 $\int_0^1 \frac{1}{\sqrt{2\pi}}\mathrm{e}^{-x^2/2}$ 在 $n=10^4, n=10^5$ 时的一次模拟值分别为 0.341 329, 0.341 334.

实际上, 精确到小数点后 6 位, J 的真实值为 0.341 344. 由此看出, 蒙特卡罗方法的数值效果确实不错.

5.2 中心极限定理

不同于大数定律, 中心极限定理主要讨论相互独立的多个随机变量的和关于随机变量个数的极限分布.

5.2.1 中心极限定理的研究思路及概念

先考虑误差问题. 误差是人们经常遇到的一个随机变量. 大量研究表明, 误差是由大量微小的相互独立的随机因素叠加而成的. 也就是说, 误差的影响因素很多, 但每个因素的影响作用很小且具有随机性. 对这些影响因素, 人们可以在某种

程度上削弱，但无法彻底根除. 这些因素共同作用使最终的测量产生误差. 将测量误差记为 η_n，则 η_n 是多个微小的随机波动 $\xi_1, \xi_2, \cdots, \xi_n$ 的和，即

$$\eta_n = \xi_1 + \xi_2 + \cdots + \xi_n.$$

它也是随机变量. 我们的问题是: η_n 关于 n 的极限分布是什么?

理论上可以用卷积公式计算 η_n 的分布. 但由于随机变量 $\xi_1, \xi_2, \cdots, \xi_n$ 的分布未知，而且即便每个分量的分布已知，也会因 η_n 复杂的分布函数形式而无法计算. 在此，我们从另外一个角度考虑: 寻求 η_n 的一个近似分布. 记 η_n 的分布函数为 $F_n(x)$，其极限分布为 $F(x)$. 则当 n 较大时，可以用 $F(x)$ 作为 η_n 的近似分布. 进一步，如果该极限分布为正态分布，则称中心极限定理成立.

德国数学家高斯首先指出测量误差服从正态分布，随后人们发现正态分布在日常生活中极为常见. 观察表明: 如果一个量受到大量相互独立的随机因素的综合影响，而每一因素在总影响中所起的作用都很小，那么其分布可用正态分布近似. 这就是中心极限定理的主要内容.

显然，当 $n \to \infty$ 时，$\eta_n = \xi_1 + \xi_1 + \cdots + \xi_n$ 的均值和方差可能趋于 ∞. 因此，有必要对 η_n 进行标准化，即考虑标准化随机变量

$$\eta_n^* = \frac{\eta_n - E\eta_n}{\sqrt{D\eta_n}}.$$

显然，$E\eta_n^* = 0, D\eta_n^* = 1$. 从而有如下定义.

定义 5.3 (中心极限定理)　设随机变量 $\xi_1, \xi_2, \cdots, \xi_k, \cdots$ 相互独立，且有有限的数学期望和方差，记为 $E\xi_k = \mu_k$, $D\xi_k = \sigma_k^2$. 若 $\sum\limits_{k=1}^{n} \xi_k$ 的极限分布为正态分布，也就是

$$\eta_n = \sum_{k=1}^{n}(\xi_k - \mu_k)\Big/\sqrt{\sum_{k=1}^{n}\sigma_k^2}$$

的极限分布为标准正态分布，即对任意 $x \in \mathbb{R}$,

$$\lim_{n\to\infty} P(\eta_n \leqslant x) = \frac{1}{\sqrt{2\pi}}\int_{-\infty}^{x} \mathrm{e}^{-t^2/2}\mathrm{d}t,$$

则称随机变量列 $\{\xi_n\}$ 服从**中心极限定理**.

中心极限定理说明了正态分布的重要性，它是统计学中处理大样本的一个重要工具. 后面的结论给出了中心极限定理成立的条件，这构成了数理统计和误差分析的理论基础.

5.2.2 常见的中心极限定理

定理 5.5 (独立同分布的中心极限定理) 设随机变量列 $\{\xi_k\}$ 独立同分布, $E\xi_k=\mu$, $D\xi_k=\sigma^2$, 则 $\{\xi_k\}$ 服从中心极限定理, 即

$$\frac{1}{\sqrt{n}\sigma}\sum_{k=1}^{n}(\xi_k-\mu)$$

近似服从标准正态分布.

该定理又称林德伯格–莱维中心极限定理. 由该结论可得二项分布的中心极限定理.

定理 5.6 (棣莫弗–拉普拉斯中心极限定理) 设随机变量 η_n 服从参数为 (n,p) 的二项分布, 即随机变量 η_n 为 n 重伯努利试验中事件 A 发生的次数, 则当 n 充分大时,

$$\frac{\eta_n-np}{\sqrt{np(1-p)}}$$

近似服从标准正态分布.

证明 基于 n 重伯努利试验, 可定义独立同分布随机变量列 $\{\xi_i\}$,

$$P(\xi_i=1)=p,\quad P(\xi_i=0)=1-p,\quad i=1,2,\cdots.$$

显然,

$$E\xi_i=p,\quad D\xi_i=p(1-p).$$

令 $\eta_n=\sum\limits_{i=1}^{n}\xi_i$, 则由独立同分布的中心极限定理, 对任意 $x\in\mathbb{R}$,

$$\begin{aligned}\lim_{n\to\infty}P\left(\eta_n-np\sqrt{np(1-p)}\leqslant x\right)&=\lim_{n\to\infty}P\left(\frac{\sum\limits_{i=1}^{n}\xi_i-np}{\sqrt{np(1-p)}}\leqslant x\right)\\&=\int_{-\infty}^{x}\frac{1}{\sqrt{2\pi}}\mathrm{e}^{-t^2/2}\mathrm{d}t,\end{aligned}$$

从而在 n 趋于无穷大时, $\dfrac{\eta_n-np}{\sqrt{np(1-p)}}$ 近似服从标准正态分布. □

中心极限定理表明: 在一定条件下, 多个独立随机变量和的标准化量可用标准正态分布近似, 而无论其中单个随机变量服从何种分布. 即对于任意 $x\in\mathbb{R}$,

$$P(\eta_n\leqslant x)\approx\frac{1}{\sqrt{2\pi}}\int_{-\infty}^{x}\mathrm{e}^{-t^2/2}\mathrm{d}t.$$

棣莫弗–拉普拉斯中心极限定理是最早的中心极限定理. 该结论表明, 二项分布的极限分布是正态分布. 从而当 n 很大时, 可借助正态分布估计二项分布.

上述结论在独立同分布的条件下, 解决了随机变量和的极限分布问题. 而在实际问题中, 随机变量列相互独立是常见的, 但很难保证它们同分布. 对此需添加适当条件才能保证中心极限定理成立.

定理 5.7 (李雅普诺夫中心极限定理) 设随机变量列 $\{\xi_k\}$ 相互独立, $E\xi_k = \mu_k$, $D\xi_k = \sigma_k^2 > 0$. 记 $B_n^2 = \sum\limits_{k=1}^{n} \sigma_k^2$. 若存在 $\delta > 0$, 使得

$$\lim_{n\to\infty} \frac{1}{B_n^{2+\delta}} \sum_{k=1}^{n} E(|\xi_k - \mu_k|^{2+\delta}) = 0,$$

则 $\{\xi_n\}$ 服从中心极限定理.

例 1 一加法器同时收到 20 个相互独立的噪声电压 V_k $(k = 1, 2, \cdots, 20)$. 它们在 $[0, 10]$ 上服从均匀分布. 记 $V = \sum\limits_{k=1}^{20} V_k$, 求 $V > 105$ 的概率.

解 根据题设, 对 $k = 1, 2, \cdots, 20$, $EV_k = 5, DV_k = 25/3$. 由独立同分布的中心极限定理, 随机变量

$$\eta = \frac{\sum\limits_{k=1}^{20} V_k - 20 \times 5}{\sqrt{20 \times 25/3}} = \frac{V - 100}{\sqrt{500/3}}$$

近似服从标准正态分布. 所以

$$\begin{aligned} P(V > 105) =& P\left(\frac{V - 100}{\sqrt{500/3}} > \frac{105 - 100}{\sqrt{500/3}}\right) = P\left(\frac{V - 100}{\sqrt{500/3}} > 0.387\right) \\ =& 1 - P\left(\frac{V - 100}{\sqrt{500/3}} \leqslant 0.387\right) \approx 1 - \int_{-\infty}^{0.387} \frac{1}{\sqrt{2\pi}} \mathrm{e}^{-t^2/2} \mathrm{d}t \\ =& 0.348. \end{aligned}$$

例 2 一船舶在某海区航行过程中, 每遭受一次波浪的冲击, 纵向摇摆角度大于 3° 的概率为 $p = 1/3$. 若船舶遭受了 90 000 次波浪冲击, 试计算其中纵向摇摆角度大于 3° 的次数在 29 500 ~ 30 500 范围的概率.

解 将船舶遭受一波浪冲击看作一次随机试验, 并假设每次波浪冲击是相互独立的. 记 ξ 为船舶在 90 000 次波浪冲击中纵向摇摆角度大于 3° 的次数, 则 $\xi \sim b(90\,000, 1/3)$. 从而所求事件的概率为

$$P(29\,500 \leqslant \xi \leqslant 30\,500) = \sum_{i=29\,500}^{30\,500} \mathrm{C}_{90\,000}^{i} \left(\frac{1}{3}\right)^{i} \left(\frac{2}{3}\right)^{90\,000-i}.$$

这样直接求解计算量很大. 下面用棣莫弗–拉普拉斯定理近似计算.

由于 $(\xi - np)/\sqrt{np(1-p)}$ 近似服从标准正态分布, 所以

$$P(29\,500 \leqslant \xi \leqslant 30\,500) = P\left(\frac{29\,500 - np}{\sqrt{np(1-p)}} \leqslant \frac{\xi - np}{\sqrt{np(1-p)}} \leqslant \frac{30\,500 - np}{\sqrt{np(1-p)}}\right)$$
$$\approx \int_{\frac{29\,500-np}{\sqrt{np(1-p)}}}^{\frac{30\,500-np}{\sqrt{np(1-p)}}} \frac{1}{\sqrt{2\pi}} \mathrm{e}^{-t^2/2} \mathrm{d}t$$
$$= \int_{-\infty}^{\frac{30\,500-np}{\sqrt{np(1-p)}}} \frac{1}{\sqrt{2\pi}} \mathrm{e}^{-t^2/2} \mathrm{d}t - \int_{-\infty}^{\frac{29\,500-np}{\sqrt{np(1-p)}}} \frac{1}{\sqrt{2\pi}} \mathrm{e}^{-t^2/2} \mathrm{d}t,$$

其中 $n = 90\,000, p = 1/3$. 查表得概率为 0.999 5.

例 3　设某学校开家长会时, 一个学生无家长、1 名家长、2 名家长参加会议的概率分别为 0.05, 0.8, 0.15. 若学校共有 400 名学生, 设各学生参加会议的家长人数相互独立, 且服从同一分布. 分别求参加家长会的人数 ξ 超过 450 的概率和有 1 名家长来参加会议的学生人数不多于 340 的概率.

解　对 $k = 1, 2, \cdots, 400$, 令 ξ_k 表示第 k 个学生的参加家长会人数, 则其分布律如表 5.1 所示.

表 5.1

ξ_k	0	1	2
p_k	0.05	0.8	0.15

易知

$$E\xi_k = 1.1, \quad D\xi_k = 0.19, \quad k = 1, 2, \cdots, 400.$$

令 $\eta = \sum\limits_{i=1}^{400} \xi_k$, 则由独立同分布的中心极限定理, 随机变量

$$\frac{\sum\limits_{i=1}^{400} \xi_k - 400 \times 1.1}{\sqrt{400}\sqrt{0.19}} = \frac{\eta - 440}{\sqrt{76}}$$

近似服从标准正态分布 $N(0, 1)$. 于是

$$P(\eta > 450) = P\left(\frac{\eta - 440}{\sqrt{76}} > \frac{450 - 440}{\sqrt{76}}\right)$$
$$= 1 - P\left(\frac{\eta - 440}{\sqrt{76}} \leqslant 1.147\right)$$
$$\approx 1 - \varPhi(1.147) = 0.125\,1.$$

以 ζ 记有 1 名家长参加会议的学生人数, 则 $\zeta \sim b(400, 0.8)$. 由棣莫弗–拉普拉斯中心极限定理, 得

$$
\begin{aligned}
P(\zeta \leqslant 340) &= P\left(\frac{\zeta - 400 \times 0.8}{\sqrt{400 \times 0.8 \times 0.2}} \leqslant \frac{340 - 400 \times 0.8}{\sqrt{400 \times 0.8 \times 0.2}}\right) \\
&= P\left(\frac{\zeta - 320}{8} \leqslant 2.5\right) \approx \Phi(2.5) = 0.9938.
\end{aligned}
$$

最后, 我们以二项分布为例说明大数定律和中心极限定理的区别. 对二项分布, 由于随机变量列独立同分布, 所以大数定律和中心极限定理都成立. 而前者刻画的是, 在试验次数 n 很大时, 事件 A 发生的频率以接近于 1 的概率取充分靠近 p 的值; 后者是说, 在 n 很大时, 事件 A 发生的次数可用正态分布刻画. 所以, 大数定律和中心极限定理是从不同角度刻画随机变量列的极限分布.

小　　结

本章学习基本要求

1. 了解依概率收敛的定义和切比雪夫不等式.
2. 了解切比雪夫大数定律、伯努利大数定律和辛钦大数定律.
3. 了解独立同分布中心极限定理和棣莫弗–拉普拉斯中心极限定理.

本章知识点网格图

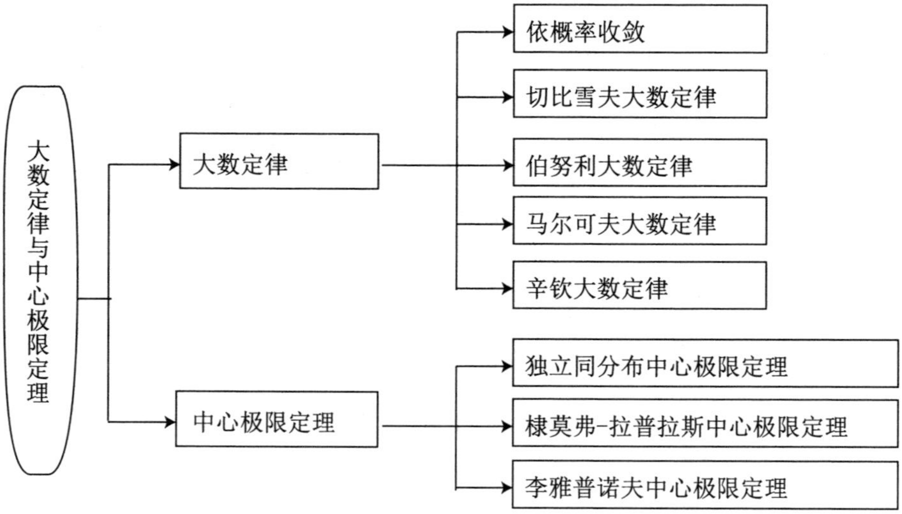

人物简介

图 5.1

亚历山大 · 雅科夫列维奇 · 辛钦 (1894—1959, 图 5.1), 苏联数学家, 现代概率论的奠基人之一和莫斯科概率学派的开创者, 多次获列宁勋章和劳动红旗勋章.

辛钦开辟了莫斯科学派在概率论领域的系列研究. 关于独立随机变量序列, 他与柯尔莫哥洛夫建立了随机变量级数的收敛性, 并证明了作为强大数定律先声的辛钦弱大数定律. 他提出的林德伯格–费勒中心极限定理解决了困扰人们多年的关于独立随机变量序列的中心极限定理, 此后对具有某种相依性的随机变量, 辛钦提出并证明了严平稳过程的一般遍历定理, 这相当于某种相依随机变量序列的大数定律. 另外, 经辛钦等人臻于完善的近代极限理论——无穷可分分布律的研究已成为古典极限理论在 20 世纪开枝散叶的繁茂大树.

习　题

1. 设随机变量 ξ 和 η 的数学期望分别为 -2 和 2, 方差分别为 1 和 4, 相关系数为 -0.5. 试根据切比雪夫不等式, 估计概率 $P(|\xi+\eta|\geqslant 6)$ 的上界.

2. 设随机变量列 $\xi_1,\xi_2,\cdots,\xi_n$ 相互独立且都服从参数为 2 的指数分布. 在 $n\to\infty$ 时, 试计算 $\eta_n=\dfrac{1}{n}\sum\limits_{i=1}^{n}\xi_i^2$ 依概率收敛的极限值.

3. 根据抽查, 某种电器元件的寿命服从均值为 100 小时的指数分布. 现随机地取 16 个, 设它们的寿命是相互独立的. 求这 16 个元件的寿命的总和大于 1920 小时的概率.

4. 设计算器在进行加法运算时, 对每个加数的小数部分进行舍入而得到最靠近它的整数. 设所有舍入误差相互独立, 且在 $(-0.5,0.5)$ 上服从均匀分布. 现将 1200 个随机数相加, 求误差总和的绝对值超过 15 的概率.

5. 设某工件包括 10 个部分, 每部分的长度是一个随机变量, 它们相互独立, 且均服从数学期望为 2 毫米、均方差为 0.05 毫米的分布. 规定总长度为 (20 ± 0.1) 毫米时产品合格. 求该工件合格的概率.

6. 设某批零件中单个零件的质量服从数学期望为 0.5 千克、均方差为 0.1 千克的分布. 问 5000 个零件的总质量超过 2510 千克的概率是多少?

7. 有一批建筑房屋用的木柱, 其中 80% 的长度不小于 3 米. 现从这批木柱中随机地取出 100 根, 问其中至少有 30 根短于 3 米的概率是多少?

8. (1) 某复杂系统由 100 个相互独立起作用的部件所组成. 在整个运行期间每个部件损坏的概率为 0.10. 为了使整个系统正常工作, 必须至少有 85 个部件正常工作. 求该系统正常工作的概率.

(2) 某复杂系统由 n 个相互独立起作用的部件所组成. 每个部件的可靠性为 0.90, 且必须至少有 80% 的部件工作才能使整个系统正常工作. 问 n 至少为多大才能使系统的可靠性不低于 0.95?

9. 某种电子器件的寿命的数学期望 μ 未知, 方差为 $\sigma^2 = 400$. 为了估计 μ, 随机地取 n 个该器件, 并在 $t = 0$ 时刻独立地进行测试直到失效. 测得其寿命为 $\xi_1, \xi_2, \cdots, \xi_n$, 以 $\eta = \dfrac{1}{n}\sum\limits_{k=1}^{n} \xi_k$ 作为 μ 的估计. 为了使 $P(|\eta - \mu| < 1) \geqslant 0.95$, 问 n 至少为多少?

10. 某保险公司多年的统计资料表明, 在索赔中被盗索赔户占 20%. 以 ξ 表示在随机抽查的 100 个索赔户中因被盗向保险公司索赔的户数. 试写出 ξ 的概率分布, 并利用中心极限定理, 求被盗索赔户不少于 14 户且不多于 30 户的概率的近似值. (对标准正态分布函数 $\Phi(x)$, $\Phi(1.5) = 0.933$, $\Phi(2.5) = 0.994$.)

11. 设某生产线对生产的产品进行箱包装. 设每箱的平均质量为 50 千克, 标准差为 5 千克. 若用最大载质量为 5 吨的汽车承运, 试利用中心极限定理说明每辆车最多可以装多少箱, 才能保障不超载的概率大于 0.977. ($\Phi(2) = 0.977$.)

12. 设 $\xi_1, \xi_2, \cdots, \xi_n$ 为来自总体 ξ 的一个样本, 且已知

$$E\xi^k = \alpha_k, \quad k = 1, 2, 3, 4.$$

证明: 当 n 充分大时, 随机变量 $\zeta_n = \dfrac{1}{n}\sum\limits_{i=1}^{n} \xi_i^2$ 近似服从正态分布, 并给出分布函数.

第 6 章　数理统计的基本概念

前面介绍的概率论知识建立了概率的公理化体系, 揭示了随机现象的规律性. 需要指出的是, 在前面的讨论中, 随机变量的分布都是已知的, 而在实际中遇到的随机变量的分布往往是未知的. 从而在考察某随机现象时, 会遇到如下问题: 这个随机现象用什么样的分布来刻画? 其中的参数如何确定? 这构成了数理统计的主要内容. 概率论和数理统计都是研究随机现象的统计规律性, 但前者是从假定模型出发, 考察其概率分布或数字特征等, 而后者是从随机现象的观测数据出发, 通过数据分析, 对随机变量的分布作出某种推断. 概率论是数理统计的基础, 数理统计是概率论的延拓和应用.

6.1　基本概念

6.1.1　总体与总体分布

看下面的例子.

例 1　考察某批产品的合格率.

从理论上讲, 一批产品的合格率是合格品数量与产品总量的比值. 但在现实生活中, 无法一一验证这些产品中哪些是合格品, 哪些是不合格品. 对此, 一个自然的方法是通过产品抽查对产品的合格率进行估计.

例 2　考察某批灯管的使用寿命.

不妨设该批灯管的使用寿命服从参数为 μ 和 σ^2 的正态分布. 那么参数 μ 和 σ^2 如何确定? 对此, 需要通过产品抽查对上述参数进行估计.

为实现上述目标, 下面给出一些概念. 在统计学中, 把研究对象的全体称为**总体**, 而把组成总体的每个基本单元称为**个体**. 总体中所包含个体的数量称为**总体容量**. 如例 1 中, 这批产品就是总体, 而单个产品就是个体; 例 2 中, 这批灯管就是总体, 而每支灯管就是个体. 在现实生活中, 人们关心的往往是总体中个体的某项或某几项指标在总体中的分布情况. 所以, 所有个体具有的数量指标也称为总体. 如例 1 中, 这批产品中各产品的合格属性就是总体, 单个产品的合格属性就是个体; 而在例 2 中, 这批灯管的使用寿命就是总体, 单个灯管的使用寿命就是个体. 下面基于产品合格率给出总体分布的概念.

设某批产品的合格率为 p. 今从中随机抽取一个, 则它是合格品的概率就是该批产品的合格率 p. 对该随机试验, 定义随机变量

$$X=\begin{cases}1, & \text{抽到合格品},\\ 0, & \text{抽到不合格品}.\end{cases}$$

则 X 服从参数为 p 的 0-1 分布. 这样, 一个总体可以用一个随机变量来描述. 以后, 称这个随机变量的分布为**总体的分布**, 而该随机变量的分布及数字特征就是总体的分布及数字特征. 由此, 对总体分布的研究就归结为对该随机变量的研究. 如果记该随机变量为 X, 则称该总体为X.

显然, 总体的分布一般是未知的, 或即便知道其分布类型, 也不知其参数取值. 数理统计的一项重要任务就是根据总体中部分个体的抽检对总体的分布或分布中的未知参数进行统计推断.

6.1.2 抽样与样本

为推断总体的分布或总体分布中参数的值, 需要从总体中抽取若干个体进行观测, 然后通过对这些数据的统计分析, 对总体的分布作出判断或对未知参数进行估计. 统计学中, 按照某种规则从总体中抽取若干个体进行观察的过程叫**抽样**. 被抽中的个体称为**样本**, 抽取的样本数目称为**样本容量**. 一般地, 被抽取的个体记为 $(X_1,X_2,\cdots,X_n)$, 并称其为来自总体 X 的容量为 n 的一个样本. 由于样本中的所有个体都是从总体 X 中随机抽取的, 所以每个 X_i 都是一个随机变量, 而 $(X_1,X_2,\cdots,X_n)$ 为一个 n 维随机变量. 抽样观测后, 得到的观测数据 $(x_1,x_2,\cdots,x_n)$ 称为样本 $(X_1,X_2,\cdots,X_n)$ 的一个观测值, 简称**样本值**. 显然, 在利用样本进行统计推断时, 样本容量越大, 代表性越强, 推断结论就越精确, 但推断的工作量也就越大.

由于数理统计主要依据抽取的样本值对总体的分布或数字特征进行分析推断, 故要求被抽中的样本能很好地反映总体特征且便于处理. 因此, 样本抽取需满足以下要求:

(1) (代表性) 样本 $X_1,X_2,\cdots,X_n$ 和总体 X 有相同的分布;

(2) (独立性) 样本 $X_1, X_2, \cdots, X_n$ 是相互独立的随机变量.
满足上述条件的样本称为简单随机样本, 满足上述条件的抽取方式称为**简单抽样**. 如无特殊说明, 今后提到的抽样均指简单抽样, 样本指简单随机样本.

对于有限总体, 采用放回抽样总得到简单随机样本, 但使用起来极不方便. 当总体容量比样本容量大很多时, 可将不放回抽样视作放回抽样. 对于无限总体, 抽取一个个体不影响其分布, 所以实际中总是采用不放回抽样.

设总体 X 的分布函数为 $F(x)$. 由样本的独立性, 则样本 $(X_1, X_2, \cdots, X_n)$ 的联合分布函数为

$$F(x_1, x_2, \cdots, x_n) = \prod_{i=1}^{n} F(x_i).$$

它称为**样本分布**. 特别地, 若总体 X 为离散随机变量, 其分布律为

$$P(X = x_i) = p_i, \quad i = 1, 2, \cdots,$$

则样本 $(X_1, X_2, \cdots, X_n)$ 的联合分布律为

$$P(X_1 = x_1, X_2 = x_2, \cdots, X_n = x_n) = \prod_{i=1}^{n} p_i.$$

若总体 X 为连续随机变量, 其概率密度函数为 $f(x)$, 则样本 $(X_1, X_2, \cdots, X_n)$ 的联合概率密度函数为

$$f(x_1, x_2, \cdots, x_n) = \prod_{i=1}^{n} f(x_i).$$

例 3　设总体 X 服从正态分布 $N(\mu, \sigma^2)$. 今从该总体中抽取简单样本 $(X_1, X_2, \cdots, X_n)$, 则该样本的概率密度函数为

$$\begin{aligned} f(x_1, x_2, \cdots, x_n) &= \prod_{i=1}^{n} \frac{1}{\sqrt{2\pi}\sigma} \exp\left(-\frac{(x_i - \mu)^2}{2\sigma^2}\right) \\ &= \left(\frac{1}{\sqrt{2\pi}\sigma}\right)^n \exp\left(-\frac{1}{2\sigma^2} \sum_{i=1}^{n} (x_i - \mu)^2\right). \end{aligned}$$

例 4　设总体 X 服从参数为 $p\ (0 < p < 1)$ 的 0-1 分布, 即

$$P(X = 1) = p, \quad P(X = 0) = 1 - p.$$

设 $(X_1, X_2, \cdots, X_n)$ 为来自该总体的一个样本, 则该样本的联合分布律为

$$P(X_1 = x_1, X_2 = x_2, \cdots, X_n = x_n) = p^{x_1 + \cdots + x_i} (1 - p)^{n - (x_1 + \cdots + x_n)},$$

其中, $x_i = 0$ 或 $1\ (1 \leqslant i \leqslant n)$.

6.1.3 统计推断

总体和样本是数理统计中的两个基本概念. 样本来自总体, 自然带有总体的信息, 从而可以通过对样本信息的挖掘推测总体分布或分布参数. 这个过程称作**统计推断**. 总体、样本与样本值之间的关系见图 6.1.

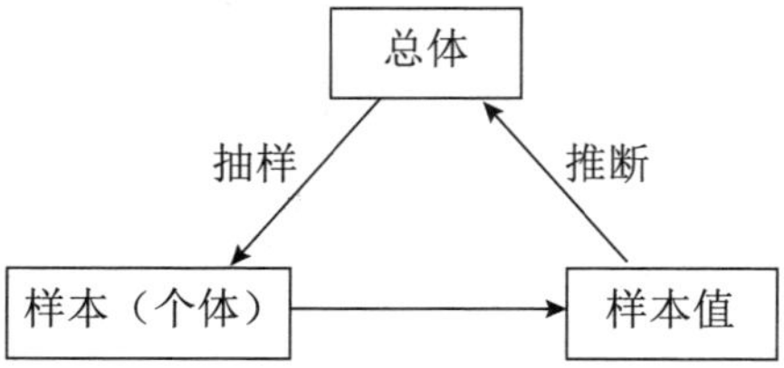

图 6.1　总体、样本与样本值之间的关系

在对总体进行抽样并获取观测数据后, 要想通过被抽取样本对总体的分布进行推断, 就必须对这些数据进行数学上的加工和处理, 而这其中最基础的工作就是构造样本函数, 也就是所谓的统计量.

6.2　统计量及其分布

6.2.1 统计量

如前所述, 样本是总体的反映, 其包含的信息隐含在观测数据之中. 但这些观测数据不能直接利用, 而要对它们进行数学上的加工. 一般地, 人们通过构造合适的样本函数进行处理, 并称其为**统计量**.

定义 6.1　设 $(X_1, X_2, \cdots, X_n)$ 为来自总体的一个样本, 则不含任何未知参数的样本函数 $g(X_1,\ X_2, \cdots, X_n)$ 称为该样本的**统计量**.

根据统计量的定义, 对正态总体 $X \sim N(\mu, \sigma^2)$, 若参数 μ 未知, 则对来自该总体的样本 $(X_1, X_2, \cdots, X_n)$, $\overline{X} = \dfrac{1}{n}(X_1 + X_2 + \cdots + X_n)$ 为该样本的统计量, 而 $U = n(\overline{X} - \mu)/\sigma$ 不是. 设 $(x_1, x_2, \cdots, x_n)$ 是该样本的一个观测值, 则称 $g(x_1, x_2, \cdots, x_n)$ 为统计量 $g(X_1, X_2, \cdots, X_n)$ 的一个观测值.

由于样本 $(X_1, X_2, \cdots, X_n)$ 是随机变量, 所以统计量也是随机变量. 不过, 由于统计量的表达式中不含任何未知参数, 因此统计量的分布完全由样本确定.

6.2.2 常用统计量

对来自总体 X 的样本 $(X_1, X_2, \cdots, X_n)$, 下面是几个常用的统计量:

(1) 样本均值: $\overline{X} = \frac{1}{n}\sum\limits_{i=1}^{n} X_i$;

(2) 普通样本方差: $\widetilde{S}^2 = \frac{1}{n}\sum\limits_{i=1}^{n}\left(X_i - \overline{X}\right)^2$;

(3) 修正样本方差: $S^2 = \frac{1}{n-1}\sum\limits_{i=1}^{n}\left(X_i - \overline{X}\right)^2$;

(4) 样本 k 阶原点矩: $A_k = \frac{1}{n}\sum\limits_{i=1}^{n} X_i^k \quad (k = 1, 2, \cdots)$;

(5) 样本 k 阶中心矩: $B_k = \frac{1}{n}\sum\limits_{i=1}^{n}(X_i - \overline{X})^k \quad (k = 2, 3, \cdots)$.

这里, 普通样本方差可简化为

$$\begin{aligned}
\widetilde{S}^2 &= \frac{1}{n}\sum_{i=1}^{n}\left(X_i - \overline{X}\right)^2 \\
&= \frac{1}{n}\sum_{i=1}^{n}\left(X_i^2 - 2X_i\overline{X} + \overline{X}^2\right) \\
&= \frac{1}{n}\sum_{i=1}^{n} X_i^2 - 2\overline{X}\cdot\frac{1}{n}\sum_{i=1}^{n} X_i + \frac{1}{n}\sum_{i=1}^{n}\overline{X}^2 \\
&= \frac{1}{n}\sum_{i=1}^{n} X_i^2 - \overline{X}^2.
\end{aligned}$$

修正样本方差 S^2 又称**样本方差**. 它与普通样本方差间有如下关系:

$$S^2 = \frac{n}{n-1}\widetilde{S}^2 = \frac{1}{n-1}\left(\sum_{i=1}^{n} X_i^2 - n\overline{X}^2\right).$$

基于样本 $(X_1, X_2, \cdots, X_n)$ 的观测值 $(x_1, x_2, \cdots, x_n)$, 易得上述统计量的观测值:

$$\begin{aligned}
\overline{x} &= \frac{1}{n}\sum_{i=1}^{n} x_i, \\
\widetilde{s}^2 &= \frac{1}{n}\sum_{i=1}^{n}\left(x_i - \overline{x}\right)^2 = \frac{1}{n}\sum_{i=1}^{n} x_i^2 - \overline{x}^2, \\
s^2 &= \frac{1}{n-1}\sum_{i=1}^{n}\left(x_i - \overline{x}\right)^2 = \frac{1}{n-1}\left(\sum_{i=1}^{n} x_i^2 - n\overline{x}^2\right), \\
a_k &= \frac{1}{n}\sum_{i=1}^{n} x_i^k, \quad k = 1, 2, \cdots, \\
b_k &= \frac{1}{n}\sum_{i=1}^{n}(x_i - \overline{x})^k, \quad k = 2, 3, \cdots.
\end{aligned}$$

它们分别称为样本均值、普通样本方差、修正样本方差、样本 k 阶原点矩及样本 k 阶中心矩的观测值.

普通样本方差 $\widetilde{S}^2$ 的算术平方根 $\widetilde{S}$ 称为普通样本标准差, 而 S^2 的平方根 S 称为修正样本标准差, 简称样本标准差.

例 1 设 $(X_1, X_2, \cdots, X_n)$ 为来自总体 X 的一个简单样本, 其中总体 X 的数学期望为 μ, 方差为 σ^2. 求 $E\overline{X}, D\overline{X}, ES^2, E\widetilde{S}^2$.

解 由于 $EX_i = \mu, DX_i = \sigma^2$ $(i = 1, 2, \cdots, n)$, 且 $X_1, X_2, \cdots, X_n$ 相互独立, 故由数学期望和方差的性质, 得

$$
\begin{aligned}
E\overline{X} &= E\left(\frac{1}{n}\sum_{i=1}^{n} X_i\right) = \frac{1}{n}\sum_{i=1}^{n} EX_i = \mu, \\
D\overline{X} &= D\left(\frac{1}{n}\sum_{i=1}^{n} X_i\right) = \frac{1}{n^2}\sum_{i=1}^{n} DX_i = \frac{\sigma^2}{n}.
\end{aligned}
$$

修正样本方差和普通样本方差的数学期望分别为

$$
\begin{aligned}
ES^2 &= E\left(\frac{1}{n-1}\left(\sum_{i=1}^{n} X_i^2 - n\overline{X}^2\right)\right) \\
&= \frac{1}{n-1}\left(\sum_{i=1}^{n} EX_i^2 - nE\overline{X}^2\right) \\
&= \frac{1}{n-1}\left(\sum_{i=1}^{n}(\mu^2 + \sigma^2) - n(\sigma^2/n + \mu^2)\right) \\
&= \sigma^2, \\
E\widetilde{S}^2 &= E\left(\frac{n-1}{n}S^2\right) = \frac{n-1}{n}ES^2 = \frac{n-1}{n}\sigma^2.
\end{aligned}
$$

由上述讨论, 样本均值是总体数学期望的一个好的估计量, 修正样本方差 S^2 是总体方差的一个好的估计量, 而普通样本方差 $\widetilde{S}^2$ 是总体方差的一个带系统误差的估计量. 这就是引入修正样本方差的原因. 在以后的讨论中, 方差估计大多基于修正样本方差.

6.2.3 来自标准正态总体的常用统计量分布

在使用统计量进行统计推断时, 需要知道统计量的分布. 显然, 只有当总体分布已知时, 抽样分布才是可知的. 这里先给出来自标准正态总体的常见统计量分布, 然后在下节给出来自正态总体的抽样分布.

1. χ^2 分布

定义 6.2　设 $(X_1, X_2, \cdots, X_n)$ 为来自标准正态总体 $N(0,1)$ 的一个样本. 称随机变量

$$\chi^2 = X_1^2 + X_2^2 + \cdots + X_n^2$$

服从的分布为**自由度为 n 的 χ^2 分布**, 记作 $\chi^2 \sim \chi^2(n)$.

根据 2.4 节例 3 和和 3.5 节中例 6 的讨论, 对于任意 i $(1 \leqslant i \leqslant n)$, $X_i^2 \sim \Gamma(1/2, 2)$. 再由 $X_1, \cdots, X_n$ 的独立性知 $X_1^2, X_2^2, \cdots, X_n^2$ 相互独立. 从而由 Γ 分布的可加性知 χ^2 服从参数为 $n/2$ 和 2 的 Γ 分布, 即 $\chi^2 \sim \Gamma(n/2, 2)$. 利用数学归纳法和 Γ 函数的性质可得其概率密度函数

$$f(x) = \begin{cases} \dfrac{1}{2^{n/2}\Gamma(n/2)} x^{n/2-1} \mathrm{e}^{-x/2}, & x > 0, \\ 0, & \text{其他}. \end{cases}$$

其中 $\Gamma(n/2) = \displaystyle\int_0^{+\infty} t^{n/2-1} \mathrm{e}^{-t} \mathrm{d}t$.

由图 6.2 可以看出, 该分布的概率密度函数的驼峰随 n 的增大逐渐右移.

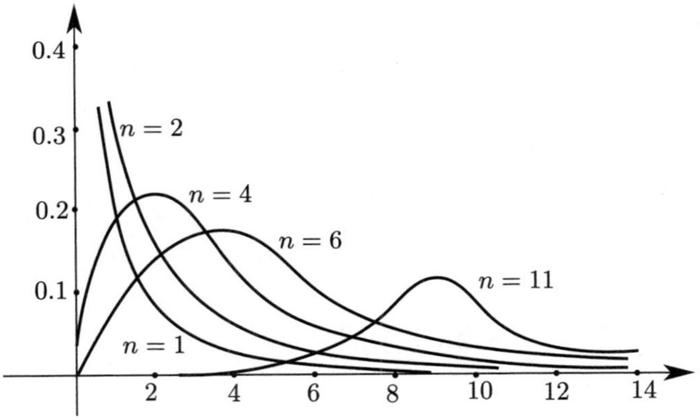

图 6.2　不同自由度下的 χ^2 分布

χ^2 分布具有如下性质:

(1) 若 $\chi^2 \sim \chi^2(n)$, 则 $E\chi^2 = n, D\chi^2 = 2n$.

证明　对任意 i $(1 \leqslant i \leqslant n)$, 由 $X_i \sim N(0,1)$ 知 $EX_i^2 = DX_i = 1$, 且

$$EX_i^4 = \frac{1}{\sqrt{2\pi}} \int_{-\infty}^{+\infty} t^4 \mathrm{e}^{-t^2/2} \mathrm{d}t = 3.$$

所以

$$DX_i^2 = EX_i^4 - \left(EX_i^2\right)^2 = 3 - 1 = 2, \quad i = 1, 2, \cdots, n.$$

从而由 $X_1^2, X_2^2, \cdots, X_n^2$ 的独立性知

$$E\chi^2 = E\left(\sum_{i=1}^{n} X_i^2\right) = \sum_{i=1}^{n} EX_i^2 = n,$$

$$D\chi^2 = D\left(\sum_{i=1}^{n} X_i^2\right) = \sum_{i=1}^{n} DX_i^2 = 2n.$$

□

(2) 设 $\chi_1^2 \sim \chi^2(m)$, $\chi_2^2 \sim \chi^2(n)$, 且 χ_1^2, χ_2^2 相互独立, 则 $\chi_1^2+\chi_2^2 \sim \chi^2(m+n)$. 该性质由 Γ 分布的可加性可得, 见 3.5 节例 6.

定义 6.3 对于任意 $\alpha \in (0,1)$, 称满足条件

$$P\big(\chi^2 > \chi_\alpha^2(n)\big) = \int_{\chi_\alpha^2(n)}^{+\infty} f(y)\mathrm{d}y = \alpha$$

的点 $\chi_\alpha^2(n)$ 为 $\chi^2(n)$ 的**上 α 分位点** (图 6.3).

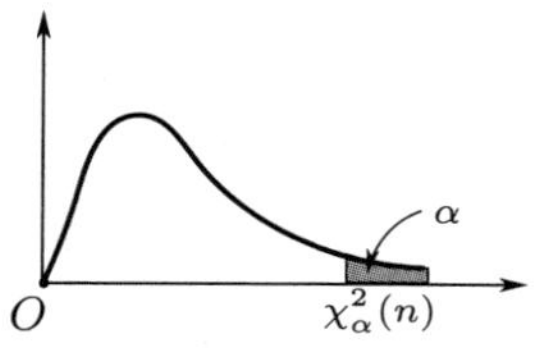

图 6.3 χ^2 分布的上 α 分位点

一般地, α 的取值很小, 如 $\alpha = 0.01, 0.05$. 根据 χ^2 分布的性质, 上 α 分位点确定的是给定小概率下的一个最大区域. 自然, 剩余的区间较小, 其上的概率却很大. 该区间就是后面章节介绍的具有较高置信度的待估参数的隶属区间. 由于 $\chi^2(n)$ 在实际中的广泛常用, 人们针对不同的 α 和 n, 将 $\chi^2(n)$ 的上 α 分位点制成表格以备查用 (见附表 3).

例 2 设 $X_1, X_2, \cdots, X_6$ 为来自总体 $N(0,1)$ 的一个简单样本, 且

$$Y = (X_1+X_2+X_3)^2 + (X_4+X_5+X_6)^2.$$

求常数 c, 使 cY 服从 χ^2 分布, 并求该分布的自由度.

解 由于 $X_1+X_2+X_3 \sim N(0,3)$, $X_4+X_5+X_6 \sim N(0,3)$, 所以

$$\frac{X_1+X_2+X_3}{\sqrt{3}} \sim N(0,1), \quad \frac{X_4+X_5+X_6}{\sqrt{3}} \sim N(0,1).$$

利用它们的独立性, 得

$$\left(\frac{X_1+X_2+X_3}{\sqrt{3}}\right)^2 + \left(\frac{X_4+X_5+X_6}{\sqrt{3}}\right)^2 \sim \chi^2(2).$$

故 $Y/3$ 服从自由度为 2 的 χ^2 分布. 所以 $c = 1/3$.

2. t 分布

定义 6.4　设 $X \sim N(0,1), Y \sim \chi^2(n)$, 且 X,Y 独立, 则随机变量 $T = \dfrac{X}{\sqrt{Y/n}}$ 服从**自由度为 n 的 t 分布**, 记为 $T \sim t(n)$.

t 分布的上述构造使得 T 中的分子、分母等阶等项, 以降低阶数和项数 n 对该分布的影响. 后面的 F 分布具有同样的结构性质.

t 分布又称学生分布, 其概率密度函数为

$$f_{T_n}(x) = \frac{\Gamma\left(\dfrac{n+1}{2}\right)}{\sqrt{n\pi}\Gamma\left(\dfrac{n}{2}\right)}\left(1+\frac{x^2}{n}\right)^{-\frac{n+1}{2}}.$$

该函数关于 y 轴对称 (图 6.4). 特别地, 当 n 充分大时, 利用 Γ 函数的性质 (见 3.5 节), 可得

$$\lim_{n\to\infty} f_{T_n}(x) = \frac{1}{\sqrt{2\pi}}\mathrm{e}^{-x^2/2}.$$

故当 n 充分大时, t 分布近似于标准正态分布. 但当 n 较小时, t 分布与标准正态分布相差较大. 下面给出 t 分布的分位点.

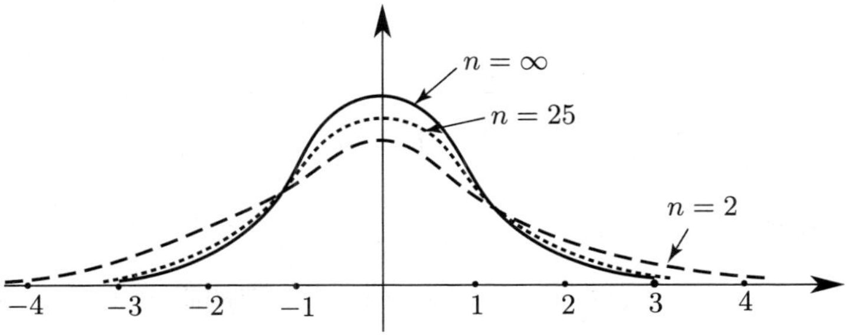

图 6.4　不同自由度下的 t 分布

定义 6.5　设 $T_n \sim t(n)$. 对任意 $\alpha \in (0,1)$, 称满足条件

$$P\big(T > t_\alpha(n)\big) = \int_{t_\alpha(n)}^{+\infty} f(x)\mathrm{d}x = \alpha$$

的点 $t_\alpha(n)$ 为 $t(n)$ 分布的**上 α 分位点**. 对不同的 n, t 分布的上 α 分位点可从附表 4 查得.

类似地, 可定义 t 分布的双侧分位点 $t_{\alpha/2}(n)$, 见图 6.5.

$$P\big(|T| > t_{\alpha/2}(n)\big) = \int_{-\infty}^{t_{-\alpha/2}(n)} f(x)\mathrm{d}x + \int_{t_{\alpha/2}(n)}^{+\infty} f(x)\mathrm{d}x = \alpha.$$

显然, 有

$$P\big(T > t_{\alpha/2}(n)\big) = \alpha/2, \quad P\big(T < -t_{\alpha/2}(n)\big) = \alpha/2.$$

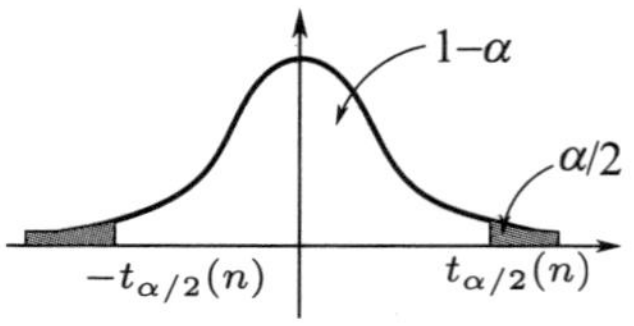

图 6.5 t 分布的上 $\alpha/2$ 分位点

例 3 设随机变量 $X \sim N(2,1)$, Y_1, Y_2, Y_3, Y_4 均服从 $N(0,4)$, 且 X, Y_1, Y_2, Y_3, Y_4 相互独立. 求 $T = 4(X-2)\Big/\left(\sum\limits_{i=1}^{4} Y_i^2\right)^{1/2}$ 的分布, 并确定 t_0 的值, 使 $P(|T| > t_0) = 0.01$.

解 由于

$$X - 2 \sim N(0,1), \quad Y_i/2 \sim N(0,1), \quad i = 1,2,3,4,$$

所以由 t 分布的定义知

$$T = \frac{4(X-2)}{\sqrt{\sum\limits_{i=1}^{4} Y_i^2}} = \frac{X-2}{\sqrt{\sum\limits_{i=1}^{4} \left(Y_i/4\right)^2}} = \frac{X-2}{\sqrt{\sum\limits_{i=1}^{4} \left(Y_i/2\right)^2/4}} \sim t(4).$$

故 T 服从自由度为 4 的 t 分布.

对 $P(|T| > t_0) = 0.01$, 由 $n = 4$ 和 $\alpha = 0.01$ 对应的附表 4, 得 $t_0 = t_{\alpha/2}(4) = t_{0.005}(4) = 4.604$.

3. F 分布

定义 6.6 设 $X \sim \chi^2(m), Y \sim \chi^2(n)$, 且 X,Y 相互独立, 则称随机变量 $F = \dfrac{X/m}{Y/n}$ 服从自由度为 (m,n) 的 **F 分布**, 记为 $F \sim F(m,n)$.

F 分布的概率密度函数 (图 6.6) 为

$$f_F(x) = \begin{cases} \dfrac{\Gamma\left(\dfrac{m+n}{2}\right)}{\Gamma\left(\dfrac{m}{2}\right)\Gamma\left(\dfrac{n}{2}\right)} \left(\dfrac{m}{n}\right)^{\frac{m}{2}} x^{\frac{m}{2}-1}\left(1 + \dfrac{m}{n}x\right)^{-\frac{m+n}{2}}, & x > 0, \\ 0, & x \leqslant 0. \end{cases}$$

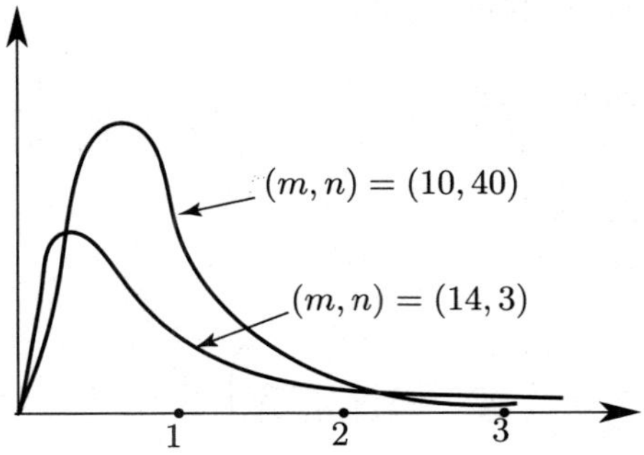

图 6.6 不同自由度下的 F 分布

由 F 分布的定义, 易得 F 分布的如下性质:

(1) 若 $X\sim t(n)$, 则 $X^2\sim F(1,n)$;

(2) 若 $F\sim F(m,n)$, 则 $1/F\sim F(n,m)$.

定义 6.7 设 $F\sim F(m,n)$, 则对任意 $\alpha\in(0,1)$, 称满足条件

$$P(F>F_\alpha(m,n))=\int_{F_\alpha(m,n)}^{+\infty}f(x)\mathrm{d}x=\alpha$$

的数 $F_\alpha(m,n)$ 为该分布的**上 α 分位点** (图 6.7).

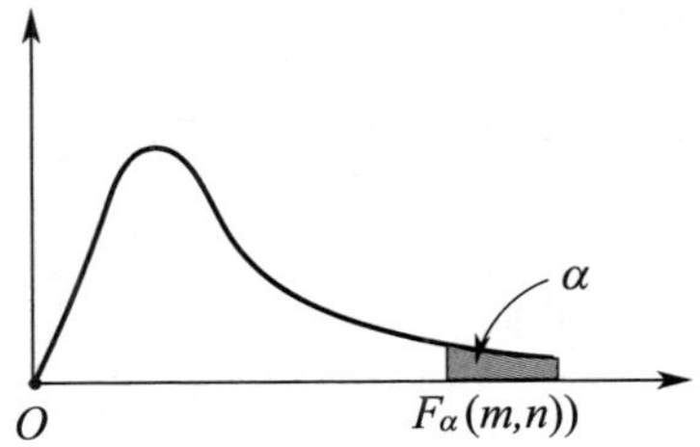

图 6.7 F 分布的上 α 分位点

对不同的 α,m,n, F 分布的上 α 分位点可从附表 5 查得. 该分位点有如下性质:

性质 6.1 设 $F_\alpha(m,n)$ 为 $F(m,n)$ 分布的上 α 分位点, $F_{1-\alpha}(n,m)$ 为 $F(n,m)$ 分布的上 $1-\alpha$ 分位点, 则

$$F_\alpha(m,n)=\frac{1}{F_{1-\alpha}(n,m)}.$$

证明 由 F 分布的性质, 若 $F\sim F(m,n)$, 则 $1/F\sim F(n,m)$. 从而由

$F(m,n)$ 分布的上 α 分位点的定义, 得

$$\begin{aligned}\alpha =&P(F > F_\alpha(m,n)) = P\left(\frac{1}{F} < \frac{1}{F_\alpha(m,n)}\right)\\ =&1 - P\left(\frac{1}{F} > \frac{1}{F_\alpha(m,n)}\right).\end{aligned}$$

于是

$$P\left(\frac{1}{F} > \frac{1}{F_\alpha(m,n)}\right) = 1-\alpha.$$

所以

$$F_{1-\alpha}(n,m) = \frac{1}{F_\alpha(m,n)},$$

即

$$F_\alpha(m,n) = \frac{1}{F_{1-\alpha}(n,m)}.$$

利用 F 分布分位点的上述性质, 由附表 5 可计算在 α 取较大值 (如 $\alpha = 0.9, 0.95, 0.975, 0.999$) 时 $F_\alpha(m,n)$ 的分位点, 如

$$F_{0.95}(10,6) = \frac{1}{F_{0.05}(6,10)} = \frac{1}{3.22} \approx 0.311.$$

例 4 设总体 X 服从标准正态分布, $(X_1, X_2, \cdots, X_n)$ 为来自总体 X 的一个样本, 其中 $n > 5$. 求统计量 $Y = \left(\frac{n}{5} - 1\right) \sum\limits_{i=1}^{5} X_i^2 \Big/ \sum\limits_{i=6}^{n} X_i^2$ 的分布.

解 由于 $X_i \sim N(0,1)$, 故

$$\sum_{i=1}^{5} X_i^2 \sim \chi^2(5), \quad \sum_{i=6}^{n} X_i^2 \sim \chi^2(n-5),$$

且 $\sum\limits_{i=1}^{5} X_i^2$ 与 $\sum\limits_{i=6}^{n} X_i^2$ 相互独立. 从而

$$\sum_{i=1}^{5} \frac{X_i^2}{5} \Big/ \sum_{i=6}^{n} \frac{X_i^2}{n-5} \sim F(5, n-5).$$

再由统计量 F 的表达式, 得 $Y \sim F(5, n-5)$.

6.3 正态总体的抽样分布

本节讨论的正态总体分单正态总体和双正态总体. 单正态总体的抽样分布主要用于正态总体数学期望和方差的参数估计, 而双正态总体的抽样分布主要用于两个正态总体均值和方差的比较.

6.3.1 单正态总体的抽样分布

设总体 X 的均值为 μ, 方差为 σ^2, $(X_1, X_2, \cdots, X_n)$ 为来自总体 X 的一个样本, $\overline{X}$ 和 S^2 分别为样本均值与修正样本方差. 则

$$E\overline{X} = \mu, \quad D\overline{X} = \frac{\sigma^2}{n}, \quad ES^2 = \sigma^2.$$

进一步, 如果总体 $X \sim N(\mu, \sigma^2)$, 则由正态分布的性质易得如下结论.

定理 6.1 设 $(X_1, X_2, \cdots, X_n)$ 为来自正态总体 $N(\mu, \sigma^2)$ 的一个样本, 则样本均值

$$\overline{X} \sim N(\mu, \sigma^2/n).$$

例 1 设 $(X_1, X_2, \cdots, X_{25})$ 为来自正态总体 $X \sim N(21, 2^2)$ 的一个样本. 求样本均值 $\overline{X}$ 的数学期望与方差, 并计算 $P(|\overline{X} - 21| \leqslant 0.24)$.

解 根据题设, $X \sim N(21, 2^2)$, 样本容量 $n = 25$. 由定理 6.1, 得

$$\overline{X} \sim N(21, 2^2/25).$$

于是

$$E\overline{X} = 21, \quad D\overline{X} = \frac{2^2}{25} = 0.4^2.$$

再由 $X \sim N(21, 2^2)$, 知 $\dfrac{\overline{X} - 21}{0.4} \sim N(0, 1)$. 故

$$\begin{aligned} P(|\overline{X} - 21| \leqslant 0.24) &= P\left(\left|\frac{\overline{X} - 21}{0.4}\right| \leqslant 0.6\right) \\ &= 2\Phi(0.6) - 1 \approx 0.451\,4. \end{aligned}$$

对正态总体 $N(\mu, \sigma^2)$ 的样本均值 $\overline{X}$ 和修正样本方差 S^2, 有以下结论.

定理 6.2 设 $(X_1, X_2, \cdots, X_n)$ 为来自正态总体 $N(\mu, \sigma^2)$ 的一个样本, 则 $\dfrac{(n-1)S^2}{\sigma^2} \sim \chi^2(n-1)$, 且 $\overline{X}$ 与 S^2 相互独立.

证明* 令 $Z_i = \dfrac{X_i - \mu}{\sigma}$ $(i = 1, 2, \cdots, n)$, 并记 $\boldsymbol{Z} = (Z_1, Z_2, \cdots, Z_n)^{\mathrm{T}}$, 则 $Z_1, Z_2, \cdots, Z_n$ 相互独立, 且均服从 $N(0, 1)$ 分布. 进一步,

$$\begin{aligned} Z &= \frac{1}{n}\sum_{i=1}^{n} Z_i = \frac{\overline{X} - \mu}{\sigma}, \\ \frac{(n-1)S^2}{\sigma^2} &= \sum_{i=1}^{n}(X_i - \overline{X})^2/\sigma^2 \\ &= \sum_{i=1}^{n}\left(\frac{(X_i - \mu) - (\overline{X} - \mu)}{\sigma}\right)^2 \\ &= \sum_{i=1}^{n}(Z_i - \overline{Z})^2 = \sum_{i=1}^{n} Z_i^2 - n\overline{Z}^2. \end{aligned}$$

以 $(1/\sqrt{n},1/\sqrt{n},\cdots,1/\sqrt{n})$ 为第一行构造正交阵 $\boldsymbol{A}$, 并令

$$\boldsymbol{Y}=(Y_1,Y_2,\cdots,Y_n)^{\mathrm{T}}=\boldsymbol{AZ}.$$

由于所有的 Z_j 都服从标准正态分布, 故所有的 Y_i 都服从正态分布, 且

$$EY_i=E\left(\sum_{j=1}^{n}a_{ij}Z_j\right)=\sum_{j=1}^{n}a_{ij}EZ_j=0,\quad i=1,2,\cdots,n.$$

进一步, 由

$$\operatorname{cov}(Z_i,Z_j)=\delta_{ij}=\begin{cases}1, & i=j,\\ 0, & i\neq j,\end{cases}$$

和矩阵 A 的正交性, 知

$$\begin{aligned}\operatorname{cov}(Y_i,Y_j)=&\operatorname{cov}\left(\sum_{k=1}^{n}a_{ik}Z_k,\sum_{l=1}^{n}a_{jl}Z_l\right)\\ &=\sum_{k=1}^{n}\sum_{l=1}^{n}a_{ik}a_{jl}\operatorname{cov}(Z_k,Z_l)=\delta_{ij}.\end{aligned}$$

这说明所有的 $Y_i\sim N(0,1)$ 且 $Y_1,Y_2,\cdots,Y_n$ 两两不相关. 再由 n 维随机变量 $(Y_1,Y_2,\cdots,Y_n)$ 服从正态分布知 $Y_1,Y_2,\cdots,Y_n$ 相互独立.

另外, 由于

$$Y_1=\sum_{j=1}^{n}a_{1j}Z_j=\sum_{j=1}^{n}\frac{1}{\sqrt{n}}Z_j=\sqrt{n}\overline{Z},$$

$$\sum_{i=1}^{n}Y_i^2=\boldsymbol{Y}^{\mathrm{T}}\boldsymbol{Y}=\boldsymbol{AZ}^{\mathrm{T}}\boldsymbol{AZ}=\boldsymbol{Z}^{\mathrm{T}}\boldsymbol{A}^{\mathrm{T}}\boldsymbol{AZ}=\boldsymbol{Z}^{\mathrm{T}}\boldsymbol{Z}=\sum_{i=1}^{n}Z_i^2,$$

所以

$$\frac{(n-1)S^2}{\sigma^2}=\sum_{i=1}^{n}Z_i^2-n\overline{Z}^2=\sum_{i=1}^{n}Y_i^2-Y_1^2=\sum_{i=2}^{n}Y_i^2.$$

由于 $Y_i\sim N(0,1)(i=2,\cdots,n)$, 而且这些随机变量相互独立, 所以 $\sum\limits_{i=2}^{n}Y_i^2\sim\chi^2(n-1)$. 从而

$$\frac{(n-1)S^2}{\sigma^2}\sim\chi^2(n-1).$$

对后一结论, 由于 $\overline{X}=\sigma\overline{Z}+\mu=\dfrac{\sigma Y_1}{\sqrt{n}}+\mu$ 仅依赖于 Y_1, $S^2=\dfrac{\sigma^2}{n-1}\sum\limits_{i=2}^{n}Y_i^2$ 仅依赖于 $Y_2,Y_2,\cdots,Y_n$, 故由 $Y_1,Y_2,\cdots,Y_n$ 的独立性推知 $\overline{X}$ 与 S^2 的独立性. □

由定理 6.2 的结论可得到一些简单的变形, 如对样本均值 $\overline{X}$、普通样本方差 $\widetilde{S}^2$ 和修正样本方差 S^2, 成立

$$\frac{n\widetilde{S}^2}{\sigma^2}=\sum_{i=1}^{n}(X_i-\overline{X})^2/\sigma^2\sim\chi^2(n-1),$$

$$\sum_{i=1}^{n}(X_i-\mu)^2/\sigma^2 \sim \chi^2(n).$$

定理 6.3　设 $(X_1, X_2, \cdots, X_n)$ 为来自正态总体 $N(\mu, \sigma^2)$ 的样本, $\overline{X}$ 和 S^2 分别是样本均值和修正样本方差, 则

$$\frac{\overline{X}-\mu}{S/\sqrt{n}} \sim t(n-1).$$

证明　容易验证

$$\frac{\overline{X}-\mu}{\sigma/\sqrt{n}} \sim N(0,1).$$

而由定理 6.2 知

$$\frac{(n-1)S^2}{\sigma^2} \sim \chi^2(n-1),$$

且 $\dfrac{(n-1)S^2}{\sigma^2}$ 与 $\dfrac{\overline{X}-\mu}{\sigma/\sqrt{n}}$ 相互独立. 从而由 t 分布的定义, 知

$$\frac{\overline{X}-\mu}{\sigma/\sqrt{n}}\Bigg/\sqrt{\frac{(n-1)S^2}{\sigma^2(n-1)}} \sim t(n-1).$$

化简得

$$\frac{\overline{X}-\mu}{S/\sqrt{n}} \sim t(n-1).$$ □

这样, 定理 6.1~ 定理 6.3 分别给出了正态总体的样本均值和样本方差的分布及样本均值与样本方差比值的分布, 为正态总体数学期望和方差的参数估计提供了便利.

例 2　设总体 $X \sim N(\mu, \sigma^2)$, $(X_1, X_2, \cdots, X_n)$ 为来自总体 X 的一个样本, S^2 为其样本方差. 求 DS^2.

解　由定理 6.2 知

$$\frac{(n-1)S^2}{\sigma^2} \sim \chi^2(n-1).$$

分别利用 χ^2 分布和方差的性质, 得

$$D\left(\frac{(n-1)S^2}{\sigma^2}\right) = 2(n-1), \quad D\left(\frac{(n-1)S^2}{\sigma^2}\right) = \frac{(n-1)^2}{\sigma^4}DS^2.$$

所以

$$DS^2 = \frac{2\sigma^4}{n-1}.$$

例 3　设导弹发射器在导弹发射时的着地点偏离中心的距离服从正态分布 $N(\mu,\ \sigma^2)$, 其中 σ=10(米). 现对其进行 25 次发射试验, 并用 S^2 表示这些试验中着地点偏离目标中心的样本方差. 求 S^2 超过 50 的概率.

解 根据定理 6.2, 得

$$\frac{(n-1)S^2}{\sigma^2} \sim \chi^2(n-1).$$

故

$$P(S^2 > 50) = P\left(\frac{(n-1)S^2}{\sigma^2} > \frac{(n-1)50}{\sigma^2}\right) = P\left(\chi^2(24) > \frac{24 \times 50}{100}\right)$$
$$= P(\chi^2(24) > 12) > P(\chi^2(24) > 12.401) = 0.975.$$

于是, S^2 超过 50 的概率不低于 97.5%.

6.3.2 双正态总体的抽样分布

对两个正态总体的样本均值和样本方差, 有以下结论:

定理 6.4 设 $(X_1, X_2, \cdots, X_m)$ 与 $(Y_1, Y_2, \cdots, Y_n)$ 为分别来自相互独立的两正态总体 $N(\mu_1, \sigma_1^2)$ 和 $N(\mu_2, \sigma_2^2)$ 的样本. $\overline{X}, \overline{Y}$ 为两样本的均值, S_1^2, S_2^2 为两样本的方差. 则

$$\frac{S_1^2/S_2^2}{\sigma_1^2/\sigma_2^2} \sim F(m-1, n-1),$$

且当 $\sigma_1^2 = \sigma_2^2$ 时,

$$\frac{(\overline{X} - \overline{Y}) - (\mu_1 - \mu_2)}{S_w\sqrt{1/m + 1/n}} \sim t(m+n-2),$$

其中

$$S_w = \sqrt{\frac{(m-1)S_1^2 + (n-1)S_2^2}{m+n-2}}.$$

证明 根据题设, 由定理 6.2, 得

$$\frac{(m-1)S_1^2}{\sigma_1^2} \sim \chi^2(m-1), \quad \frac{(n-1)S_2^2}{\sigma_2^2} \sim \chi^2(n-1).$$

由于 S_1^2 和 S_2^2 独立, 所以由 F 分布的定义, 得

$$\frac{(m-1)S_1^2}{(m-1)\sigma_1^2} \Big/ \frac{(n-1)S_2^2}{(n-1)\sigma_2^2} \sim F(m-1, n-1),$$

即

$$\frac{S_1^2/S_2^2}{\sigma_1^2/\sigma_2^2} \sim F(m-1, n-1).$$

第一个结论得证.

根据题设, 可令 $\sigma_1^2=\sigma_2^2=\sigma^2$, 则

$$\overline{X}\sim N(\mu_1,\sigma^2/m),\quad \overline{Y}\sim N(\mu_2,\sigma^2/n).$$

故有

$$\overline{X}-\overline{Y}\sim N(\mu_1-\mu_2,\sigma^2/m+\sigma^2/n),$$

进而有

$$U\triangleq\frac{(\overline{X}-\overline{Y})-(\mu_1-\mu_2)}{\sigma\sqrt{1/m+1/n}}\sim N(0,1).$$

而由定理 6.2, 得

$$\frac{(m-1)S_1^2}{\sigma^2}\sim\chi^2(m-1),\quad \frac{(n-1)S_2^2}{\sigma^2}\sim\chi^2(n-1).$$

利用它们的相互独立性, 并结合 χ^2 分布的可加性, 得

$$V\triangleq\frac{(m-1)S_1^2}{\sigma^2}+\frac{(n-1)S_2^2}{\sigma^2}\sim\chi^2(m+n-2).$$

从而由 U 与 V 的独立性和 t 分布的定义, 知

$$\frac{U}{\sqrt{V/(m+n-2)}}=\frac{(\overline{X}-\overline{Y})-(\mu_1-\mu_2)}{S_w\sqrt{1/m+1/n}}\sim t(m+n-2).$$ □

该结论分别给出了两正态总体样本方差比值的分布和两正态总体样本均值差的分布, 便于两正态总体均值和方差的比较.

例 4 设总体 X 与 Y 相互独立且服从正态分布 $N(30,3^2)$, $(X_1,\cdots,X_{25})$ 和 $(Y_1,\cdots,Y_{20})$ 分别为来自总体 X 和 Y 的简单样本, $\overline{X},\overline{Y}$ 和 S_1^2,S_2^2 分别为两样本的均值和方差. 求 $P(S_1^2/S_2^2\geqslant 2.45)$.

解 由题设, 两总体的方差为 $\sigma_1^2=\sigma_2^2=3^2$. 利用定理 6.4, 得

$$\frac{S_1^2}{S_2^2}\sim F(24,19).$$

查表得 $F_{0.025}(24,19)=2.45$. 从而得 $P(S_1^2/S_2^2\geqslant 2.45)=0.025$.

小　结

本章学习基本要求

1. 理解总体、简单随机样本 $(X_1,X_2,\cdots,X_n)$、样本容量、统计量、样本均值、样本方差和样本矩的概念.

2. 会求统计量的数学期望和方差.

3. 了解 χ^2 分布、t 分布、F 分布的概念及性质, 了解上 α 分位点的概念以及计算.

4. 掌握正态分布总体常用的抽样分布、样本均值、样本方差、样本矩、样本均值差、样本方差比的抽样分布.

本章知识点网格图

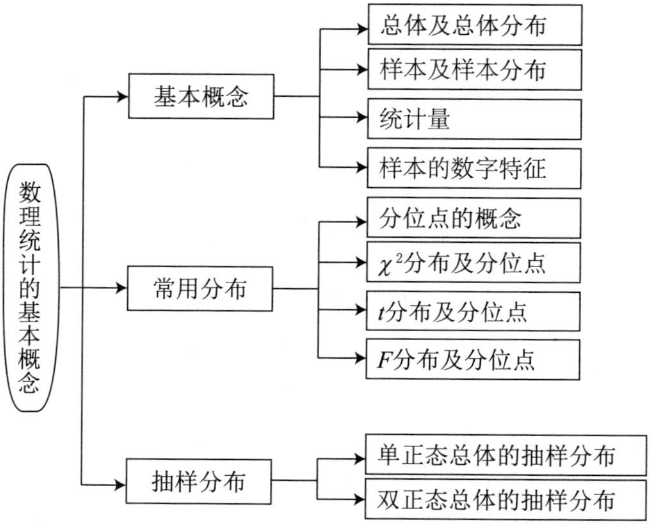

人物简介

威廉 · 戈塞 (1876—1937, 图 6.8), 英国化学家、数学家和统计学家. 其在小样本理论方面的研究, 被誉为统计推断发展史上的里程碑.

图 6.8

戈塞年轻时在牛津大学学习数学与化学, 1899 年在一家酿酒厂做酿酒化学技师. 其从事的试验和数据分析工作使他对误差有大量的感性认识. 根据中心极限定理, 对总体 X, 样本均值 $\overline{X}$ 的分布将随样本容量 n 的增大而越来越接近正态分布. 但戈塞在试验中遇到的样本容量并不大. 他对每个样本分别计算

$$\overline{X}=\frac{1}{n}\sum_{i=1}^{n}X_i,\quad S^2=\frac{1}{n-1}\sum_{i=1}^{n}(X_i-\overline{X})^2,\quad t=\frac{\sqrt{n}(\overline{X}-\mu)}{s},$$

获得 t 的大量观测值. 但他发现其在区间 $(-1,1)$, $(-2,2)$, $(-3,3)$ 内的频率与 $N(0,1)$ 在这些区间上的概率相差较大. 于是他怀疑是否存在一个不属于正态分布族的其他分布. 为解决该问题, 他专门到伦敦大学学习统计方法, 并与概率统计学家皮尔逊父子共同讨论. 他凭敏锐的直觉, 终于得到新的密度函数曲线, 并以笔名“Student”发表此结果, 故后人称此分布为“学生分布”或“t 分布”.

作为统计学的新手, 戈塞能提出一个崭新的分布是需要勇气的. 因为在当时, 正态分布被看作“万能分布”. 代表统计学最高水平的老皮尔逊只研究大样本问题. 他认为, 小样本是与统计学思想相违背的, 是危险的倾向. 在这样的氛围中, t 分布没有被外界理解和接受, 而只在戈塞的酿酒公司里使用. 不久, 英国的另一位统计学家费希尔 (R. A. Fisher) 在他的农业试验中也遇到小样本问题. 他给出了 t 分布严格而简练的推导过程, 并编制了 t 分布表. 这样, 戈塞的小样本方法才渐渐被认可, 并被发展和应用. 戈塞的 t 分布打开了人们统计学研究的新思路, 开创了小样本方法的先河.

习　题

1. 设总体 $X\sim N(0,2^2)$, $(X_1,X_2,\cdots,X_{15})$ 为来自 X 的一个样本, 求统计量 $Y=\dfrac{X_1^2+X_2^2+\cdots+X_{10}^2}{2(X_{11}^2+X_{12}^2+\cdots+X_{15}^2)}$ 的分布.

2. (1) 设 (X_1,X_2,X_3,X_4) 为来自正态总体 $X\sim N(1,\sigma^2)$ 的一个样本. 求统计量 $T_1=\dfrac{X_1-X_2}{|X_3+X_4-2|}$ 的分布.

(2) 设 (X_1,X_2,X_3) 为来自正态总体 $N(0,\sigma^2)$ 的一个样本. 求统计量 $T_2=\dfrac{X_1-X_2}{\sqrt{2}|X_3|}$ 的分布.

3. 设 $(X_1,X_2,\cdots,X_9)$ 为来自正态总体 X 的一个样本. 分别记

$$\begin{aligned}
Y_1&=\frac{1}{6}(X_1+X_2+\cdots+X_6),\\
Y_2&=\frac{1}{3}(X_7+X_8+X_9),\\
S^2&=\frac{1}{2}\sum_{i=7}^{9}(X_i-Y_2)^2,\\
Z&=\frac{\sqrt{2}(Y_1-Y_2)}{S}.
\end{aligned}$$

证明统计量 Z 服从自由度为 2 的 t 分布.

4. 设 $(X_1, X_2, \cdots, X_n, X_{n+1})$ 是取自正态总体 $X \sim N(\mu, \sigma^2)$ 的样本. 令

$$\overline{X}_n = \frac{1}{n}\sum_{i=1}^{n} X_i, \quad S_n = \frac{1}{n-1}\sum_{i=1}^{n}(X_i - \overline{X}_n)^2.$$

试确定统计量 $\sqrt{\dfrac{n}{n+1}} \cdot \dfrac{X_{n+1} - \overline{X}_n}{S_n}$ 的分布.

5. 设总体 $X \sim N(\mu, \sigma^2)$, $(X_1, X_2, \cdots, X_{10})$ 为来自 X 的一个简单样本. 求 $(X_1,\ X_2, \cdots, X_{10})$ 的联合概率密度函数和样本均值 $\overline{X}$ 的概率密度函数, 并求统计量 $T = \dfrac{1}{10}\sum\limits_{i=1}^{10} X_i^2$ 的数学期望.

6. 设 $(X_1, X_2, \cdots, X_5)$ 为来自标准正态总体 X 的一个样本.

(1) 试给出常数 c, 使 $c({X_1}^2 + {X_2}^2)$ 服从 χ^2 分布, 并指出它的自由度;

(2) 试给出常数 d, 使 $\dfrac{d(X_1 + X_2)}{\sqrt{X_3^2 + X_4^2 + X_5^2}}$ 服从 t 分布, 并指出它的自由度.

7. 设 $(X_1, X_2, \cdots, X_{2n})$ 为来自正态总体 $X \sim N(\mu, \sigma^2)$ 的一个样本, 其中 $n \geqslant 2$. 求统计量 $Y = \sum\limits_{i=1}^{n}(X_i + X_{i+n} - 2\overline{X})^2$ 的数学期望.

8. 设总体 X 的概率密度函数为

$$f(x) = \begin{cases} |x|, & |x| < 1, \\ 0, & \text{其他}. \end{cases}$$

$(X_1, X_2, \cdots, X_{50})$ 为来自 X 的一个样本. 求:

(1) $\overline{X}$ 的数学期望与方差;

(2) S^2 的数学期望;

(3) $P(|\overline{X}| > 0.02)$.

9. 设$(X_1, X_2, \cdots, X_m)$和$(Y_1, Y_2, \cdots, Y_n)$分别为来自正态总体 $X \sim N(\mu_1, \sigma^2)$ 和 $Y \sim N(\mu_2, \sigma^2)$ 的两个样本. 求下述统计量的数学期望:

$$T = \frac{\sum\limits_{i=1}^{m}(X_i - \overline{X})^2 + \sum\limits_{j=1}^{n}(Y_j - \overline{Y})^2}{m + n - 2}.$$

10. 在天平上重复称量一重为 a 的物品, 假设各次称量结果相互独立且都服从正态分布 $N(a, 0.2^2)$. 若以 $\overline{X}_n$ 表示 n 次称量结果的均值, 问: 为使

$$P(|\overline{X}_n - a| < 0.1) \geqslant 0.95,$$

n 的最小取值不应小于多少?

11. 设 $(X_1, X_2, \cdots, X_{10})$ 为来自总体 $X \sim \chi^2(n)$ 的一个样本. 求 $E\overline{X}$, $D\overline{X}$, ES^2.

12. (1) 已知某种能力测试的得分服从正态分布 $N(\mu, \sigma^2)$, 随机选 10 个人参与这一测试. 求他们得分的联合概率密度函数, 并求这 10 个人得分的平均值小于 μ 的概率.

(2) 设 (1) 中 $\mu = 62, \sigma^2 = 25$, 若得分超过 70 就能得奖, 求至少有一人得奖的概率.

第 7 章　参 数 估 计

统计推断是数理统计的核心. 它主要依据样本对总体的分布或总体分布中的某些参数做出合理的推断, 主要包括参数估计和假设检验. 根据样本对总体分布中的未知参数进行估计就是参数估计. 它分为点估计和区间估计. 点估计是利用样本对参数进行单点值的估计, 而区间估计是在概率意义下给出参数值的一个隶属区间估计. 本章主要介绍点估计的常用方法、判断标准以及均值和方差的区间估计.

7.1　点　估　计

如前所述, 参数的点估计就是指利用样本对总体分布中的未知参数或总体分布的数字特征进行估计. 下面介绍点估计的两种常用方法: 矩估计和最大似然估计.

7.1.1　矩估计

由大数定律知, 当总体 k 阶矩存在时, 样本的 k 阶矩依概率收敛于总体的 k 阶矩. 据此, 可通过求解 "样本矩 = 总体矩" 对应的方程组得到未知参数的估计量. 这就是参数的矩估计. 用矩估计法得到的估计量称为**矩估计量**, 相应的估计值称为**矩估计值**.

设总体 X 的分布函数 $F(x;\theta_1,\theta_2,\cdots,\theta_m)$ 中含有未知参数 $\theta_1,\theta_2,\cdots,\theta_m$, $(X_1,X_2,\cdots,X_n)$ 为来自该总体的一个样本. 由辛钦大数定律, 在样本容量 $n\to\infty$ 时, $A_k=\dfrac{1}{n}\sum\limits_{i=1}^{n}X_i^k\xrightarrow{\text{P}}EX^k\ (k=1,2,\cdots,m)$. 基于 "样本矩 = 总体矩", 可建立参数的矩估计方程组. 求解该方程即得矩估计值. 下面是具体的求解过程.

矩估计法

第一步 根据总体 X 的分布计算其前 m 阶矩

$$EX^k = g_k(\theta_1, \theta_2, \cdots, \theta_m), \quad k = 1, 2, \cdots, m.$$

它们是这 m 个未知参数的函数. 其中, 若总体 X 服从离散分布, 其分布律为

$$P(X = x_i) = p(x_i, \theta_1, \cdots, \theta_m), \quad i = 1, 2, \cdots,$$

则总体 X 的 k 阶矩为

$$EX^k = \sum_{i=1}^{\infty} x_i^k P(x_i, \theta_1, \cdots, \theta_m), \quad k = 1, 2, \cdots, m;$$

若总体 X 服从连续分布, 其概率密度函数为 $f(x, \theta_1, \cdots, \theta_m)$, 则总体 X 的 k 阶矩为

$$EX^k = \int_{-\infty}^{+\infty} x^k f(x, \theta_1, \cdots, \theta_m) \mathrm{d}x, \quad k = 1, 2, \cdots, m.$$

第二步 利用抽到的样本 $(X_1, X_2, \cdots, X_n)$, 计算样本矩

$$A_k = \frac{1}{n} \sum_{i=1}^{n} X_i^k, \quad k = 1, 2, \cdots, m.$$

第三步 通过"样本矩 = 总体矩", 建立方程组

$$\begin{cases} A_1 = EX, \\ \cdots, \\ A_m = EX^m. \end{cases}$$

求解上述关于 $\theta_1, \cdots, \theta_m$ 的方程, 得这些参数的矩估计.

显然, 上述估计是样本 $(X_1, X_2, \cdots, X_n)$ 的函数.

例 1 设总体 X 在 $[a, b]$ 上服从均匀分布, 其中 a, b 未知, $(X_1, X_2, \cdots, X_n)$ 为来自总体 X 的一个样本. 求 a, b 的矩估计量.

解 利用总体 X 的分布, 可得其 1 阶矩和 2 阶矩:

$$\begin{cases} EX = \dfrac{a+b}{2}, \\ EX^2 = DX + E^2X = \dfrac{(b-a)^2}{12} + (\dfrac{a+b}{2})^2. \end{cases}$$

而样本 $(X_1, X_2, \cdots, X_n)$ 的 1 阶、2 阶样本矩分别为

$$A_1 = \frac{1}{n} \sum_{i=1}^{n} X_i, \quad A_2 = \frac{1}{n} \sum_{i=1}^{n} X_i^2.$$

利用“总体矩 = 样本矩”, 得

$$\begin{cases} \dfrac{a+b}{2} = \dfrac{1}{n}\sum\limits_{i=1}^{n} X_i, \\ \dfrac{(b-a)^2}{12} + \left(\dfrac{a+b}{2}\right)^2 = \dfrac{1}{n}\sum\limits_{i=1}^{n} X_i^2. \end{cases}$$

解之得参数 a, b 的矩估计量

$$\begin{cases} \hat{a} = \overline{X} - \sqrt{\dfrac{3}{n}\sum\limits_{i=1}^{n}(X_i - \overline{X})^2}, \\ \hat{b} = \overline{X} + \sqrt{\dfrac{3}{n}\sum\limits_{i=1}^{n}(X_i - \overline{X})^2}. \end{cases}$$

将上式中的样本 $(X_1, X_2, \cdots, X_n)$ 替换为样本值 $(x_1, x_2, \cdots, x_n)$, 并将样本均值 $\overline{X}$ 替换为其观测值 $\overline{x}$, 即得矩估计值.

例 2 设总体 X 的均值和方差分别为 μ 和 σ^2, $(X_1, X_2, \cdots, X_n)$ 为来自总体 X 的一个样本. 求 μ 和 σ^2 的矩估计量.

解 由题设得总体 X 的 1 阶、2 阶矩

$$\begin{cases} EX = \mu, \\ EX^2 = DX + E^2X = \mu^2 + \sigma^2. \end{cases}$$

而样本 $(X_1, X_2, \cdots, X_n)$ 的 1 阶、2 阶样本矩分别为

$$A_1 = \frac{1}{n}\sum_{i=1}^{n} X_i, \quad A_2 = \frac{1}{n}\sum_{i=1}^{n} X_i^2.$$

利用“总体矩 = 样本矩”, 得

$$\begin{cases} \mu = \dfrac{1}{n}\sum\limits_{i=1}^{n} X_i, \\ \mu^2 + \sigma^2 = \dfrac{1}{n}\sum\limits_{i=1}^{n} X_i^2. \end{cases}$$

解之得 μ 和 σ^2 的矩估计量

$$\begin{cases} \hat{\mu} = \overline{X} = \dfrac{1}{n}\sum\limits_{i=1}^{n} X_i, \\ \hat{\sigma}^2 = \dfrac{1}{n}\sum\limits_{i=1}^{n}(X_i - \overline{X})^2. \end{cases}$$

同样, 将样本 $(X_1, X_2, \cdots, X_n)$ 替换为样本值 $(x_1, x_2, \cdots, x_n)$, 将样本均值 $\overline{X}$ 替换为其观测值 $\overline{x}$, 即得矩估计值.

容易看出, 由矩估计法得到的总体均值与方差的矩估计量不会因总体分布的不同而不同. 也就是说, 上述结果对于任意分布都成立.

矩估计方法简单直观, 特别是对总体的均值和方差等数字特征进行估计时, 无需总体的分布类型. 也就是说, 该方法没有充分利用总体分布的性质, 故有如下缺陷: (1) 当样本不是简单随机样本或总体样本的原点矩不存在时, 矩估计方法不能使用; (2) 矩估计可能不唯一, 如对泊松分布, 其样本均值 $\overline{X}$ 和样本方差 S^2 都是参数 λ 的矩估计; (3) 该估计没有充分利用总体分布的信息, 这导致样本矩与总体分布无关. 上述缺陷说明矩估计有时不是一个良好估计. 下面介绍的最大似然估计就克服了上述缺点.

7.1.2 最大似然估计

考虑如下问题: 一袋子中装有 9 个白球和 1 个黑球. 现从中随机抽取一个, 请问抽到的是白球还是黑球?

凭经验和直觉, 抽到的应是白球, 其理论依据是概率大的事件最容易发生. 这句话反过来就是, 对某随机试验, 若某个结果发生了, 则其对应的事件发生的概率最大. 基于这种思想, 人们建立了参数的最大似然估计法. 具体地, 设某随机试验有 m 个可能的结果: $A_1, A_2, \cdots, A_m$. 若在某次随机试验中, 结果 A_1 出现了, 就认为该事件发生的概率最大. 将其应用到参数估计就是, 基于样本观测结果, 寻求使该结果出现的可能性最大的那个参数值作为未知参数的估计值. 这就是参数的最大似然估计法.

为引出该方法, 下面分情况计算样本事件发生的概率, 并给出似然函数的定义.

(1) 设总体 X 服从离散分布, 其分布律为

$$P(X=x)=p(x,\theta),$$

其中 $\theta=(\theta_1,\theta_2,\cdots,\theta_m)$ 为待估参数. 设 $(x_1,x_2,\cdots,x_n)$ 为样本 $(X_1,X_2,\cdots,X_n)$ 的一个观测值, 则样本事件 $(X_1=x_1,X_2=x_2,\cdots,X_n=x_n)$ 发生的概率为

$$L(x_1,x_2,\cdots,x_n;\theta)=\prod_{i=1}^{n}p(x_i;\theta).$$

为简单起见, 记 $L(x_1,x_2,\cdots,x_n;\theta)$ 为 $L(\theta)$, 并称其为离散样本的**似然函数**.

(2) 设总体 X 服从连续分布, 其概率密度函数为 $f(x;\theta)$, 其中 $\theta=(\theta_1,\theta_2,\cdots,\theta_m)$ 为待估参数, 而 $(X_1,X_2,\cdots,X_n)$ 为来自总体 X 的一个样本, $(x_1,x_2,\cdots,x_n)$ 为其观测值. 则随机点 $(X_1,X_2,\cdots,X_n)$ 落在点 $(x_1,x_2,\cdots,x_n)$ 的微小邻域 (设

边长分别为 $\mathrm{d}x_1, \mathrm{d}x_2, \cdots, \mathrm{d}x_n$ 的 n 维立方体) 内的概率可近似表示为

$$f(x_1, x_2, \cdots, x_n; \theta)\mathrm{d}x_1\mathrm{d}x_2\cdots\mathrm{d}x_n = \prod_{i=1}^{n} f(x_i; \theta)\mathrm{d}x_i.$$

最大似然估计就是要确定 θ 的值以使上述概率值达到最大. 因 $\mathrm{d}x_i (i = 1, 2, \cdots, n)$ 与 θ 无关, 故上述函数的最大值点就是如下函数的最大值点:

$$L(x_1, x_2, \cdots, x_n; \theta) = \prod_{i=1}^{n} f(x_i; \theta).$$

同样, 记 $L(x_1, x_2, \cdots, x_n; \theta)$ 为 $L(\theta)$, 并称其为连续样本的**似然函数**.

显然, 似然函数 $L(\theta)$ 值的大小反映该样本事件发生的可能性大小. 基于样本值 $(x_1, x_2, \cdots, x_n)$, 取似然函数的最大值点作为 θ 的估计值, 即得 θ 的**最大似然估计**.

定义 7.1 设来自总体X 的样本 $(X_1, X_2, \cdots, X_n)$的样本值为 $(x_1, x_2, \cdots, x_n)$. 称似然函数 $L(\theta)$ 的最大值点

$$\hat{\theta} = \hat{\theta}(x_1, x_2, \cdots, x_n) = \arg\max_{\theta} L(\theta)$$

为 θ 的**最大似然估计值**, 并称统计量 $\hat{\theta} = \hat{\theta}(X_1, X_2, \cdots, X_n)$ 为 θ 的**最大似然估计量**. 它们统称为 θ 的**最大似然估计**.

设 $(X_1, X_2, \cdots, X_n)$ 为来自总体 X 的一个样本, $(x_1, x_2, \cdots, x_n)$ 为样本值. 综合离散型总体和连续型总体分布的情形, 可得参数的最大似然估计法.

最大似然估计法

第一步 根据总体分布和样本值 $(x_1, x_2, \cdots, x_n)$ 给出似然函数 $L(\theta)$;

第二步 求似然函数 $L(\theta)$ 的最大值点, 得 θ 的最大似然估计值;

第三步 将样本值替换为样本, 得到最大似然估计量.

显然, 最大似然估计法的核心是似然函数 $L(\theta)$ 最大值点的求解. 由于连续可微函数的最大值点是函数的驻点, 即导数零点, 故对连续可微的似然函数, 可通过计算其驻点得到函数的最大值点, 即需求解如下方程组:

$$\frac{\mathrm{d}L(\theta)}{\mathrm{d}\theta} = 0.$$

例 3 设总体 X 服从参数为 p 的 0-1 分布, $(X_1, X_2, \cdots, X_n)$ 为来自总体 X 的一个样本. 求参数 p 的最大似然估计量.

解 由题设, 总体 X 的分布律为

$$P(X = x) = p^x (1 - p)^{1-x}, \quad x = 0, 1.$$

设 $(x_1, x_2, \cdots, x_n)$ 为样本 $(X_1, X_2, \cdots, X_n)$ 的一个观测值, 则似然函数为

$$L(p) = \prod_{i=1}^{n} p^{x_i}(1-p)^{1-x_i} = p^{x_1+\cdots+x_n}(1-p)^{n-(x_1+\cdots+x_n)}.$$

为求该函数的最大值点, 计算其对数函数, 即如下函数的最大值点:

$$\ln L(p) = \sum_{i=1}^{n} x_i \ln p + \left(n - \sum_{i=1}^{n} x_i\right) \ln(1-p).$$

对该函数, 令 $\dfrac{\mathrm{d}}{\mathrm{d}p} \ln L(p) = 0$, 得

$$\frac{1}{p} \sum_{i=1}^{n} x_i - \frac{1}{1-p}\left(n - \sum_{i=1}^{n} x_i\right) = 0.$$

解之得

$$\hat{p} = \frac{1}{n} \sum_{i=1}^{n} x_i = \overline{x}.$$

从而 p 的最大似然估计为

$$\hat{p} = \frac{1}{n} \sum_{i=1}^{n} X_i = \overline{X}.$$

在上面的计算过程中, 函数 $L(\theta)$ 的最大值点的求解转化为 $\ln L(\theta)$ 的最大值点的求解, 这是由于函数 $L(\theta)$ 与 $\ln L(\theta)$ 有相同的最大值点, 而后者可将一系列概率密度函数的连乘变成连加, 便于最大值点的求解. 以后称 $\ln L(\theta)$ 为样本的**对数似然函数**.

例 4 设总体 $X \sim N(\mu, \sigma^2), (X_1, X_2, \cdots, X_n)$ 为来自总体 X 的一组样本. 求参数 μ 和 σ^2 的最大似然估计量.

解 基于总体 X 的密度函数

$$f(x; \mu, \sigma) = \frac{1}{\sqrt{2\pi}\sigma} \mathrm{e}^{-\frac{(x-\mu)^2}{2\sigma^2}}$$

和样本值 $(x_1, x_2, \cdots, x_n)$, 可得未知参数 μ, σ^2 的似然函数

$$L(\mu, \sigma) = \prod_{i=1}^{n} \frac{1}{\sqrt{2\pi}\sigma} \mathrm{e}^{-\frac{(x_i-\mu)^2}{2\sigma^2}} = (\sqrt{2\pi}\sigma)^{-n} \prod_{i=1}^{n} \mathrm{e}^{-\frac{(x_i-\mu)^2}{2\sigma^2}}.$$

相应地, 其对数似然函数为

$$\ln L(\mu, \sigma) = -\frac{n}{2} \ln 2\pi - n \ln \sigma - \frac{1}{2\sigma^2} \sum_{i=1}^{n} (x_i - \mu)^2.$$

令

$$\begin{cases}\dfrac{\partial}{\partial\mu}\ln L(\mu,\sigma)=\dfrac{1}{\sigma^2}\left(\sum\limits_{i=1}^{n}x_i-n\mu\right)=0,\\ \dfrac{\partial}{\partial\sigma}\ln L(\mu,\sigma)=-\dfrac{n}{\sigma}+\dfrac{1}{\sigma^3}\sum\limits_{i=1}^{n}(x_i-\mu)^2=0,\end{cases}$$

解之得

$$\hat{\mu}=\frac{1}{n}\sum_{i=1}^{n}x_i=\overline{x},\quad \hat{\sigma}^2=\frac{1}{n}\sum_{i=1}^{n}(x_i-\overline{x})^2.$$

将样本值 $(x_1,x_2,\cdots,x_n)$ 替换为样本 $(X_1,X_2,\cdots,X_n)$, 再将样本均值的观测值 $\overline{x}$ 替换为样本均值 $\overline{X}$, 即得 μ 和 σ 的最大似然估计量

$$\hat{\mu}=\overline{X},\quad \hat{\sigma}^2=\frac{1}{n}\sum_{i=1}^{n}(X_i-\overline{X})^2.$$

例 5 设总体 X 在 $[a,b]$ 上服从均匀分布, a, b 未知, $(x_1,x_2,\cdots,x_n)$ 为一个样本值. 求 a,b 的最大似然估计量.

解 对该均匀分布, 其密度函数为

$$f(x;a,b)=\begin{cases}\dfrac{1}{b-a}, & a\leqslant x\leqslant b,\\ 0, & \text{其他}.\end{cases}$$

对样本值 $(x_1,x_2,\cdots,x_n)$, 其似然函数为

$$L(a,b)=\begin{cases}\dfrac{1}{(b-a)^n}, & a\leqslant x_i\leqslant b,\ i=1,2,\cdots,n,\\ 0, & \text{其他}.\end{cases}$$

对该函数, 若基于函数的最大值点为函数的驻点求解, 则会得到参数$a\to-\infty$ 或 $b\to\infty$ 的无意义的结果. 下面基于最大似然估计的思想求解该问题.

对于样本值 $(x_1,x_2,\cdots,x_n)$, 要使似然函数 $L(a,b)$ 达到最大值, a 应该尽量大, b 应该尽量小. 考虑到 a,b 满足 $a\leqslant x_i\leqslant b$ $(i=1,2,\cdots,n)$, 则 a,b 的最大似然估计值为

$$\hat{a}=\min\{x_1,x_2,\cdots,x_n\},\quad \hat{b}=\max\{x_1,x_2,\cdots,x_n\}.$$

因而 a,b 的最大似然估计量为

$$\hat{a}=\min\{X_1,X_2,\cdots,X_n\},\quad \hat{b}=\max\{X_1,X_2,\cdots,X_n\}.$$

相比矩估计, 最大似然估计充分利用了样本和总体分布所包含的信息, 因而具有许多优良的性质, 在实际中也最常用.

7.2　估计量的评价标准

根据前一节的讨论, 参数的点估计是一个统计量, 也就是说, 点估计给出的任一估计量都是随机变量. 故根据不同的观测结果, 会得到不同的参数估计值. 而对于同一参数, 由不同的估计方法会得到不同的估计量. 那么在众多的参数估计方案中哪一个更好呢? 下面从数学期望、方差和极限的角度进行分析.

7.2.1　无偏性

由于参数 θ 的估计量 $\hat{\theta}(X_1, X_2, \cdots, X_n)$ 是随机变量, 所以从总体中抽取多个样本, 会得到多个估计值. 这些估计值都会有偏差. 自然, 人们希望估计量 $\hat{\theta}$ 在均值意义下离 θ 的真值越近越好. 这就是参数估计的无偏性.

定义 7.2　设 θ 为总体 X 分布中的待估参数, 而 $(X_1, X_2, \cdots, X_n)$ 为来自总体 X 的一个样本. 若估计量 $\hat{\theta} = \hat{\theta}(X_1, X_2, \cdots, X_n)$ 的数学期望 $E\hat{\theta}$ 存在, 且

$$E\hat{\theta} = \theta,$$

则称 $\hat{\theta}$ 是 θ 的**无偏估计量**.

设总体 X 的均值 μ 和方差 σ^2 均未知. 由 6.2 节的讨论知

$$E\overline{X} = \mu, \quad ES^2 = \sigma^2, \quad E\widetilde{S}^2 = \frac{n-1}{n}\sigma^2.$$

所以无论总体服从什么分布, 样本均值 $\overline{X}$ 都是总体均值 μ 的无偏估计, 样本方差 S^2 是总体方差的无偏估计, 而样本 2 阶中心矩, 即普通样本方差 $\widetilde{S}^2$ 不是 σ^2 的无偏估计. 尽管如此, 由于

$$\lim_{n \to +\infty} E\widetilde{S}^2 = \sigma^2,$$

故普通样本方差是 σ^2 的一个渐近无偏估计.

例 1　设总体 $X \sim N(0, \sigma^2)$, $(X_1, X_2, \cdots, X_n)$ 为来自该总体的一个样本. 试证明 $\hat{\sigma}^2 = \dfrac{1}{n}\sum\limits_{i=1}^{n} X_i^2$ 是 σ^2 的一个无偏估计, 并计算 $D\hat{\sigma}^2$.

解　首先, 由 $X \sim N(0, \sigma^2)$ 知

$$EX^2 = DX + E^2X = \sigma^2.$$

从而, 利用数学期望的线性性质, 得

$$E\hat{\sigma}^2 = \frac{1}{n}\sum_{i=1}^{n} EX_i^2 = \sigma^2.$$

故 $\hat{\sigma}^2$ 是 σ^2 的无偏估计.

其次, 由于

$$\sum_{i=1}^{n} \frac{X_i^2}{\sigma^2} = \sum_{i=1}^{n} \left(\frac{X_i}{\sigma}\right)^2,$$

且 $X_i/\sigma \sim N(0,1)$, 故由 χ^2 分布的定义和性质, 得

$$\sum_{i=1}^{n} \frac{X_i^2}{\sigma^2} \sim \chi^2(n), \qquad D\Big(\sum_{i=1}^{n} \frac{X_i^2}{\sigma^2}\Big) = 2n.$$

从而有

$$D\hat{\sigma}^2 = D\Big(\frac{1}{n}\sum_{i=1}^{n} X_i^2\Big) = \frac{\sigma^4}{n^2} D\Big(\sum_{i=1}^{n} \frac{X_i^2}{\sigma^2}\Big) = \frac{\sigma^4}{n^2}\cdot 2n = \frac{2\sigma^4}{n}.$$

无偏性的意义在于, 当一个无偏估计量被多次使用时, 其估计值在未知参数真值附近波动, 而且这些估计值的理论均值等于被估参数, 从而保证该参数估计没有系统偏差.

无偏估计是估计量的一个基本要求, 也非常合理. 但有些参数没有无偏估计, 如对来自正态总体 $N(\theta,1)$ 的样本 $(X_1, X_2, \cdots, X_n)$, 参数$|\theta|$ 就没有无偏估计. 另外, 有的参数有多个无偏估计量, 如样本均值和样本方差都是泊松分布中参数 λ 的无偏估计量, 那么哪一个更好呢? 这就引出了估计量的另一个评价标准——有效性.

7.2.2 有效性

由于参数估计量是一个随机变量, 考虑到方差可用来刻画随机变量对数学期望的偏离程度, 人们就借助偏差来评价参数估计的效果. 具体地, 参数 θ 有多个无偏估计量 $\hat{\theta}_1, \hat{\theta}_2, \cdots, \hat{\theta}_k$, 则在样本容量相同的情况下, 如果某估计量的观测值比其他估计量更密集地在 θ 的真值附近, 即偏离真值 θ 的程度更小, 那么该估计量应该比其他估计量好. 这就是参数估计的有效性.

定义 7.3 设 $\hat{\theta}_1 = \hat{\theta}_1(X_1, X_2, \cdots, X_n)$ 与 $\hat{\theta}_2 = \hat{\theta}_2(X_1, X_2, \cdots, X_n)$ 都是 θ 的无偏估计量. 若 $D\hat{\theta}_1 < D\hat{\theta}_2$, 则称 $\hat{\theta}_1$ 对 θ 的估计较 $\hat{\theta}_2$ **有效**. 如果 $\hat{\theta}_1$ 较 θ 的其他任何一个无偏估计量都有效, 则称 $\hat{\theta}_1$ 是 θ 的**最小方差无偏估计**.

设 $(X_1, X_2, \cdots, X_n)$ 为来自总体 X 的一个样本. 如果总体均值 μ 和方差 σ^2 都存在, 则 X_1 和 $\overline{X}$ 都是 μ 的无偏估计. 但由于 $DX_1 = DX = \sigma^2$, $D\overline{X} = \sigma^2/n$,

所以总体均值的估计量 $\overline{X}$ 较 X_1 有效, 而且 n 越大, $\overline{X}$ 越有效. 可以证明: 对于正态总体, 样本均值是总体均值的所有无偏估计中方差最小的估计, 因而是一种最佳无偏估计, 又称一致最小方差无偏估计.

7.2.3 相合性

前面参数估计量的无偏性与有效性是在样本容量有限的前提下提出的. 为进一步考察估计量的好坏, 人们希望随着样本容量的增大, 估计量越来越接近未知参数的真值, 也就是在样本容量 n 无限增大时, 估计量的值收敛于待估参数的真值. 这就是参数估计量的相合性, 又称一致性.

定义 7.4 设 $\hat{\theta}_n = \hat{\theta}(X_1, X_2, \cdots, X_n)$ 为未知参数 θ 的序列估计量. 若 $\{\hat{\theta}_n\}$ 依概率收敛于 θ, 即对于任意 $\varepsilon > 0$, 均有

$$\lim_{n\to\infty} P(|\hat{\theta}_n - \theta| < \varepsilon) = 1,$$

则称 $\hat{\theta}$ 为参数 θ 的**相合估计量**, 又称**一致估计量**.

相合估计量意味着, 只要样本容量 n 足够大, 就可以保证在概率意义下无限靠近待估参数的真值.

由于估计量的一致性是在大样本情况下提出的一种评价标准, 所以它不适用于小样本的情况. 由大数定律, 样本均值是总体均值的相合估计. 下面的例子说明, 样本方差也是总体方差的相合估计.

例 2 设总体 $X \sim N(\mu, \sigma^2)$, $(X_1, X_2, \cdots, X_n)$ 为来自总体 X 的一个样本. 证明样本方差 S^2 是 σ^2 的相合估计量.

证明 分别计算样本方差 S^2 的数学期望和方差. 对此, 由 6.3 节定理 6.2 知

$$\frac{(n-1)S^2}{\sigma^2} \sim \chi^2(n-1).$$

故由 χ^2 分布的性质得

$$D\left(\frac{(n-1)S^2}{\sigma^2}\right) = 2(n-1).$$

从而 $DS^2 = \dfrac{2\sigma^4}{n-1}$. 再利用 $ES^2 = \sigma^2$ 和切比雪夫不等式, 对任意 $\varepsilon > 0$,

$$0 \leqslant P(|S^2 - ES^2| \geqslant \varepsilon) \leqslant \frac{1}{\varepsilon^2} D(S^2) = \frac{2\sigma^4}{\varepsilon^2(n-1)}.$$

令 $n \to +\infty$, 即得命题结论.

需要说明的是, 参数估计的上述三个评价标准不是孤立的, 应联系起来看. 如果一个估计量同时满足这三个标准, 那么它自然是一个好的估计量. 现已证明: 样本均值是总体均值的无偏、一致和有效的估计量.

7.3 区 间 估 计

点估计是待估参数的一个近似估计, 它与参数的真值有一定的偏差. 遗憾的是, 我们既不能得到该估计值的近似度, 也不能给出它的偏离范围. 为弥补这方面的不足, 人们给出了参数的另一种估计——区间估计.

由于样本具有随机性, 所以通过样本很难得到参数的精确值, 除非"样本 = 总体". 这样, 人们在概率意义下寻求待估参数的一个隶属区间, 这就是区间估计. 具体地, 在给定可靠度下, 寻求统计量 $\underline{\theta}=\underline{\theta}(X_1,X_2,\cdots,X_n)$ 和 $\overline{\theta}=\overline{\theta}(X_1,X_2,\cdots,X_n)$, 使待估参数 θ 落在区间 $(\underline{\theta},\overline{\theta})$ 中的概率尽可能大, 如取概率为 $1-\alpha$, 其中 $\alpha\in(0,1)$ 为较小值. 区间 $(\underline{\theta},\overline{\theta})$ 就是参数 θ 的区间估计.

下面先给出区间估计的有关概念, 再给出区间估计的计算方法.

7.3.1 置信区间

定义 7.5 设总体 X 的分布函数为 $F(x,\theta)$, 其中 θ 为未知参数, $(X_1,X_2,\cdots,X_n)$ 为来自总体的一个样本. 对任意 $\alpha\in(0,1)$, 若存在由样本 $(X_1,X_2,\cdots,X_n)$ 确定的统计量 $\underline{\theta}=\underline{\theta}(X_1,X_2,\cdots,X_n)$ 和 $\overline{\theta}=\overline{\theta}(X_1,X_2,\cdots,X_n)$, 使得

$$P(\underline{\theta}(X_1,X_2,\cdots,X_n)<\theta<\overline{\theta}(X_1,X_2,\cdots,X_n))\geqslant 1-\alpha, \tag{7.1}$$

则称 $(\underline{\theta},\overline{\theta})$ 为参数 θ 的置信度为 $1-\alpha$ 的**置信区间**, 而 $\underline{\theta}$ 和 $\overline{\theta}$ 分别称为置信度为 $1-\alpha$ 的**双侧置信区间的置信下限和置信上限**, $1-\alpha$ 称为**置信水平或置信度**.

由于 $\underline{\theta}$ 和 $\overline{\theta}$ 都是统计量, 所以 $(\underline{\theta},\overline{\theta})$ 是随机区间. 基于式 (7.1) , 对每个样本值, 都能得到参数 θ 的一个区间估计 $(\underline{\theta},\overline{\theta})$. 重复多次就得到多个区间估计. 在所有这些区间估计中, 约有 $(1-\alpha)\cdot 100\%$ 比例的区间包含未知参数 θ 的真值, 而约有 $\alpha\cdot 100\%$ 比例的区间不包含未知参数 θ 的真值. 通常, α 的值较小, 所以参数 θ 的真值落在置信区间的概率 $1-\alpha$, 即置信区间包含真值的可信度较大.

置信区间的长度 $\overline{\theta}-\underline{\theta}$ 称为区间估计的**精度**, 它与区间估计的可靠度 $1-\alpha$ 相互制约, 即在样本容量一定的条件下, 要提高可靠度, 就必须增加置信区间长度,

从而降低了精度; 反之, 提高了精度, 就必然降低可靠度. 因此区间估计的一般原则是: 在保证置信区间可靠度的条件下, 尽可能提高区间估计的精度.

7.3.2 置信区间的计算

设总体 X 的分布中含有待估参数 θ. 为建立参数 θ 的区间估计, 必须构建既包含总体 X 又包含参数 θ 且分布已知的统计量函数 $U(X_1, X_2, \cdots, X_n; \theta)$, 然后根据该统计量的分布和设定的置信度导出参数的置信区间. 具体求解过程如下.

置信区间估计步骤

第一步 构造包含样本 $(X_1, X_2, \cdots, X_n)$ 和待估参数 θ 且分布完全已知的函数 $U(X_1, X_2, \cdots, X_n; \theta)$, 其中 U 的分布与 θ 无关. 具有这种性质的随机变量称为**枢轴量**.

第二步 对于给定的置信度 $1-\alpha$, 寻求使 $b-a$ 尽可能小的常数 a 和 b, 满足

$$P\big(a < U(X_1, X_2, \cdots, X_n; \theta) < b\big) = 1 - \alpha. \tag{7.2}$$

第三步 求解关于 θ 的不等式

$$a < U(X_1, X_2, \cdots, X_n; \theta) < b,$$

得

$$\underline{\theta}(X_1, X_2, \cdots, X_n) < \theta < \overline{\theta}(X_1, X_2, \cdots, X_n).$$

由此求得 θ 的置信水平为 $1-\alpha$ 的置信区间 $(\underline{\theta}, \overline{\theta})$.

对上述求解过程, 寻求包含样本 $(X_1, X_2, \cdots, X_n)$ 和待估参数 θ 且分布已知的函数 U (枢轴量) 是区间估计的关键.

需要说明的是, 对给定的 α, 对连续总体 X, 根据式 (7.2) 总能计算出置信区间, 而对离散总体, 可能不存在区间 $(\underline{\theta}, \overline{\theta})$, 使得

$$P(\underline{\theta}(X_1, X_2, \cdots, X_n) < \theta < \overline{\theta}(X_1, X_2, \cdots, X_n)) = 1 - \alpha.$$

此时, 一般寻求尽可能小的区间 $(\underline{\theta}, \overline{\theta})$, 使得

$$P(\underline{\theta}(X_1, X_2, \cdots, X_n) < \theta < \overline{\theta}(X_1, X_2, \cdots, X_n)) \geqslant 1 - \alpha.$$

例 1 设总体 X 服从正态分布 $N(\mu, \sigma^2)$, 其中 σ^2 已知. 设 $(X_1, X_2, \cdots, X_n)$ 为来自该总体的一个样本. 求 μ 的置信度为 $1-\alpha$ 的置信区间.

解 由于 $\overline{X}$ 为 μ 的无偏估计, 故用 $\overline{X}$ 对 μ 做区间估计. 由 6.3 节定理 6.1 知 $\overline{X} \sim N(\mu, \sigma^2/n)$. 从而

$$\frac{\overline{X}-\mu}{\sigma/\sqrt{n}} \sim N(0,1).$$

根据正态分布的性质, 以下借助标准正态分布的上 α 分位点寻求精度最高的置信区间,

$$P\left(-z_{\alpha/2} < \frac{\overline{X}-\mu}{\sigma/\sqrt{n}} < z_{\alpha/2}\right) = 1-\alpha,$$

即

$$P\left(\overline{X} - \frac{\sigma}{\sqrt{n}} z_{\alpha/2} < \mu < \overline{X} + \frac{\sigma}{\sqrt{n}} z_{\alpha/2}\right) = 1-\alpha.$$

从而得 μ 的置信水平为 $1-\alpha$ 的置信区间

$$\left(\overline{X} - \frac{\sigma}{\sqrt{n}} z_{\alpha/2}, \overline{X} + \frac{\sigma}{\sqrt{n}} z_{\alpha/2}\right).$$

在例 1 中, 若取 $\sigma = 1$, $n = 16$, $\alpha = 0.05$, 即 $1-\alpha = 0.95$, 查标准正态分布表得 $z_{\alpha/2} = z_{0.025} = 1.96$. 所以, 参数 μ 的置信水平为 0.95 的置信区间为 $(\overline{x} - 0.49, \overline{x} + 0.49)$.

7.4 正态总体均值和方差的区间估计

基于上节给出的区间估计法, 本节讨论正态总体的均值和方差的区间估计. 这里之所以选择正态总体, 是因为与其他总体相比, 正态总体参数的置信区间的讨论是最完善的, 应用也最广泛.

设总体 $X \sim N(\mu, \sigma^2)$, 其中 μ, σ^2 为参数, $(X_1, X_2, \cdots, X_n)$ 为取自正态总体 X 的一个样本. 下面分情况讨论正态总体参数的区间估计.

7.4.1 方差 σ^2 已知时数学期望 μ 的区间估计

根据上节例 1 的讨论, 若总体 $X \sim N(\mu, \sigma^2)$, 且 σ^2 已知, 则 μ 的置信水平为 $1-\alpha$ 的置信区间为

$$\left(\overline{X} - \frac{\sigma}{\sqrt{n}} z_{\alpha/2}, \overline{X} + \frac{\sigma}{\sqrt{n}} z_{\alpha/2}\right). \tag{7.3}$$

例 1 设某车间生产的滚珠直径 X 服从正态分布 $N(\mu, 0.6)$. 现从某天生产的产品中随机抽取 6 个, 测得直径 (单位: 厘米) 分别为

$$14.6,\quad 15.1,\quad 14.9,\quad 14.8,\quad 15.2,\quad 15.1.$$

求直径置信度为 0.95 的置信区间.

解 由置信度 $1-\alpha=0.95$, 知 $\alpha=0.05$, $\alpha/2=0.025$.

查标准正态分布表得 $z_{\alpha/2}=1.96$. 将样本均值 $\overline{x}=14.95$ 及 $n=6, \sigma=\sqrt{0.6}$ 代入式 (7.3), 得 μ 的置信水平为 $1-\alpha$ 的置信区间

$$\left(14.95-\frac{\sqrt{0.6}}{\sqrt{6}}\times 1.96, 14.95+\frac{\sqrt{0.6}}{\sqrt{6}}\times 1.96\right),$$

即均值的置信度为 0.95 的置信区间约为 $(14.75, 15.15)$.

7.4.2 方差 σ^2 未知时数学期望 μ 的区间估计

对正态总体 X, 若均方差 σ 未知, 则前述均值置信区间含有未知参数 σ, 故它不是枢轴量. 考虑到修正样本方差 S^2 是 σ^2 的无偏估计, 故可用 S^2 替代 σ^2. 为此, 考虑统计量

$$T=\frac{\overline{X}-\mu}{S/\sqrt{n}}.$$

对该统计量, 由 6.3 节定理 6.3 知

$$\frac{\overline{X}-\mu}{S/\sqrt{n}}\sim t(n-1).$$

于是, 对置信水平 $1-\alpha$, 存在 t 分布的上 $\alpha/2$ 分位点 $t_{\alpha/2}(n-1)$, 使得

$$P\left(-t_{\alpha/2}(n-1)<\frac{\overline{X}-\mu}{S/\sqrt{n}}<t_{\alpha/2}(n-1)\right)=1-\alpha,$$

即

$$P\left(\overline{X}-\frac{S}{\sqrt{n}}t_{\alpha/2}(n-1)<\mu<\overline{X}+\frac{S}{\sqrt{n}}t_{\alpha/2}(n-1)\right)=1-\alpha.$$

由此得正态分布的数学期望 μ 的置信水平为 $1-\alpha$ 的置信区间

$$\left(\overline{X}-\frac{S}{\sqrt{n}}t_{\alpha/2}(n-1), \overline{X}+\frac{S}{\sqrt{n}}t_{\alpha/2}(n-1)\right). \tag{7.4}$$

例 2 有一大批糖果. 现从中随机地取 16 袋, 称得质量 (单位: 克) 如下:

$$\begin{gathered}506,\ 508,\ 499,\ 503,\ 504,\ 510,\ 497,\ 512,\\ 514,\ 505,\ 493,\ 496,\ 506,\ 502,\ 509,\ 496.\end{gathered}$$

设袋装糖果的质量近似服从正态分布. 求总体均值 μ 的置信水平为 0.95 的置信区间.

解 这里 $1-\alpha=0.95, \alpha/2=0,025, n-1=15$. 查表得 $t_{0.025}(15)=2.131\,5$. 利用所提供的数据, 求得

$$\overline{x}=503.75, \quad s=6.202\,2.$$

则由式 (7.4) 给出的均值的置信区间计算公式, 得均值 μ 的置信水平为 0.95 的置信区间

$$\left(503.75-\frac{6.202\,2}{\sqrt{16}}\times 2.131\,5, 503.75+\frac{6.202\,2}{\sqrt{16}}\times 2.131\,5\right),$$

即 $(500.4, 507.1)$.

该计算结果说明, 袋装糖果质量的均值在 500.4~507.1 克范围的可信度为 95%. 若以此区间内任一值作为 μ 的近似值, 其误差不大于 $\frac{6.202\,2}{\sqrt{16}}\times 2.131\,5\times 2\approx$ 6.61 克的可信度为 95%.

式 (7.3) 和式 (7.4) 分别在总体方差已知和未知条件下给出了总体均值的一个置信区间. 那么在相同的置信水平下, 哪一个方法给出的置信区间精度更高呢?

例 3 为调查某地旅游者的平均消费水平, 随机访问了 25 名旅客, 得知他们的平均消费额为 $\overline{x}=80$ (元). 设游客的消费额服从正态分布. 求下述情况下游客平均消费额 μ 的 95% 的置信区间.

(1) 游客消费额正态分布的标准差为 $\sigma=12$;

(2) 游客消费额正态分布的标准差 σ 未知, 25 名游客消费额的样本标准差为 $s=12$ (元).

解 (1) 由于方差已知, 故该情形适用于式 (7.3) 给出的数学期望的区间估计

$$\left(\overline{X}-\frac{\sigma}{\sqrt{n}}z_{\alpha/2}, \overline{X}+\frac{\sigma}{\sqrt{n}}z_{\alpha/2}\right).$$

这样, 对置信度 $1-\alpha=0.95, \alpha=0.05, \alpha/2=0.025$, 查标准正态分布表得

$$z_{0.025}=1.96.$$

将数据 $n=25, \overline{x}=80, \sigma=12, z_{0.025}=1.96$ 代入式 (7.3), 得 μ 的置信度为 95% 的置信区间

$$\left(80-\frac{12}{\sqrt{25}}\times 1.96, 80+\frac{12}{\sqrt{25}}\times 1.96\right),$$

即 $(75.30, 84.70)$. 这就是说, 在已知 $\sigma=12$ 的情形下, 可以 95% 的置信度认为游客的平均消费额在 75.30~84.70 元范围.

(2) 由于方差未知, 故该情形适用于式 (7.4) 给出的数学期望的区间估计

$$\left(\overline{X}-\frac{S}{\sqrt{n}}t_{\alpha/2}(n-1),\overline{X}+\frac{S}{\sqrt{n}}t_{\alpha/2}(n-1)\right).$$

这样, 对给定的置信度 $1-\alpha=95\%,\alpha=0.05,\alpha/2=0.025$, 查 t 分布临界值表得

$$t_{\alpha/2}(n-1)=t_{0.025}(24)=2.064.$$

再将数据 $n=25,\overline{x}=80,t_{0.025}(24)=2.064$, $s=12$ (元) 代入式 (7.4), 得 μ 的置信度为 95% 的置信区间

$$\left(80-\frac{12}{\sqrt{25}}\times 2.064,80+\frac{12}{\sqrt{25}}\times 2.064\right),$$

即 $(75.05,84.95)$. 在总体标准差 σ 未知的条件下, 可以 95% 的置信度认为游客的平均消费额在 $75.05\sim 84.95$ 元范围.

在上例中, 由两种区间估计方法得到的区间估计精度满足

$$84.95-75.08=9.87>9.4=84.70-75.30.$$

这说明, 标准差 σ 未知时总体均值的置信区间的精度低于标准差 σ 已知时总体均值的置信区间精度. 直观理解, 该差异是由 t 分布相比标准正态分布的"厚尾"性决定的, 也可粗略解释为总体标准差信息的缺失导致了区间估计精度的减小.

由于在实际中, 总体方差 σ^2 未知的情况居多, 所以该情形下提供的均值的置信区间较 σ^2 已知时提供的均值的置信区间有较大的使用空间.

7.4.3 均值 μ 未知时方差 σ^2 的区间估计

由于 S^2 为 σ^2 的无偏估计, 故由 6.3 节定理 6.2, 得

$$\frac{(n-1)S^2}{\sigma^2}\sim\chi^2(n-1).$$

则对任意给定的置信水平 $1-\alpha$, 存在 $a,b\,(0<a<b)$, 使得

$$P\left(a<\frac{(n-1)S^2}{\sigma^2}<b\right)=1-\alpha.$$

满足上述条件的 a,b 很多. 很难找到精度最高的置信区间. 一般地, 取分位点

$$a=\chi^2_{1-\alpha/2}(n-1),\quad b=\chi^2_{\alpha/2}(n-1).$$

则

$$P\left(\chi^2(n-1) \geqslant \chi^2_{\alpha/2}(n-1)\right) = P\left(\chi^2(n-1) \leqslant \chi^2_{1-\alpha/2}(n-1)\right) = \alpha/2.$$

于是有

$$P\left(\chi^2_{1-\alpha/2}(n-1) < \chi^2(n-1) < \chi^2_{\alpha/2}(n-1)\right) = 1-\alpha.$$

从而

$$P\left(\chi^2_{1-\alpha/2}(n-1) < \frac{(n-1)S^2}{\sigma^2} < \chi^2_{\alpha/2}(n-1)\right) = 1-\alpha,$$

即

$$P\left(\frac{(n-1)S^2}{\chi^2_{\alpha/2}(n-1)} < \sigma^2 < \frac{(n-1)S^2}{\chi^2_{1-\alpha/2}(n-1)}\right) = 1-\alpha.$$

从而得 σ^2 的置信水平为 $1-\alpha$ 的置信区间

$$\left(\frac{(n-1)S^2}{\chi^2_{\alpha/2}(n-1)}, \frac{(n-1)S^2}{\chi^2_{1-\alpha/2}(n-1)}\right).$$

而标准差 σ 的置信水平为 $1-\alpha$ 的置信区间为

$$\left(\frac{\sqrt{n-1}S}{\sqrt{\chi^2_{\alpha/2}(n-1)}}, \frac{\sqrt{n-1}S}{\sqrt{\chi^2_{1-\alpha/2}(n-1)}}\right). \tag{7.5}$$

需要说明的是, 上面给出的方差的置信区间的精度不是最高的 (图 7.1). 由于 $\chi^2(n-1)$ 分布的密度函数不对称, 所以很难给出给定置信水平下精度最高的置信区间.

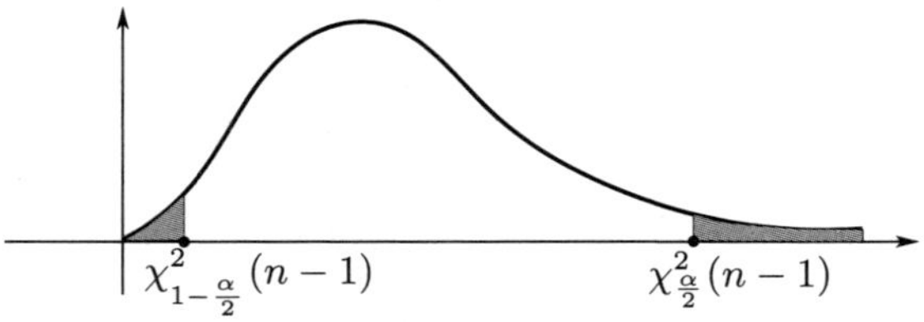

图 7.1

例 4 求例 2 中总体标准差 σ 的置信水平为 0.95 的置信区间.

解 由于总体均值未知, 故该情形适用于式 (7.5) 给出的区间估计. 此时, 有

$$\alpha/2 = 0.025, \quad 1-\alpha/2 = 0.975, \quad n-1 = 15, \quad s = 6.2022.$$

另查 χ^2 分布表, 得分位点 $\chi^2_{0.025}(15)=27.488$, $\chi^2_{0.975}(15)=6.262$. 则由式 (7.5) 给出的标准差的置信区间计算公式, 得标准差 σ 的置信水平为 0.95 的置信区间

$$\left(\frac{\sqrt{15}\times 6.2022}{\sqrt{27.488}},\frac{\sqrt{15}\times 6.2022}{\sqrt{6.262}}\right)\approx(4.58,9.60).$$

当均值 μ 已知时, 标准方差 σ 的区间估计可类似讨论.

7.5　两正态总体均值差和方差比值的区间估计

设正态总体 $X\sim N(\mu_1,\sigma_1^2)$, $Y\sim N(\mu_2,\sigma_2^2)$ 相互独立. $(X_1,X_2,\cdots,X_m)$, $(Y_1,Y_2,\cdots,Y_n)$ 为分别来自两正态总体的样本. 下面分情况讨论两正态总体均值的差 $\mu_1-\mu_2$ 和两正态总体方差的比值 σ_1^2/σ_2^2 的区间估计.

7.5.1　σ_1^2,σ_2^2 已知时两正态总体均值差的区间估计

对于样本 $(X_1,X_2,\cdots,X_m)$, $(Y_1,Y_2,\cdots,Y_n)$, 由于正态总体 X 和 Y 相互独立, 所以样本均值 $\overline{X}$ 和 $\overline{Y}$ 也相互独立. 由 6.3 节定理 6.1 有

$$\overline{X}\sim N\left(\mu_1,\frac{\sigma_1^2}{m}\right),\quad \overline{Y}\sim N\left(\mu_2,\frac{\sigma_2^2}{n}\right).$$

故

$$\overline{X}-\overline{Y}\sim N\left(\mu_1-\mu_2,\frac{\sigma_1^2}{m}+\frac{\sigma_2^2}{n}\right).$$

从而

$$\frac{(\overline{X}-\overline{Y})-(\mu_1-\mu_2)}{\sqrt{\sigma_1^2/m+\sigma_2^2/n}}\sim N(0,1).$$

由标准正态分布的对称性和单调性, 可取上分位点 $z_{\alpha/2}$, 使得

$$P\left(\left|\frac{(\overline{X}-\overline{Y})-(\mu_1-\mu_2)}{\sqrt{\sigma_1^2/m+\sigma_2^2/n}}\right|<z_{\alpha/2}\right)=1-\alpha.$$

由此得 $\mu_1-\mu_2$ 的置信水平为 $1-\alpha$ 的置信区间

$$\left(\overline{X}-\overline{Y}-z_{\alpha/2}\sqrt{\frac{\sigma_1^2}{m}+\frac{\sigma_2^2}{n}},\ \overline{X}-\overline{Y}+z_{\alpha/2}\sqrt{\frac{\sigma_1^2}{m}+\frac{\sigma_2^2}{n}}\right).$$

例 1　2003 年在某地区分行业调查职工平均工资情况: 已知体育、卫生、社会福利事业职工工资 X (元) $\sim N(\mu_1,218^2)$; 文教、艺术、广播事业职工工资 Y (元)

$\sim N(\mu_2, 227^2)$. 从总体 X 中调查 25 人, 平均工资 1 286 元, 从总体 Y 中调查 30 人, 平均工资 1 272 元. 求这两类行业职工平均工资之差的置信度为 99% 的区间估计.

解 由题设, 该情形符合两总体方差已知时, 两正态总体均值差的区间估计. 由于 $1-\alpha=0.99$, 故 $\alpha=0.01$. 查标准正态分布表, 得

$$z_{\alpha/2}=z_{0.005}=2.576.$$

又

$$m=25,\quad n=30,\quad \sigma_1^2=218^2,\quad \sigma_2^2=227^2,\quad \overline{x}=1\,286,\quad \overline{y}=1\,272.$$

根据前面给出的置信区间计算公式, 得 $\mu_1-\mu_2$ 的置信度为 99% 的置信区间

$$\left((1\,286-1\,272)-2.576\sqrt{\frac{218^2}{25}+\frac{227^2}{30}},(1\,286-1\,272)+2.576\sqrt{\frac{218^2}{25}+\frac{227^2}{30}}\right),$$

即 $(-140.96, 168.96)$. 两大类行业职工平均工资之差在 -140.96 元 $\sim$ 168.96 元范围的置信度为 99%.

7.5.2 $\sigma_1^2=\sigma_2^2$ 未知时两正态总体均值差的区间估计

此时, 由 6.3 节的定理 6.4 有

$$\frac{(\overline{X}-\overline{Y})-(\mu_1-\mu_2)}{S_w\sqrt{1/m+1/n}}\sim t(m+n-2),$$

其中

$$S_w=\sqrt{\frac{(m-1)S_1^2+(n-1)S_2^2}{m+n-2}}.$$

故由

$$P\left(\left|\frac{(\overline{X}-\overline{Y})-(\mu_1-\mu_2)}{S_w\sqrt{1/m+1/n}}\right|<t_{\alpha/2}(m+n-2)\right)=1-\alpha,$$

得 $\mu_1-\mu_2$ 的置信水平为 $1-\alpha$ 的置信区间

$$\left(\overline{X}-\overline{Y}\pm\sqrt{\frac{1}{m}+\frac{1}{n}}S_wt_{\alpha/2}(m+n-2)\right).$$

例 2 某机床厂从两台机器加工的同一零件中分别抽取若干个, 测得零件尺寸 (单位: 厘米) 如下:

第一台机器: 6.2, 5.7, 6.5, 6.0, 6.3, 5.8, 5.7, 6.0,6.0, 5.8, 6.0;

第二台机器: 5.6, 5.9, 5.6, 5.7, 5.8, 6.0, 5.5, 5.7, 5.5.
设两台机器加工出来的零件尺寸均服从正态分布, 且方差相同. 求两台机器加工的零件尺寸均值之差的置信水平为 0.95 的区间估计.

解　由题设, 该情形符合两总体方差未知时, 两正态总体均值差的区间估计.

用 X 表示第一台机器加工的零件尺寸, Y 表示第二台机器加工的零件尺寸. 由题设, 知

$$m=11,\quad n=9,\quad 1-\alpha=0.95,\quad \alpha=0.05,\quad \overline{x}=6.0,\quad \overline{y}=5.7.$$

计算得 $s_1^2=0.064, s_2^2=0.03$, 从而 $s_w=0.221$. 另查 t 分布的临界值表, 得

$$t_{0.025}(m+n-2)=t_{0.025}(18)=2.101.$$

将上述数据代入前面给出的置信区间计算公式, 得两台机器加工零件尺寸的均值之差的置信水平为 0.95 的置信区间

$$\left((6.0-5.7)\pm 2.101\times 0.221\times\sqrt{\frac{1}{11}+\frac{1}{9}}\right),$$

即 $(0.091\,2, 0.508\,8)$.

7.5.3　两正态总体方差比值的区间估计

不失一般性, 设正态总体 X, Y 的总体均值 μ_1, μ_2 未知. 由 6.3 节定理 6.4 得

$$\frac{S_1^2/S_2^2}{\sigma_1^2/\sigma_2^2}\sim F(m-1,n-1).$$

对于给定的置信水平 $1-\alpha$, 借助 F 分布的分位点 $F_{\alpha/2}(m-1,n-1)$, 得

$$P\left(F_{1-\alpha/2}(m-1,n-1)<\frac{S_1^2/S_2^2}{\sigma_1^2/\sigma_2^2}<F_{\alpha/2}(m-1,n-1)\right)=1-\alpha,$$

即

$$P\left(\frac{S_1^2}{S_2^2}\frac{1}{F_{\alpha/2}(m-1,n-1)}<\frac{\sigma_1^2}{\sigma_2^2}<\frac{S_1^2}{S_2^2}\frac{1}{F_{1-\alpha/2}(m-1,n-1)}\right)=1-\alpha.$$

从而得 σ_1^2/σ_2^2 的置信水平为 $1-\alpha$ 的置信区间

$$\left[\frac{S_1^2}{S_2^2}\frac{1}{F_{\alpha/2}(m-1,n-1)},\frac{S_1^2}{S_2^2}\frac{1}{F_{1-\alpha/2}(m-1,n-1)}\right].$$

例 3　考察机器 A, B 生产的钢管内径. 随机抽取机器 A 生产的管子 18 只, 测得修正样本方差 $s_1^2=0.34$ 厘米^2; 抽取机器 B 生产的管子 13 只, 测得修正样

本方差 $s_2^2=0.29$ 厘米^2. 设两样本相互独立, 并设由机器 A, B 生产的管子的内径分别服从正态分布 $N(\mu_1,\sigma_1^2), N(\mu_2,\sigma_2^2)$, 这里 $\mu_i,\sigma_i^2\ (i=1,2)$ 均未知. 求方差比 σ_1^2/σ_2^2 的置信水平为 0.90 的置信区间.

解 由题设知

$$m=18,\quad s_1^2=0.34,\quad n=13,\quad s_2^2=0.29,\quad \alpha=0.10.$$

容易计算

$$F_{\alpha/2}(m-1,n-1)=F_{0.05}(17,12)=2.59,$$
$$F_{1-\alpha/2}(17,12)=F_{0.95}(17,12)=\frac{1}{F_{0.05}(12,17)}=\frac{1}{2.38}.$$

代入前面给出的置信区间公式, 得 σ_1^2/σ_2^2 的置信水平为 0.90 的置信区间

$$\left(\frac{0.34}{0.29}\times\frac{1}{2.59},\frac{0.34}{0.29}\times 2.38\right),$$

即 $(0.45,2.79)$.

由于该置信区间包含 1, 因此可认为 σ_1^2, σ_2^2 无显著差别.

7.6 单侧置信区间

前面介绍的参数的区间估计给出了置信区间的上、下限, 即置信区间都采用了双侧置信区间 $(\underline{\theta},\overline{\theta})$ 的形式. 但在某些问题中, 如对于设备、元件的寿命来说, 人们更多关心的是它们平均寿命的下限, 而对于化学药品中杂质含量的均值, 人们更多关心的是其上限. 这就引出了单侧置信区间的概念.

定义 7.6 若由样本 $(X_1,X_2,\cdots,X_n)$ 确定的统计量 $\underline{\theta}=\underline{\theta}(X_1,X_2,\cdots,X_n)$ 和 $\overline{\theta}=\overline{\theta}(X_1,X_2,\cdots,X_n)$ 分别满足

$$P\Big(\underline{\theta}(X_1,X_2,\cdots,X_n)<\theta\Big)=1-\alpha$$

和

$$P\Big(\theta<\overline{\theta}(X_1,X_2,\cdots,X_n)\Big)=1-\alpha,$$

则区间 $(\underline{\theta},+\infty)$ 和 $(-\infty,\overline{\theta})$ 分别称为 θ 的置信度为 $1-\alpha$ 的**右侧置信区间**和**左侧置信区间**, $\underline{\theta}$ 和 $\overline{\theta}$ 分别称为相应的**单侧置信下限**和**单侧置信上限**.

正态总体单侧置信区间的求法同双侧置信区间求法完全类似, 都是通过构造枢轴量, 反解待估参数. 下面分别给出单正态总体均值 μ 和方差 σ^2 的单侧置信区间的估计.

设正态总体 X、均值 μ、方差 σ^2 均未知, $(X_1, X_2, \cdots, X_n)$ 为来自该总体的一个样本. 则由 6.3 节定理 6.3 有

$$\frac{\overline{X}-\mu}{S/\sqrt{n}} \sim t(n-1).$$

取分位点 $t_\alpha(n-1)$, 使得

$$P\left(\frac{\overline{X}-\mu}{S/\sqrt{n}} < t_\alpha(n-1)\right) = 1-\alpha,$$

即

$$P\left(\mu > \overline{X} - \frac{S}{\sqrt{n}} t_\alpha(n-1)\right) = 1-\alpha.$$

解之得 μ 的置信度为 $1-\alpha$ 的右侧置信区间

$$\left(\overline{X} - \frac{S}{\sqrt{n}} t_\alpha(n-1), +\infty\right).$$

另外, 由 6.3 节定理 6.2 得

$$\frac{(n-1)S^2}{\sigma^2} \sim \chi^2(n-1).$$

取分位点 $\chi^2_\alpha(n-1)$, 使

$$P\left(\frac{(n-1)S^2}{\sigma^2} > \chi^2_{1-\alpha}(n-1)\right) = 1-\alpha,$$

得

$$P\left(\sigma^2 < \frac{(n-1)S^2}{\chi^2_{1-\alpha}(n-1)}\right) = 1-\alpha.$$

所以 σ^2 的置信度为 $1-\alpha$ 的左侧置信区间为

$$\left(0, \frac{(n-1)S^2}{\chi^2_{1-\alpha}(n-1)}\right).$$

例 1　从一批灯管中随机取 5 只做寿命试验, 测得寿命 (单位: 小时) 分别为

$$1\,050, \quad 1\,100, \quad 1\,120, \quad 1\,250, \quad 1\,280.$$

设灯管寿命服从正态分布. 求灯管寿命平均值的置信水平为 0.95 的单侧置信下限.

解 显然,

$$1-\alpha=0.95,\quad n=5,\quad t_\alpha(n-1)=t_{0.05}(4)=-2.131\,8,\quad \overline{x}=1\,160,\quad s^2=9\,950.$$

由前面的讨论知, 灯管寿命平均值的置信水平为 0.95 的单侧置信下限为

$$\underline{\mu}=\overline{x}-\frac{s}{\sqrt{n}}t_\alpha(n-1)=1\,065.$$

小　结

本章学习基本要求

1. 理解参数点估计、估计量与估计值的概念.

2. 掌握参数的矩估计法和最大似然估计法.

3. 了解估计量的无偏性、有效性和相合性的概念, 并会验证估计量的无偏性.

4. 理解区间估计的概念, 会求单个正态总体均值和方差的置信区间, 以及两个正态总体的均值差和方差比的置信区间. 置信水平为 $1-\alpha$ 的正态总体均值、方差的置信区间与单侧置信限见表 7.1、表 7.2.

本章知识点网格图

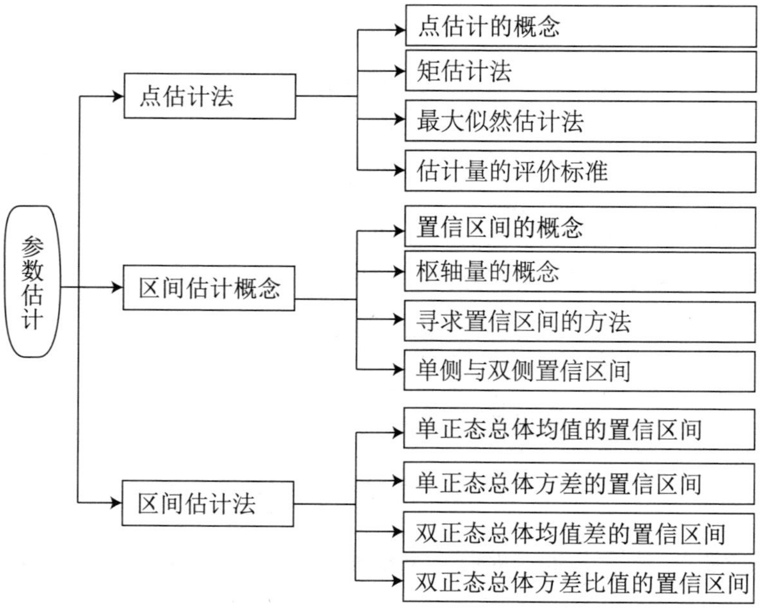

表 7.1 单正态总体均值、方差的双侧置信区间与单侧置信限 (置信水平为 $1-\alpha$)

待估参数	其他参数	枢轴量的分布	置信区间	单侧置信限
μ	σ^2 已知	$Z=\dfrac{\overline{X}-\mu}{\sigma/n}\sim N(0,1)$	$\left(\overline{X}\pm\dfrac{\sigma}{\sqrt{n}}z_{\alpha/2}\right)$	$\overline{\mu}=\overline{X}+\dfrac{\sigma}{\sqrt{n}}z_\alpha$ $\underline{\mu}=\overline{X}-\dfrac{\sigma}{\sqrt{n}}z_\alpha$
μ	σ^2 未知	$T=\dfrac{\overline{X}-\mu}{S/n}\sim t(n-1)$	$\left(\overline{X}\pm\dfrac{S}{\sqrt{n}}t_{\alpha/2}(n-1)\right)$	$\overline{\mu}=\overline{X}+\dfrac{S}{\sqrt{n}}t_\alpha(n-1)$ $\underline{\mu}=\overline{X}-\dfrac{S}{\sqrt{n}}t_\alpha(n-1)$
σ^2	μ 未知	$\chi^2=\dfrac{(n-1)S^2}{\sigma^2}\sim\chi^2(n-1)$	$\left(\dfrac{(n-1)S^2}{\chi^2_{\alpha/2}(n-1)},\dfrac{(n-1)S^2}{\chi^2_{1-\alpha/2}(n-1)}\right)$	$\overline{\sigma^2}=\dfrac{(n-1)S^2}{\chi^2_{1-\alpha}(n-1)}$ $\underline{\sigma^2}=\dfrac{(n-1)S^2}{\chi^2_\alpha(n-1)}$

表 7.2　两正态总体均值、方差的双侧置信区间与单侧置信限 (置信水平为 $1-\alpha$)

待估参数	其他参数	枢轴量的分布	置信区间	单侧置信限
$\mu_1-\mu_2$	σ_1^2,σ_2^2 已知	$Z=\dfrac{\overline{X}-\overline{Y}-(\mu_1-\mu_2)}{\sqrt{\dfrac{\sigma_1^2}{m}+\dfrac{\sigma_2^2}{n}}}\sim N(0,1)$	$\left(\overline{X}-\overline{Y}\pm z_{\alpha/2}\sqrt{\dfrac{\sigma_1^2}{m}+\dfrac{\sigma_2^2}{n}}\right)$	$\overline{\mu_1-\mu_2}=\overline{X}-\overline{Y}+z_\alpha\sqrt{\dfrac{\sigma_1^2}{m}+\dfrac{\sigma_2^2}{n}}$ $\underline{\mu_1-\mu_2}=\overline{X}-\overline{Y}-z_\alpha\sqrt{\dfrac{\sigma_1^2}{m}+\dfrac{\sigma_2^2}{n}}$
$\mu_1-\mu_2$	$\sigma_1^2=\sigma_2^2$ $=\sigma^2$ 已知	$T=\dfrac{(\overline{X}-\overline{Y})-(\mu_1-\mu_2)}{S_w^2\sqrt{\dfrac{1}{m}+\dfrac{1}{n}}}$ $\sim t(m+n-2)$ $S_w^2=\dfrac{(m-1)S_1^2+(n-1)S_2^2}{m+n-2}$	$\left(\overline{X}-\overline{Y}\pm t_{\alpha/2}(m+n-2)\right.$ $\left.\cdot S_w\sqrt{\dfrac{1}{m}+\dfrac{1}{n}}\right)$	$\overline{\mu_1-\mu_2}=\overline{X}-\overline{Y}$ $+t_\alpha(m+n-2)S_w\sqrt{\dfrac{1}{m}+\dfrac{1}{n}}$ $\underline{\mu_1-\mu_2}=\overline{X}-\overline{Y}$ $-t_\alpha(m+n-2)S_w\sqrt{\dfrac{1}{m}+\dfrac{1}{n}}$
$\dfrac{\sigma_1^2}{\sigma_2^2}$	μ_1,μ_2 未知	$F=\dfrac{S_1^2/S_2^2}{\sigma_1^2/\sigma_2^2}\sim F(m-1,n-1)$	$\left(\dfrac{S_1^2}{S_2^2}\cdot\dfrac{1}{F_{\alpha/2}(m-1,n-1)},\right.$ $\left.\dfrac{S_1^2}{S_2^2}\cdot\dfrac{1}{F_{1-\alpha/2}(m-1,n-1)}\right)$	$\overline{\dfrac{\sigma_1^2}{\sigma_2^2}}=\dfrac{S_1^2}{S_2^2}\cdot\dfrac{1}{F_{1-\alpha}(m-1,n-1)}$ $\underline{\dfrac{\sigma_1^2}{\sigma_2^2}}=\dfrac{S_1^2}{S_2^2}\cdot\dfrac{1}{F_\alpha(m-1,n-1)}$

人物简介

卡尔·皮尔逊 (Karl Pearson, 1857—1936, 图 7.2), 英国数学家、生物统计学家, 在气象学和优生学方面也做出了重大贡献, 是统计学大样本理论的一代宗师.

皮尔逊于 1879 年在剑桥大学国王学院毕业 6 年后即成为伦敦大学的应用数学教授, 并在此工作终生. 1911 年在该校任优生学教授, 1896 年选入皇家学会, 1898 年获达尔文奖.

图 7.2

1889 年, 高尔顿在其著作《自然遗传》中引入了遗传相关和回归的概念, 并明确了它们在遗传学中的研究价值. 皮尔逊对此十分着迷, 在此后的 15 年里他几乎单枪匹马地从事此项研究, 并在高尔顿、韦尔登等人关于相关和回归统计概念的基础上, 建立了著名的最大似然估计法. 1901 年, 他与韦尔登、高尔顿一起创办了《生物统计》杂志, 为统计学科的发展和传播发挥了巨大作用.

习　题

1. 设总体 X 的概率密度函数为

$$f(x;\theta)=\begin{cases}\mathrm{e}^{-(x-\theta)}, & x\geqslant\theta,\\ 0, & x<\theta,\end{cases}$$

$(X_1,X_2,\cdots,X_n)$ 为来自该总体的一个样本. 求未知参数 θ 的矩估计量.

2. 设总体 X 的概率密度函数为

$$f(x;\theta)=\begin{cases}\theta, & 0<x<1,\\ 1-\theta, & 1\leqslant x<2,\\ 0, & \text{其他},\end{cases}$$

其中 $\theta\in(0,1)$ 未知, $(X_1,X_2,\cdots,X_n)$ 为来自该总体的一个样本, 记 N 为样本值 $(x_1,x_2,\cdots,x_n)$ 中小于 1 的个数. 求 θ 的最大似然估计.

3. 设总体 X 的概率密度函数为

$$f(x;\theta)=\begin{cases}\dfrac{1}{1-\theta}, & \theta\leqslant x\leqslant 1,\\ 0, & \text{其他},\end{cases}$$

其中 θ 为未知参数. $(X_1,X_2,\cdots,X_n)$ 为来自该总体的一个样本. 求 θ 的矩估计量和最大似然估计量.

4. 设总体 X 的概率密度函数为

$$f(x)=\begin{cases}\lambda^2 x\mathrm{e}^{-\lambda x}, & x>0,\\ 0, & \text{其他},\end{cases}$$

其中参数 $\lambda>0$ 未知. 又设 $(X_1,X_2,\cdots,X_n)$ 是来自该总体的一个样本. 求参数 λ 的矩估计量和最大似然估计量.

5. 设总体 X 的概率分布函数为

$$F(x;\alpha,\beta)=\begin{cases}1-\left(\dfrac{\alpha}{x}\right)^{\beta}, & x>\alpha,\\ 0, & x\leqslant\alpha,\end{cases}$$

其中参数 $\alpha>0,\beta>1$, $(X_1,X_2,\cdots,X_n)$ 为来自 X 的一个样本.

(1) 当 $\alpha=1$ 时, 求未知参数 β 的矩估计量和最大似然估计量;

(2) 当 $\beta=2$ 时, 求未知参数 α 的最大似然估计量.

6. 设总体 X 的概率密度函数为

$$f(x)=\begin{cases}(\theta+1)x^{\theta}, & 0<x<1,\\ 0, & \text{其他},\end{cases}$$

其中 $\theta>-1$ 是未知参数, $(X_1,X_2,\cdots,X_n)$ 为来自该总体 X 的一个样本. 求 θ 的矩估计量和最大似然估计量.

7. 设总体 X 的分布律如表 7.3 所示. 其中 $\theta\in(0,1)$ 为未知参数. 求基于样本值 $x_1=1,x_2=2,x_3=1$ 的参数 θ 的矩估计值和最大似然估计值.

表 7.3

X	1	2	3
P	θ^2	$2\theta(1-\theta)$	$(1-\theta)^2$

8. 设一批电子元件的寿命 T 服从双参数为 c,θ 的指数分布, 其概率密度函数为

$$f(x)=\begin{cases}\dfrac{1}{\theta}\mathrm{e}^{-(x-c)/\theta}, & x\geqslant c,\\ 0, & \text{其他},\end{cases}$$

其中 $c,\theta>0$ 为未知参数. 从这批电子元件中随机抽取 n 件进行寿命检验. 设它们的有效期从小到大依次为 $x_1,x_2,\cdots,x_n$, 试求参数 θ, c 的最大似然估计和矩估计.

9. 设总体 X 的概率密度函数为

$$f(x;\theta)=\begin{cases}\dfrac{\theta^2}{x^3}\cdot\mathrm{e}^{-\theta/x}, & x>0,\\ 0, & \text{其他},\end{cases}$$

其中 $\theta>0$ 未知, $(X_1,X_2,\cdots,X_n)$ 为来自总体 X 的一个样本. 求参数 θ 的矩估计量和最大似然估计量.

10. 设 $(X_1,X_2,\cdots,X_n)$ 为来自概率密度函数为

$$f(x,\theta)=\begin{cases}\theta x^{\theta-1}, & x\in(0,1),\\ 0, & \text{其他}\end{cases}$$

的总体的一个样本. 求 $U=\mathrm{e}^{-1/\theta}$ 的最大似然估计值.

11. 设 $(X_1,X_2,\cdots,X_n)$ 为来自正态总体 $N(\mu,1)$ 的一个样本, 其中 μ 未知. 求 $\theta=P(X>2)$ 的最大似然估计.

12. 设总体 X 的概率密度函数为

$$f(x;\theta)=\begin{cases}\dfrac{1}{\theta}x^{(1-\theta)/\theta}, & x\in(0,1),\\ 0, & \text{其他},\end{cases}$$

其中 $\theta>0$ 待定. $(X_1,X_2,\cdots,X_n)$ 为来自总体 X 的一个样本. 试验证 θ 的最大似然估计量为

$$\hat{\theta}=-\frac{1}{n}\sum_{i=1}^{n}\ln X_i,$$

并证明它是 θ 的无偏估计量.

13. 设总体 X 的分布函数为

$$F(x;\theta)=\begin{cases}1-\mathrm{e}^{-x^2/\theta}, & x>0,\\ 0, & x\leqslant 0,\end{cases}$$

其中 $\theta>0$ 为未知参数, $(X_1,X_2,\cdots,X_n)$ 为来自总体 X 的一个样本. 求 EX, EX^2 和 θ 的最大似然估计; 是否存在常数 a, 使得对任何 $\varepsilon>0$, 都有

$$\lim_{n\to\infty}P(|\hat{\theta}_n-a|\geqslant\varepsilon)=0?$$

14. 设总体 $X\sim N(\mu,\sigma^2)$, $Y\sim N(\mu,2\sigma^2)$, 其中 σ 未知. 记 $Z=X-Y$.

(1) 求 Z 的概率密度函数 $f_Z(z)$;

(2) 设 $(Z_1,Z_2,\cdots,Z_n)$ 为来自总体 Z 的一个样本, 求 σ^2 的最大似然估计量 $\hat{\sigma}^2$;

(3) 证明 $\hat{\sigma}^2$ 是 σ^2 的无偏估计.

15. 设 $(X_1,X_2,\cdots,X_n)$ 为来自总体 $N(0,\sigma^2)$ 的一个样本, 其样本均值为 $\overline{X}$. 记

$$Y_i=X_i-\overline{X},\quad i=1,2,\cdots,n.$$

(1) 求 Y_i 的方差 $D(Y_i)$ $(i=1,2,\cdots,n)$;

(2) 求 Y_1 与 Y_n 的协方差 $\operatorname{cov}(Y_1,Y_n)$;

(3) 若 $c(Y_1+Y_n)^2$ 是 σ^2 的无偏估计量, 求常数 c.

16. 设 $(X_1,X_2,\cdots,X_n)$ 为来自总体 $X\sim N(\mu,\sigma^2)$ 的一个样本. 令

$$\overline{X}=\frac{1}{n}\sum_{i=1}^{n}X_i,\quad S^2=\frac{1}{n-1}\sum_{i=1}^{n}(X_i-\overline{X})^2,\quad T=\overline{X}^2-\frac{1}{n}S^2.$$

证明 T 是 μ^2 的无偏估计量, 并求 $D(T)$ 在 $\mu=0,\sigma=1$ 时的值.

17. 设 $(0.50,1.25,0.80,2.00)$ 为来自总体 X 的一个样本值. 已知 $Y=\ln X$ 服从正态分布 $N(\mu,1)$. 求 X 的数学期望 EX 和 μ 的置信度为 0.95 的置信区间, 并利用上述结果求 $b=EX$ 的置信度为 0.95 的置信区间.

18. 用机器装罐头, 已知罐头质量服从正态分布 $N(\mu,0.02^2)$. 随机抽取 25 个罐头进行测量, 算得其样本均值为 1.01 千克. 求总体期望 μ 的置信度为 95% 的置信区间.

19. 设总体 $X\sim N(\mu,\sigma^2)$, 其中 μ 未知, $\sigma^2=4$, $(X_1,X_2,\cdots,X_n)$ 为其样本.

(1) 当 $n=16$ 时, 求置信度分别为 90% 和 95% 的 μ 的置信区间的长度.

(2) n 多大才能使 μ 的 90% 的置信区间长度不超过 1?

(3) n 多大才能使 μ 的 95% 的置信区间长度不超过 1?

20. 设一批零件长度服从正态分布 $N(\mu,\sigma^2)$, 其中 μ,σ^2 均未知. 现从中随机抽取 16 个零件, 测得样本均值 $\overline{x}=20$ 厘米, 样本标准差 $s=1$ 厘米, 求 μ 的置信度为 90% 的置信区间.

21. 为比较 A 牌和 B 牌灯管的寿命, 随机抽取 A 牌灯管 10 只, 测得平均寿命 $\overline{x}=1\,400$ 小时, 修正样本标准差 $s_1=52$ 小时; 随机抽取 B 牌灯管 8 只, 测得平均寿命 $\overline{y}=1\,250$ 小时, 修正样本标准差 $s_2=64$ 小时. 设两总体都服从正态分布, 且方差相等. 求两总体均值差 $\mu_1-\mu_2$ 的 95% 的置信区间.

第 8 章　假设检验

假设检验是统计推断的另一项重要内容, 即在总体分布未知或分布类型已知但含未知参数的条件下, 先对总体的分布或未知参数的取值做某种假设, 再利用抽样对假设做出接受还是拒绝的决定. 本章主要讨论单参数假设检验.

8.1　假设检验的基本原理

8.1.1　问题提出

例 1　某车间用一台包装机包装葡萄糖. 正常情况下, 袋装糖的质量服从正态分布 $N(\mu, 0.015^2)$. 当包装机正常工作时, $\mu = 0.5$(千克). 某日开工后, 为检验包装机是否正常, 随机抽取包装的 9 袋糖, 称得质量 (单位: 千克) 如下:

$$0.497,\ 0.506,\ 0.518,\ 0.524,\ 0.498,\ 0.511,\ 0.520,\ 0.515,\ 0.512.$$

问机器是否正常工作?

用 μ 和 σ 分别表示这一天袋装糖的质量总体 X 的均值和标准差. 由题设, $X \sim N(\mu, 0.015^2)$, 这里 μ 未知. 为检验包装机是否正常工作, 需要根据样本值判断 $\mu = 0.5$ 是否成立. 为此, 先提出两个相互对立的假设:

$$H_0\colon \mu = \mu_0 = 0.5, \quad H_1\colon \mu \neq \mu_0,$$

再制定一个法则, 利用采集到的样本做出接受 H_0 (即拒绝假设 H_1) 或拒绝假设 H_0 (即接受假设 H_1) 的决定. 前者对应机器正常工作, 后者对应机器不正常工作. 下面给出假设检验的基本原理.

8.1.2 假设检验的基本原理

先给出如下概念.

1. 小概率事件与实际推断原理

在随机试验中, 若某事件发生的概率很小, 几乎接近 0, 则称该事件为**小概率事件**. 那么, 概率小到什么程度才能视作"小概率事件"呢? 这没有统一的标准, 一般根据实际情况灵活设定. 在航空业, 飞机出现故障的概率一般要控制到近乎为零. 因此, 飞机出现故障是小概率事件. 体育奖券或福利彩票抽奖时, 一等奖一般要求 7 个号码全中. 这样每千万张奖券中才有一张中奖. 也就是说, 买一张奖券中一等奖的概率约为千万分之一, 这也是小概率事件. 从理论上讲, 小概率事件不是不可能事件, 但在一次试验中几乎不可能发生, 因此可视作不可能事件. 这称为实际推断原理.

2. 假设检验的基本思想

数学上的反证法是先假定某命题成立, 然后经过一系列的数学推理, 导出一个与事实相反的结果, 这相当于一个不可能事件竟然发生了, 从而证明原命题不成立, 进而否定原命题.

基于数学上的反证法, 可得概率上的反证法: 先假定一个命题成立, 然后经过严密的数学推理, 导出一个几乎不可能发生的小概率事件发生了. 根据实际推断原理, 认定原假设不成立. 这就是假设检验的基本思想. 下面通过一个具体例子说明.

某射手自称射击时的命中率为 $p = 0.9$, 但在射击实验时连射两枪都没命中. 根据该结果, 自然怀疑甚至否定其说法. 理由如下:假设 H_0 : $p = 0.9$ 成立, 那么, 连续两次射击都不中的概率为 $(1 - 0.9)^2 = 0.01$. 可见该试验结果是难得一见的小概率事件, 几乎不可能发生, 而该事件竟然发生了, 我们自然怀疑甚至否定命题 H_0, 即认为该射手的命中率不到 0.9. 这样说或许有些夸大, 因为这种情况发生的概率毕竟不是零, 但从理论上我们误判的可能性很小, 只有 1%. 进一步, 若该射手连续三次射击都没击中目标, 我们几乎可以百分之百肯定其命中率不到 0.9, 因为该假设下这种事件发生的可能性只有 1‰!

假设检验中的"小概率事件发生了"称为"不合理". 那么, 在假设检验中, 概率小到什么程度才能算"小概率事件"? 显然, "小概率事件"的概率越小, 否定假设

H_0 就越有说服力. 我们称这个概率值 $\alpha \in (0,1)$ 为检验的**显著性水平**. 对不同的问题, 设置的显著性水平也不同, 但一般都很小.

8.1.3 假设检验的基本方法

在许多实际问题中, 需要对总体 X 的分布或分布函数中的一些参数做出某些假设, 这称为**统计假设**, 记作 H_0. 判断统计假设 H_0 是否成立的检验方法称为**假设检验**. 在假设检验中, 称要检验的假设 H_0 为**原假设**, 又称基本假设, 而原假设 H_0 的对立面称为**备择假设**, 又称备选假设或对立假设, 记为 H_1.

根据以上讨论, 例 1 中的假设检验问题可表述为

$$H_0\colon \mu = \mu_0,\quad H_1\colon \mu \neq \mu_0\,(\mu_0 = 0.5).$$

在备择假设 H_1 中, μ 可能大于 μ_0, 也可能小于 μ_0. 这样的假设称为**双边备择假设**, 而基于该类型假设的检验称为**双边假设检验**.

上述假设检验关乎总体均值 μ. 由于样本均值 $\overline{X}$ 是 μ 的无偏估计, 其大小在一定程度上反映 μ 的大小, 所以对于该假设检验, 一个自然的想法是能否借助样本均值 $\overline{X}$ 进行判断. 从理论上讲, 如果 H_0 为真, 则样本均值 $\overline{X}$ 与 μ_0 的偏差 $|\overline{X}-\mu_0|$ 很大的概率很小. 据此, 当该偏差很小时就接受假设 H_0, 而当偏差很大时就怀疑假设 H_0 的正确性而拒绝 H_0. 那么偏差的大小如何界定呢? 根据前面的分析, 我们先设定一个小概率值 α, 就是前面介绍的显著性水平, 然后基于 H_0 为真时, 样本均值 $\overline{X}$ 与 μ_0 的偏差 $|\overline{X}-\mu_0|$ 很大的概率很小这一事实, 利用偏差 $|\overline{X}-\mu_0|$ 的分布和给定的概率值 α 给出度量该偏差大小的一个临界值, 记为 κ. 但问题是, 偏差统计量 $|\overline{X}-\mu_0|$ 的分布不熟知. 为此, 需构造包含该偏差且分布熟知的统计量. 考虑到该偏差的标准化量 $Z = \dfrac{\overline{X}-\mu_0}{\sigma/\sqrt{n}}$ 服从标准正态分布, 所以可用 $\dfrac{|\overline{X}-\mu_0|}{\sigma/\sqrt{n}}$ 来度量 $\overline{X}$ 与 μ_0 的相对偏差. 根据以上分析, 上述假设检验就是求临界值 κ, 使得

$$P(|Z| \geqslant \kappa) = \alpha.$$

在严格意义上, 上式应写成条件概率

$$P(|Z| \geqslant \kappa | H_0\text{成立}) = \alpha,$$

也就是

$$P(\text{拒绝}H_0|H_0\text{成立}) = P_{\mu\in H_0}\left(\frac{|\overline{X}-\mu_0|}{\sigma/\sqrt{n}} \geqslant \kappa\right) = \alpha.$$

它表示在假设 H_0 成立的条件下事件 $\left(\frac{|\overline{X}-\mu_0|}{\sigma/\sqrt{n}} \geqslant \kappa\right)$ 发生的概率为 α. 在假设检验中, $\alpha \in (0,1)$ 的值一般很小, 如 $\alpha = 0.01, 0.05$ 等. 上式表明, 在 H_0 为真的条件下, $\frac{|\overline{X}-\mu_0|}{\sigma/\sqrt{n}} \geqslant \kappa$ 为小概率事件.

这样, 若样本观测值 $\overline{x}$ 满足

$$\frac{|\overline{x}-\mu_0|}{\sigma/\sqrt{n}} \geqslant \kappa,$$

就拒绝原假设, 否则就接受原假设. 由此称

$$W \triangleq (-\infty, -\kappa] \cup [\kappa, +\infty)$$

为假设检验的**拒绝域**, 拒绝域的边界点 $-\kappa$ 和 κ 称为假设检验的**临界点** (或**阈值**). 该例有两个临界点.

对例 1, 若取 $\alpha = 0.05$, 利用标准正态分布的分位点, 得

$$\kappa = z_{\alpha/2} = z_{0.025} = 1.96.$$

依据样本得 $\overline{x} = 0.511$. 再结合题设 $n = 9, \sigma = 0.015$, 得

$$\left|\frac{\overline{x}-\mu_0}{\sigma/\sqrt{n}}\right| = 2.2 > 1.96.$$

因此, 拒绝假设 H_0. 也就是说, 包装机没有正常工作.

综上所述, 假设检验需要先基于原假设 H_0 构造一个分布已知的**检验统计量**, 再根据抽取的样本进行假设判断. 由此得假设检验的基本过程.

假设检验

第一步 根据实际要求, 提出原假设 H_0 及备择假设 H_1;

第二步 给定显著性水平 α 及样本容量 n, 并构造合适的检验统计量 Z;

第三步 按 $P(\text{拒绝}H_0|H_0\text{为真}) = \alpha$ 确定拒绝域 W;

第四步 根据样本计算统计量观测值, 并考察其与拒绝域之间的隶属关系, 从而对原假设 H_0 做出拒绝或接受的判断.

例 2 某厂生产的铜丝的主要质量指标为折断力 X. 根据历史资料统计, 总体 $X \sim N(570, 8^2)$. 今换新材料生产, 抽取样本值为

$$578,\ \ 572,\ \ 570,\ \ 568,\ \ 572,\ \ 570,\ \ 570,\ \ 572,\ \ 596,\ \ 584.$$

假定新材料所生产铜丝的方差不变. 试在显著性水平 $\alpha = 0.05$ 的条件下检验新材料生产的铜丝折断力有无明显变化.

解 该问题可归结为正态总体期望的假设检验问题. 为此, 设要检验的假设为

$$H_0\colon \mu = 570, \quad H_1\colon \mu \neq 570.$$

以假设 H_0 成立为前提, 取检验统计量

$$Z = \frac{\overline{X} - \mu_0}{\sigma/\sqrt{n}} = \frac{\overline{X} - 570}{8/\sqrt{10}} \sim N(0,1).$$

对给定的显著性水平 $\alpha = 0.05$, 基于 $P(|Z| > z_{\alpha/2}) = \alpha$ 得临界点 $z_{\alpha/2} = 1.96$. 故 H_0 的拒绝域为

$$W = (-\infty, -1.96] \cup [1.96, +\infty).$$

由 $\overline{x} = \frac{1}{10}\sum\limits_{i=1}^{10} x_i = 575.2, \sigma = 8, \sqrt{10} \approx 3.162$, 得统计量的值

$$z = \frac{575.2 - 570}{8/3.162} = 2.055.$$

显然, $z = 2.055 > 1.96$, 即 $z \in W$, 故应否定 H_0, 即铜丝的折断力前后有明显变化.

8.1.4 假设检验的两类错误

假设检验根据试验的样本值做出接受或拒绝 H_0 的判断. 由于样本的随机性, 该判断难免会出错. 这是因为即使 H_0 真的成立, 小概率事件也有可能发生. 此时, 会因拒绝假设 H_0 而犯了“以真为假”的错误, 称此为**第一类错误**, 或“**弃真**”**错误**. 犯第一类错误的概率恰好就是“小概率事件”发生的概率 α, 即

$$P(\text{拒绝 } H_0|H_0 \text{ 为真}) = \alpha.$$

当原假设不成立时, 根据样本没有拒绝 H_0, 而犯了“以假乱真”的错误, 称为**第二类错误**, 或“**取伪**”**错误**. 记犯第二类错误的概率为 β, 即

$$P(\text{接受 } H_0|H_0 \text{ 不真}) = \beta.$$

理论上, 我们自然希望犯这两类错误的概率都很小. 当样本容量 n 固定时, α, β 不能同时都小, 即 α 取值很小时, 会导致过分地接受 H_0 而增加犯第二类错误的概率. 当 β 很小时, α 相对变大, 从而增加犯第一类错误的概率. 在实际应用中, 一般只控制犯第一类错误的概率, α 的常见取值有 $0.1, 0.05, 0.01, 0.005$ 等.

由于假设检验仅仅控制了犯第一类错误的概率 α, 而没有考虑控制“取伪”错误的概率 β, 因此在实际中究竟选哪一个作为原假设 H_0, 哪一个作为备选假设 H_1, 需认真分析后再定. 一般来说, 要分析两类错误带来的后果, 并将可能造成严重后果的假设作为原假设. 如检验某患者是否患有某种致命性疾病, 如果用“此人有此病”当作原假设, 那么犯第一类错误意味着把有病当无病处理, 从而可能因耽误治疗而造成严重后果, 而犯第二类错误则意味着把无病当有病, 从而造成经济上的损失和不必要的精神负担. 反过来, 若把“此人无此病”作为原假设, 那么“有病当作无病”是取伪错误. 由于假设检验不能控制犯“取伪”错误的概率, 因而产生严重后果的概率较大.

根据以上分析, 合理地提出原假设是把实际问题转化为检验问题的桥梁. 只有通过大量实践, 才能深入体会假设检验的精髓, 并合理地利用假设检验.

例 3 某厂生产一种螺钉, 标准长度是 68 (毫米). 实际生产的产品的长度服从正态分布 $N(\mu, 3.6^2)$. 考虑假设检验问题

$$H_0\colon \mu = 68, \quad H_1\colon \mu \neq 68.$$

设 $\overline{X}$ 为样本均值, 按下列方式进行假设检验: 当 $|\overline{X} - 68| > 1$ 时, 拒绝假设 H_0; 当 $|\overline{X} - 68| \leqslant 1$ 时, 接受假设 H_0. 分别计算在样本容量 $n = 36$ 和 64 时, 犯第一类错误的概率 α.

解 当 $n = 36$ 时, $\overline{X} \sim N(\mu, 3.6^2/36) = N(\mu, 0.6^2)$. 所以犯第一类错误的概率为

$$\begin{aligned}
\alpha &= P(|\overline{X} - 68| > 1 | H_0 \text{成立}) \\
&= P(\overline{X} < 67 | H_0 \text{成立}) + P(\overline{X} > 69 | H_0 \text{成立}) \\
&= \varPhi\Big(\frac{67-68}{0.6}\Big) + \Big(1 - \varPhi\Big(\frac{69-68}{0.6}\Big)\Big) \\
&\approx \varPhi(-1.67) + (1 - \varPhi(1.67)) \\
&= 2(1 - \varPhi(1.67)) = 2(1 - 0.9525) = 0.0950.
\end{aligned}$$

当 $n = 64$ 时, $\overline{X} \sim N(\mu, 0.45^2)$. 所以犯第一类错误的概率为

$$\begin{aligned}
\alpha &= P(|\overline{X} - 68| > 1 | H_0 \text{成立}) \\
&= P(\overline{X} < 67 | H_0 \text{成立}) + P(\overline{X} > 69 | H_0 \text{成立}) \\
&= \varPhi\Big(\frac{67-68}{0.45}\Big) + \Big(1 - \varPhi\Big(\frac{69-68}{0.45}\Big)\Big) \\
&\approx 2(1 - \varPhi(2.22)) = 2(1 - 0.9868) = 0.0264.
\end{aligned}$$

从上例可以看出, 随着样本容量 n 的增加, 来自总体的信息量增加, 犯第一类错误的概率逐渐减小.

8.1.5 单侧假设检验

前面讨论的假设检验关心的是总体均值 μ 是否等于 μ_0, 这属于双侧假设检验. 而在实际中, 有时只关心总体 X 的均值是否增大, 如检验某新工艺下生产的产品的某项指标是否有提高等. 为此, 有时需检验如下假设:

$$H_0\colon \mu \leqslant \mu_0, \quad H_1\colon \mu > \mu_0. \tag{8.1}$$

上述形式的假设检验称为**右侧假设检验**. 类似可定义左侧假设检验. 与双侧假设检验对应, 上述假设检验称为**单侧假设检验**. 下面讨论单侧假设检验的检验方法.

设总体服从 $N(\mu,\sigma^2)$ 分布, 其中 σ 已知. 又设 $(X_1,X_2,\cdots,X_n)$ 为来自总体的一个样本. 对给定的显著水平 α, 以下求检验单侧问题 (8.1) 的拒绝域.

由于假设 H_0 为真时的 μ 比假设 H_1 为真时的 μ 小, 所以当 H_1为真时, 观测值 $\overline{x}$ 往往偏大. 因此拒绝域的形式为 $\overline{X} \geqslant \kappa$. 下面根据例 1 的做法确定临界值 κ.

$$\begin{aligned} P_{\mu\in H_0}(\text{拒绝 } H_0) &= P_{\mu\leqslant\mu_0}(\overline{X} \geqslant \kappa) \\ &= P_{\mu\leqslant\mu_0}\left(\frac{\overline{X}-\mu_0}{\sigma/\sqrt{n}} \geqslant \frac{\kappa-\mu_0}{\sigma/\sqrt{n}}\right) \\ &\leqslant P_{\mu\leqslant\mu_0}\left(\frac{\overline{X}-\mu}{\sigma/\sqrt{n}} \geqslant \frac{\kappa-\mu_0}{\sigma/\sqrt{n}}\right). \end{aligned}$$

为防范第一类错误, 就必须控制 $P_{\mu\in H_0}(\text{拒绝 } H_0)$ 的大小. 与双侧假设检验类似, 取显著性水平 $\alpha\in(0,1)$, 使得

$$P_{\mu\leqslant\mu_0}\left(\frac{\overline{X}-\mu}{\sigma/\sqrt{n}} \geqslant \frac{\kappa-\mu_0}{\sigma/\sqrt{n}}\right) = \alpha.$$

由于 $Z=\dfrac{\overline{X}-\mu}{\sigma/\sqrt{n}} \sim N(0,1)$, 利用正态分布的分位点得 $\dfrac{\kappa-\mu_0}{\sigma/\sqrt{n}} = z_\alpha$. 所以检验问题 (8.1) 的拒绝域为

$$\frac{\overline{X}-\mu_0}{\sigma/\sqrt{n}} \geqslant z_\alpha,$$

也就是

$$\overline{X} \geqslant \mu_0 + \frac{\sigma}{\sqrt{n}} z_\alpha.$$

类似可得左侧假设检验问题

$$H_0\colon \mu \geqslant \mu_0, \quad H_1\colon \mu < \mu_0$$

的拒绝域

$$\frac{\overline{X}-\mu_0}{\sigma/\sqrt{n}} \leqslant -z_\alpha.$$

例 4 一家食品加工公司的质量管理部门规定, 某种包装食品每包净重不得少于 20 千克. 经验表明质量近似服从标准差为 1.5 千克的正态分布. 假定从一个由 30 包食品构成的样本中得到的平均质量为 19.5 千克. 问该样本是否说明这些包装食品的平均质量减少了 ($\alpha = 0.05$)?

解 根据题意, 要检验的假设为

$$H_0\colon \mu \geqslant 20\ (\text{千克}),\quad H_1\colon \mu < 20\ (\text{千克}).$$

取检验统计量 $Z=\dfrac{\overline{X}-\mu_0}{\sigma/\sqrt{n}}$. 由题设, 该检验统计量的观测值为

$$z=\frac{19.5-20}{1.5/\sqrt{30}}=-1.826.$$

对显著性水平 $\alpha = 0.05$, 查标准正态分布表得 $-z_\alpha = -1.645$. 由于 $z < -z_\alpha = -1.645$, 所以拒绝原假设, 即认定这些包装食品的平均质量减少了.

8.2 正态总体均值的假设检验

本节主要从正态总体、两正态总体和非正态总体三方面探讨正态总体均值的假设检验.

8.2.1 正态总体均值的假设检验

1. σ^2 已知时均值 μ 的假设检验

设总体 $X \sim N(\mu, \sigma^2)$, 其中 σ^2 已知, μ 未知, $(X_1, X_2, \cdots, X_n)$ 为来自正态总体 X 的一个样本. 对于给定的显著性水平 α, 下面分情况讨论假设检验问题的拒绝域.

(1) 假设检验 $H_0\colon \mu = \mu_0$, $H_1\colon \mu \neq \mu_0$, 其中 μ_0 为已知常数.

根据上节例 1 的讨论, 当 H_0 为真时, 统计量

$$Z=\frac{\overline{X}-\mu_0}{\sigma/\sqrt{n}} \sim N(0,1).$$

故选取 Z 为检验统计量. 记其观测值为 z, 相应的检验法称为 Z **检验法**.

由于 $\overline{X}$ 是 μ 的无偏估计量, 故当 H_0 成立时, $|Z|$ 不应太大; 而当 H_1 成立时, $|Z|$ 有偏大的趋势. 故拒绝域为

$$|Z| = \left|\frac{\overline{X}-\mu_0}{\sigma/\sqrt{n}}\right| \geqslant \kappa.$$

对于给定的显著性水平 α, 查标准正态分布表得 $\kappa = z_{\alpha/2}$, 满足 $P(|Z| > z_{\alpha/2}) = \alpha$. 由此得假设检验的拒绝域为

$$|Z| = \left|\frac{\overline{X}-\mu_0}{\sigma/\sqrt{n}}\right| \geqslant z_{\alpha/2},$$

即

$$W = (-\infty, -z_{\alpha/2}] \cup [z_{\alpha/2}, +\infty).$$

根据一次抽样后得到的观测值 $(x_1, x_2, \cdots, x_n)$, 计算出 Z 的观测值 z. 若 $|z| > z_{\alpha/2}$, 则拒绝原假设 H_0, 即认为总体均值与 μ_0 有显著差异; 若 $|z| \leqslant z_{\alpha/2}$, 则接受原假设 H_0, 即认为总体均值与 μ_0 无显著差异.

类似地, 可给出总体均值 μ 的单侧检验的拒绝域:

(2) 右侧假设检验: H_0: $\mu \leqslant \mu_0$, H_1: $\mu > \mu_0$, 其中 μ_0 为已知常数, 拒绝域为

$$z = \frac{\overline{x}-\mu_0}{\sigma/\sqrt{n}} \geqslant z_\alpha.$$

(3) 左侧假设检验: H_0: $\mu \geqslant \mu_0$, H_1: $\mu < \mu_0$, 其中 μ_0 为已知常数, 拒绝域为

$$z = \frac{\overline{x}-\mu_0}{\sigma/\sqrt{n}} \leqslant -z_\alpha.$$

例 1 某工厂生产一种灯管. 设灯管寿命 X 服从正态分布 $N(\mu, 40\,000)$. 根据以往的生产经验, 灯管的平均寿命不超过 1 500 小时. 为提高产品的寿命, 工厂采用了新工艺. 为弄清新工艺是否真的能提高灯管的平均寿命, 对采用新工艺生产的 25 只灯管的寿命进行了测试, 其平均值为 1 575 小时. 问新工艺是否提高了产品的平均寿命 $(\alpha = 0.05)$?

解 上述问题可归结为如下假设检验问题:

$$H_0: \mu \leqslant 1\,500, \quad H_1: \mu > 1\,500.$$

以下用右侧检验法进行检验. 取检验统计量 $Z = \dfrac{\overline{X}-\mu_0}{\sigma/\sqrt{n}}$, 则 $\mu_0 = 1\,500, \sigma = 200, n = 25$. 对给定的显著性水平 $\alpha = 0.05$, 查标准正态分布表得 $z_{0.05} = 1.645$.

从而利用 $\overline{x}=1\,575$, 得

$$z=\frac{1\,575-1\,500}{200/5}=1.875.$$

由于 $z=1.875>1.645$, 从而否定原假设 H_0, 接受备择假设 H_1, 即认为新工艺事实上提高了灯管的平均寿命.

2. σ^2 未知时均值 μ 的假设检验

设总体 $X\sim N(\mu,\sigma^2)$, 其中 μ, σ^2 未知, $(X_1,X_2,\cdots,X_n)$ 为来自正态总体 X 的一个样本. 对于给定的显著性水平 α, 下面计算双侧检验问题

$$H_0\colon \mu=\mu_0,\quad H_1\colon \mu\neq\mu_0$$

的拒绝域.

由于 σ^2 未知, 故不能用 $\dfrac{\overline{X}-\mu_0}{\sigma/\sqrt{n}}$ 来确定拒绝域. 考虑到修正样本方差 S^2 是方差 σ^2 的无偏估计, 故用

$$T=\frac{\overline{X}-\mu_0}{S/\sqrt{n}}$$

作为检验统计量. 当统计量 $|T|=\left|\dfrac{\overline{X}-\mu_0}{S/\sqrt{n}}\right|$ 过大时就拒绝 H_0, 因而拒绝域为

$$|T|=\left|\frac{\overline{X}-\mu_0}{S/\sqrt{n}}\right|\geqslant\kappa.$$

由 6.3 节定理 6.3 知, 当 H_0 为真时, $\dfrac{\overline{X}-\mu_0}{S/\sqrt{n}}\sim t(n-1)$. 故由

$$P_{\mu\in H_0}(\text{拒绝}\,H_0)=P_{\mu_0}\left(\left|\frac{\overline{X}-\mu_0}{S/\sqrt{n}}\right|\geqslant\kappa\right)=\alpha,$$

得 $\kappa=t_{\alpha/2}(n-1)$, 即拒绝域为

$$|T|=\left|\frac{\overline{X}-\mu_0}{S/\sqrt{n}}\right|\geqslant t_{\alpha/2}(n-1).$$

该检验方法称为 t **检验法**. 实际中, 正态总体的方差常常是未知的, 所以 t 检验法是正态总体均值假设检验的常用方法.

例 2　某批元件的寿命 X (小时) 服从正态分布 $N(\mu,\sigma^2)$, 其中 μ,σ 均未知. 现从中抽取 16 个元件, 测得它们的寿命分别为

159,	280,	101,	212,	224,	379,	179,	264,
222,	362,	168,	250,	149,	260,	485,	170.

那么, 是否有理由认为元件的平均寿命大于 225(小时)($\alpha = 0.05$)?

解 依据题意, 需检验

$$H_0\colon \mu \leqslant \mu_0 = 225, \quad H_1\colon \mu > 225.$$

根据前面的讨论, 此检验问题的拒绝域为

$$T = \frac{\overline{X} - \mu_0}{S/\sqrt{n}} \geqslant t_\alpha(n-1).$$

由样本数据 $n = 16,\ t_{0.05}(15) = 1.7531,\ \overline{x} = 241.5,\ s = 98.7259$, 得

$$z = \frac{\overline{x} - \mu_0}{S/\sqrt{n}} = 0.6685 < 1.7531.$$

此时, z 的值不在拒绝域中, 故接受 H_0, 即认为元件的平均寿命不大于 225 (小时).

例 3 某公司人事部门为一项工程招聘工人. 在考核结束后, 经理咨询人事部门的考试情况, 回答是:"很好, 估计平均成绩等于 90 分." 经理随机地从试卷中抽出 20 份, 发现平均成绩为 83 分, 样本标准差为 12 分. 如果经理想在 0.01 的显著水平下检验人事部门推测的准确性, 应该怎样处理?

解 因为经理所关心的是真实的平均成绩与假设 90 分是否有显著区别, 所以应该使用双侧检验, 建立假设如下:

$$H_0\colon \mu = 90, \quad H_1\colon \mu \neq 90.$$

取检验统计量 $T = \dfrac{\overline{X} - \mu_0}{S/\sqrt{n}}$. 则由样本数据 $\mu_0 = 90, n = 20, \overline{x} = 83, s = 12$, 得

$$|t| = \frac{|\overline{x} - \mu_0|}{s/\sqrt{n}} = \frac{|83 - 90|}{12/\sqrt{20}} = 2.609.$$

取 $\alpha = 0.01$, 则 $|z| < |t_{\alpha/2}(19)| = 2.86$. 故接受原假设, 即招工考试的总体平均成绩是 90 分.

8.2.2 两正态总体均值差的假设检验

基于正态总体均值假设检验的思想, 下面就两正态总体的均值是否相等进行假设检验.

设 $(X_1, X_2, \cdots, X_m)$ 与 $(Y_1, Y_2, \cdots, Y_n)$ 分别为来自相互独立的正态总体 $N(\mu_1, \sigma_1^2)$ 和 $N(\mu_2, \sigma_1^2)$ 的两个样本. 它们的均值和方差分别为

$$\overline{X} = \frac{1}{m}\sum_{i=1}^{m} X_i, \quad \overline{Y} = \frac{1}{n}\sum_{j=1}^{n} Y_j,$$

$$S_1^2 = \frac{1}{m-1}\sum_{i=1}^{m}(X_i - \overline{X})^2, \quad S_2^2 = \frac{1}{n-1}\sum_{j=1}^{n}(Y_j - \overline{Y})^2.$$

下面分情况讨论两正态总体均值差的假设检验.

1. σ_1^2,σ_2^2 已知时均值差的假设检验

(1) 双侧检验:

$$H_0: \mu_1=\mu_2,\quad H_1: \mu_1\neq\mu_2.$$

对该假设检验, 由正态分布的性质, 知

$$\overline{X}-\overline{Y}\sim N\left(\mu_1-\mu_2,\sigma_1^2/m+\sigma_2^2/n\right).$$

在原假设 H_0 成立的条件下, 即 $\mu_1=\mu_2$ 时, 检验统计量

$$Z=\frac{(\overline{X}-\overline{Y})-(\mu_1-\mu_2)}{\sqrt{\sigma_1^2/m+\sigma_2^2/n}}\sim N(0,1).$$

由于 $\overline{X}-\overline{Y}$ 是 $\mu_1-\mu_2$ 的无偏估计量, 故当 H_0 成立时, $|Z|$ 不应太大, 而当 H_1 成立时, $|Z|$ 有偏大的趋势. 故拒绝域为

$$|Z|=\left|\frac{\overline{X}-\overline{Y}}{\sqrt{\sigma_1^2/m+\sigma_2^2/n}}\right|\geqslant\kappa.$$

对给定的显著性水平 α, 查正态分布表得 $\kappa=z_{\alpha/2}$, 满足 $P(|Z|\geqslant z_{\alpha/2})=\alpha$. 故拒绝域为

$$|Z|=\left|\frac{\overline{X}-\overline{Y}}{\sqrt{\sigma_1^2/m+\sigma_2^2/n}}\right|\geqslant z_{\alpha/2}.$$

根据一次抽样得到的样本观测值 $(x_1,x_2,\cdots,x_m)$ 和 $(y_1,y_2,\cdots,y_n)$ 计算出 Z 的观测值 z. 若 $|z|>z_{\alpha/2}$, 则拒绝原假设 H_0, 即认为总体均值 μ_1 与 μ_2 有显著差异; 否则, 接受原假设 H_0, 即认为总体均值 μ_1 与 μ_2 无显著差异.

类似可得均值差的单侧检验的拒绝域.

(2) 右侧检验:

$$H_0: \mu_1\leqslant\mu_2,\quad H_1: \mu_1>\mu_2.$$

其拒绝域为

$$Z=\frac{\overline{X}-\overline{Y}}{\sqrt{\sigma_1^2/m+\sigma_2^2/n}}\geqslant z_\alpha.$$

(3) 左侧检验:

$$H_0: \mu_1\geqslant\mu_2,\quad H_1: \mu_1<\mu_2.$$

其拒绝域为

$$Z=\frac{\overline{X}-\overline{Y}}{\sqrt{\sigma_1^2/m+\sigma_2^2/n}}\leqslant -z_\alpha.$$

例 4 用两种方法制造以抗拉强度为重要指标的两种产品. 经验表明, 用这两种方法所生产产品的抗拉强度都近似服从正态分布. 这两种产品的标准差分别为 $\sigma_1 = 6$ (兆帕) 和 $\sigma_2 = 8$ (兆帕). 为考察这两种产品的平均抗拉强度指标, 分别从中抽取样本容量为 12 和 16 的两个样本, 得样本均值 40 和 34 (兆帕). 试在显著性水平 $\alpha = 0.05$ 的条件下, 检验用这两种方法所生产出来的产品的平均抗拉强度是否相同.

解 建立假设:

$$H_0\colon \mu_1 = \mu_2, \quad H_1\colon \mu_1 \neq \mu_2.$$

由于用这两种方法生产出来的产品的抗拉强度都近似服从正态分布, 所以检验统计量

$$Z = \frac{(\overline{X} - \overline{Y}) - 0}{\sqrt{\sigma_1^2/m + \sigma_2^2/n}} \sim N(0,1),$$

其观测值为

$$z = \frac{(40 - 34) - 0}{\sqrt{36/12 + 64/16}} = 2.27.$$

查标准正态分布表得 $z_{\alpha/2} = z_{0.05/2} = 1.96$. 由于 $z > z_{\alpha/2}$, 所以拒绝原假设. 即认为用这两种方法所生产产品的抗拉强度不相同.

例 5 某药厂生产一种新的止痛药片. 厂方希望验证服用新药片后至开始起作用的时间间隔较原有止痛药片至少缩短一半. 因此, 厂方提出的检验假设为

$$H_0\colon \mu_1 \geqslant 2\mu_2, \quad H_1\colon \mu_1 < 2\mu_2.$$

其中 μ_1, μ_2 分别为服用原止痛片和新止痛片后至起作用的时间间隔的总体均值. 设两总体均为正态总体, 且方差 σ_1^2, σ_2^2 已知. 现分别从两总体中抽取样本 $(X_1, X_2, \cdots, X_m)$ 和 $(Y_1, Y_2, \cdots, Y_n)$, 并设这两个样本相互独立. 试给出该假设检验在显著水平 α 下的拒绝域.

解 对题设中的假设检验问题, 由

$$\overline{X} - 2\overline{Y} \sim N(\mu_1 - 2\mu_2, \sigma_1^2/m + 4\sigma_2^2/n)$$

知, 若原假设 H_0 成立, 则

$$Z = \frac{\overline{X} - 2\overline{Y}}{\sqrt{\sigma_1^2/m + 4\sigma_2^2/n}} \sim N(0,1).$$

因此, 对于给定的显著性水平 α, 由 $P(Z > z_\alpha) = \alpha$ 得检验的拒绝域为

$$W = \left\{ \frac{\overline{X} - 2\overline{Y}}{\sqrt{\sigma_1^2/m + 4\sigma_2^2/n}} \leqslant z_\alpha \right\}.$$

2. $\sigma_1^2=\sigma_2^2$ 未知时均值差的假设检验

(1) 双侧假设检验

$$H_0\colon \mu_1=\mu_2,\quad H_1\colon \mu_1\neq\mu_2.$$

对此, 由 6.3 节定理 6.4 知

$$\frac{(\overline{X}-\overline{Y})-(\mu_1-\mu_2)}{S_w\sqrt{1/m+1/n}}\sim t(m+n-2),$$

其中 $S_w^2=\dfrac{(m-1)S_1^2+(n-1)S_2^2}{m+n-2}$.

取检验统计量

$$T=\frac{\overline{X}-\overline{Y}-(\mu_1-\mu_2)}{S_w\sqrt{1/m+1/n}}.$$

则当 $\mu_1=\mu_2$ 时, 统计量 T 服从自由度为 $m+n-2$ 的 t 分布. 因而对给定的显著性水平 α, 双侧检验问题的拒绝域为

$$|t|=\left|\frac{\overline{X}-\overline{Y}}{S_w\sqrt{1/m+1/n}}\right|\geqslant t_{\alpha/2}(m+n-2).$$

根据样本值 $(x_1,x_2,\cdots,x_m)$ 和 $(y_1,y_2,\cdots,y_n)$, 可得统计量 T 的观测值 t. 若 $|t|>t_{\alpha/2}(m+n-2)$, 则拒绝原假设 H_0, 即认为总体均值 μ_1 与 μ_2 有显著差异, 否则接受原假设.

同理可得单侧检验的拒绝域.

(2) 右侧检验:

$$H_0\colon \mu_1\leqslant\mu_2,\quad H_1\colon \mu_1>\mu_2.$$

其拒绝域为

$$t=\frac{\overline{X}-\overline{Y}}{S_w\sqrt{1/m+1/n}}\geqslant t_\alpha(m+n-2).$$

(3) 左侧检验:

$$H_0\colon \mu_1\geqslant\mu_2,\quad H_1\colon \mu_1<\mu_2.$$

其拒绝域为

$$t=\frac{\overline{X}-\overline{Y}}{S_w\sqrt{1/m+1/n}}\leqslant -t_\alpha(m+n-2).$$

例 6 某地区高考负责人认为某年来自城市中学考生的平均成绩比来自农村中学考生的平均成绩高. 已知总体服从正态分布且方差大致相同. 试在显著性水平 $\alpha=0.05$ 条件下, 利用如下抽样数据检验该人说法的正确性.

城市中学考生: $m=17$, $\overline{x}=545$, $s_1=50$;

农村中学考生: $n=15$, $\overline{y}=495$, $s_2=55$.

解 建立假设

$$H_0\colon \mu_1 \leqslant \mu_2,\quad H_1\colon \mu_1 > \mu_2.$$

在两个总体都服从正态分布且方差相等的情况下, 检验统计量

$$T=\frac{\overline{X}-\overline{Y}}{S_w\sqrt{1/m+1/n}}\sim t(m+n-2).$$

由观测数据得

$$s_w^2=\frac{(17-1)\times 50^2+(15-1)\times 55^2}{17+15-2}=2\,745,$$

$$t=\frac{(545-495)-0}{\sqrt{2\,745/17+2\,745/15}}=2.69.$$

查表得 $t_\alpha(m+n-2)=t_{0.05}(30)=1.70$. 由于 $t=2.69>t_\alpha=1.70$, 故拒绝 H_0, 接受 H_1, 即该地区高考负责人的说法是正确的.

由前面的例子可以看出, 单侧检验把不能轻易否定的命题作为原假设, 把需要验证的命题作为备选假设.

8.2.3 非正态总体均值的假设检验

以上讨论的检验法都是在总体服从正态分布的前提下得到的. 若无此假设, 上述统计量的分布就很难计算. 根据中心极限定理, 可利用 $n\to\infty$ 时统计量的极限分布进行检验. 显然, 由此得到的检验法只能用于大样本的情况 (通常要求样本容量 $n\geqslant 30$), 故称其为大样本参数检验.

1. 非正态总体均值的假设检验

当样本容量 $n\geqslant 30$ 时, 利用中心极限定理, 可把 $Z=\dfrac{\overline{X}-\mu}{\sigma/\sqrt{n}}$ 作为检验统计量. 如果总体标准差未知, 可用修正样本标准差作为它的估计值, 即 $Z=\dfrac{\overline{X}-\mu}{S/\sqrt{n}}$ 作为检验统计量.

例 7 某房地产经纪人宣称某地区房屋的平均价值低于 48 万元. 从 40 间房屋组成的一个样本得出的平均值为 45 万元, 修正的样本标准差为 12 万元. 在 $\alpha=0.05$ 的显著水平下, 这些数据是否支持这位经纪人的说法?

解 建立假设

$$H_0\colon \mu\geqslant 48\,(\text{万元}),\quad H_1\colon \mu<48\,(\text{万元}).$$

由于样本容量 $n=40$ 足够大, 由中心极限定理知 $\overline{X}$ 的抽样分布近似服从正态分布. 取检验统计量

$$Z=\frac{\overline{X}-\mu_0}{S/\sqrt{n}}=\frac{45-48}{12/\sqrt{40}}=-1.581.$$

对 $\alpha=0.05$, 查表得 $-z_\alpha=-1.645$. 由于这是单侧左尾检验, 故由 $z>-z_\alpha=-1.645$ 推知不能拒绝原假设, 即这些数据不支持这位经纪人的说法.

2. 两非正态总体均值差的假设检验

当样本取自非正态分布总体时, 根据中心极限定理, 如果两样本容量 m,n 足够大, 则该情形下的抽样分布近似服从正态分布. 如果总体方差 σ_1^2 和 σ_2^2 未知, 就用 S_1^2 和 S_2^2 分别作为 σ_1^2 和 σ_2^2 的估计值. 适宜的检验统计量为

$$Z=\frac{(\overline{X}-\overline{Y})-(\mu_1-\mu_2)}{\sqrt{S_1^2/m+S_2^2/n}}.$$

例 8　一个样本由 A 居民区的 100 个家庭组成, 另一个样本由 B 居民区的 150 个家庭组成. 这两个样本所给出的关于在目前住房中居住了多长时间的信息如下: $\overline{x}_A=33$(个月), $s_{\mathrm{A}}^2=900$; $\overline{y}_{\mathrm{B}}=49$(个月), $s_{\mathrm{B}}^2=1\,050$. 由这些数据能否推断 A 居民区家庭在目前住房中居住的时间平均来说比 B 居民区家庭短 (取 $\alpha=0.05$)?

解　首先建立假设

$$H_0\colon \mu_{\mathrm{A}}\geqslant\mu_{\mathrm{B}},\quad H_1\colon \mu_{\mathrm{A}}<\mu_{\mathrm{B}}.$$

由于样本容量足够大, $n_{\mathrm{A}}=100$, $n_{\mathrm{B}}=150$, 根据中心极限定理, $\overline{X}_{\mathrm{A}}-\overline{Y}_{\mathrm{B}}$ 近似服从正态分布. 由于 σ_{A}^2 和 σ_{B}^2 未知, 故取检验统计量

$$Z=\frac{(\overline{X}_{\mathrm{A}}-\overline{Y}_{\mathrm{B}})-0}{\sqrt{S_{\mathrm{A}}^2/n_{\mathrm{A}}+S_{\mathrm{B}}^2/n_{\mathrm{B}}}}.$$

该统计量近似服从标准正态分布, 其观测值为

$$z=\frac{33-49}{\sqrt{\frac{900}{100}+\frac{1050}{150}}}=-4.0.$$

又 $\alpha=0.05$, 查表得 $-z_\alpha=-1.645$. 由于这是单侧右尾检验, 根据 $z<-z_\alpha$, 应拒绝 H_0, 接受 H_1, 即说明 A 居民区家庭在目前住房中居住的时间平均来说比 B 居民区家庭短.

8.3 正态总体方差的假设检验

本节主要讨论正态总体方差和两正态总体方差比值的假设检验.

8.3.1 正态总体方差的假设检验

设总体 $X \sim N(\mu, \sigma^2)$, μ, σ^2 均未知, $(X_1, X_2, \cdots, X_n)$ 为来自总体 X 的一个样本.

1. 双侧检验

$$H_0\colon \sigma^2 = \sigma_0^2, \quad H_1\colon \sigma^2 \neq \sigma_0^2.$$

由于 S^2 是 σ^2 的无偏估计, 故当 H_0 为真时, 比值 S^2/σ_0^2 应在 1 附近摆动, 而不应过分偏离 1. 当 H_0 为真时,

$$\frac{(n-1)S^2}{\sigma_0^2} \sim \chi^2(n-1).$$

因此可取 $\dfrac{(n-1)S^2}{\sigma_0^2} \sim \chi^2(n-1)$ 作为检验统计量, 得 H_0 为真时的拒绝域为

$$\frac{(n-1)S^2}{\sigma_0^2} \leqslant \kappa_1 \quad \text{或} \quad \frac{(n-1)S^2}{\sigma_0^2} \geqslant \kappa_2,$$

其中 κ_1, κ_2 由下式确定:

$$P(\text{拒绝 } H_0|H_0 \text{ 为真}) = P_{\sigma_0^2}\left(\frac{(n-1)S^2}{\sigma_0^2} \leqslant \kappa_1\right) + P_{\sigma_0^2}\left(\frac{(n-1)S^2}{\sigma_0^2} \geqslant \kappa_2\right) = \alpha.$$

为方便起见, 习惯上根据

$$P_{\sigma_0^2}\left(\frac{(n-1)S^2}{\sigma_0^2} \leqslant \kappa_1\right) = \frac{\alpha}{2}, \quad P_{\sigma_0^2}\left(\frac{(n-1)S^2}{\sigma_0^2} \geqslant \kappa_2\right) = \frac{\alpha}{2},$$

求得 $\kappa_1 = \chi^2_{1-\alpha/2}(n-1)$, $\kappa_2 = \chi^2_{\alpha/2}(n-1)$. 检验问题的拒绝域为

$$\frac{(n-1)S^2}{\sigma_0^2} \leqslant \chi^2_{1-\alpha/2}(n-1) \quad \text{或} \quad \frac{(n-1)S^2}{\sigma_0^2} \geqslant \chi^2_{\alpha/2}(n-1).$$

2. 右侧检验

$$H_0\colon \sigma^2 \leqslant \sigma_0^2, \quad H_1\colon \sigma^2 > \sigma_0^2,$$

其中 σ_0^2 已知.

由于假设 H_0 中的 σ^2 比 H_1 中的 σ^2 小, 故当假设 H_1 为真 (即拒绝 H_0) 时, 样本方差 S^2 的观测值往往偏大. 因此拒绝域的形式为 $S^2 \geqslant \kappa$. 下面求常数 κ.

由于

$$\begin{aligned}P(\text{拒绝 } H_0|H_0 \text{ 为真}) &= P_{\sigma^2\leqslant\sigma_0^2}(S^2 \geqslant \kappa)\\ &= P_{\sigma^2\leqslant\sigma_0^2}\left(\frac{(n-1)S^2}{\sigma_0^2} \geqslant \frac{(n-1)\kappa}{\sigma_0^2}\right)\\ &\leqslant P_{\sigma^2\leqslant\sigma_0^2}\left(\frac{(n-1)S^2}{\sigma^2} \geqslant \frac{(n-1)\kappa}{\sigma_0^2}\right),\end{aligned}$$

故要使 $P(\text{拒绝 } H_0|H_0 \text{ 为真}) \leqslant \alpha$, 只需

$$P_{\sigma^2\leqslant\sigma_0^2}\left(\frac{(n-1)S^2}{\sigma^2} \geqslant \frac{(n-1)\kappa}{\sigma_0^2}\right) = \alpha.$$

由 $\dfrac{(n-1)S^2}{\sigma^2} \sim \chi^2(n-1)$, 知 $\dfrac{(n-1)\kappa}{\sigma_0^2} = \chi^2_\alpha(n-1)$, 从而可得临界值 κ 及假设检验的拒绝域

$$\chi^2 = \frac{(n-1)S^2}{\sigma_0^2} \geqslant \frac{(n-1)\kappa}{\sigma_0^2} = \chi^2_\alpha(n-1).$$

类似可得左侧假设检验 H_0: $\sigma^2 \geqslant \sigma_0^2$ 和 H_1: $\sigma^2 < \sigma_0^2$ 的拒绝域

$$\chi^2 = \frac{(n-1)S^2}{\sigma_0^2} \leqslant \frac{(n-1)\kappa}{\sigma_0^2} = \chi^2_{1-\alpha}(n-1).$$

综上所述, 对给定的显著水平 α, 可得双侧检验、右侧检验、左侧检验的检验规则:

(1) 双侧检验: 当 $\chi^2 \geqslant \chi^2_{\alpha/2}(n-1)$ 或 $\chi^2 \leqslant \chi^2_{1-\alpha/2}(n-1)$ 时拒绝 H_0, 否则接受 H_0;

(2) 右侧检验: 当 $\chi^2 \geqslant \chi^2_\alpha(n-1)$ 时拒绝 H_0, 当 $\chi^2 < \chi^2_\alpha(n-1)$ 时接受 H_0;

(3) 左侧检验: 当 $\chi^2 \leqslant \chi^2_{1-\alpha}(n-1)$ 时拒绝 H_0, 当 $\chi^2 > \chi^2_{1-\alpha}(n-1)$ 时接受 H_0.

以上三种检验法均采用了 χ^2 分布, 故又称 **χ^2 检验法**.

例 1 设维尼纶纤度在正常生产条件下服从正态分布 $N(1.405, 0.048^2)$. 现抽取 5 根纤维, 测得其纤度为

$$1.32,\quad 1.36,\quad 1.55,\quad 1.44,\quad 1.40.$$

问生产的维尼纶纤度的方差是否正常 ($\alpha = 0.10$)?

解 建立假设

$$H_0\text{: } \sigma^2 = 0.048^2, \quad H_1\text{: } \sigma^2 \neq 0.048^2,$$

并取检验统计量$\dfrac{(n-1)S^2}{\sigma_0^2}$. 由题设, 得 $n=5$, $\overline{x}=1.414$, $\sum\limits_{i=1}^{n}(x_i-\overline{x})^2=0.031\,2$. 故

$$\frac{(n-1)S^2}{\sigma_0^2}=\frac{1}{\sigma_0^2}\sum_{i=1}^{n}(x_i-\overline{x})=\frac{0.031\,2}{0.002\,304}\approx 13.5.$$

由 $\alpha=0.10$, 查 χ^2 分布表得 $\chi^2_{\alpha/2}=9.488$, $\chi^2_{1-\alpha/2}=0.711$.

由于 $\chi^2=13.5>9.49$, 故拒绝 H_0, 即认为这天生产的维尼纶纤度的方差不正常.

例 2 设某制造厂生产所需原材料的抗拉强度近似服从正态分布, 并在方差不超过 5 时方予接受. 现从一批新到的原材料中抽出 25 个样品, 其样本方差为 7. 试问这组数据能否为制造厂拒绝这批原材料提供充分的根据 ($\alpha=0.05$)?

解 建立假设

$$H_0\colon \sigma^2\leqslant 5,\quad H_1\colon \sigma^2>5,$$

并取检验统计量 $\dfrac{(n-1)S^2}{\sigma_0^2}$, 则由题设, 得

$$\chi^2=\frac{(n-1)S^2}{\sigma_0^2}=\frac{(25-1)\times 7}{5}=33.60.$$

当 $\alpha=0.05$ 时, 有

$$\chi^2_\alpha(n-1)=\chi^2_{0.05}(24)=36.24.$$

由于 $\chi^2<\chi^2_\alpha$, 即 $33.60<36.42$, 所以不能否定 H_0, 也就是说, 这组数据不能为制造厂拒绝这批原材料提供充分的根据.

8.3.2 两正态总体方差比值的假设检验

设 $(X_1,X_2,\cdots,X_m)$ 和 $(Y_1,Y_2,\cdots,Y_n)$ 为分别来自相互独立的正态总体 $N(\mu_1,\sigma_1^2)$ 和 $N(\mu_2,\sigma_1^2)$ 的两个样本, 其修正样本方差分别为 S_1^2 和 S_2^2, 其中 μ_1,μ_2, σ_1^2,σ_2^2 均未知.

1. 双侧检验问题

$$H_0\colon \sigma_1^2=\sigma_2^2,\quad H_1\colon \sigma_1^2\neq\sigma_2^2.$$

由 6.3 节定理 6.4 知, 当 H_0 为真时, 有

$$F=\frac{S_1^2}{S_2^2}\sim F(m-1,n-1).$$

故选 F 作为检验统计量, 相应的检验法称为 F **检验法**.

由于 S_1^2 和 S_2^2 分别是 σ_1^2 和 σ_2^2 的无偏估计量, 故当 H_0 成立时, F 的取值应集中在 1 附近, 而当 H_1 成立时, F 的取值有偏大或偏小的趋势. 所以拒绝域为

$$F \leqslant \kappa_1 \quad \text{或} \quad F \geqslant \kappa_2.$$

对于给定的显著性水平 α, 由 F 分布的性质, 知

$$P(F \leqslant F_{1-\alpha/2}(m-1,n-1)) = P(F \geqslant F_{\alpha/2}(m-1,n-1)) = \frac{\alpha}{2},$$

故检验问题的拒绝域为

$$F \leqslant F_{1-\alpha/2}(m-1,n-1) \quad \text{或} \quad F \geqslant F_{\alpha/2}(m-1,n-1).$$

根据样本值 $(x_1,x_2,\cdots,x_m)$ 和 $(y_1,y_2,\cdots,y_n)$, 计算出 F 的观测值 f. 若 $f \leqslant F_{1-\alpha/2}(m-1,n-1)$ 或 $f \geqslant F_{\alpha/2}(m-1,n-1)$, 则拒绝原假设 H_0, 即认为两总体方差 σ_1^2,σ_2^2 有显著差异, 否则接受原假设.

2. *右侧检验问题*

$$H_0\colon \sigma_1^2 \leqslant \sigma_2^2, \quad H_1\colon \sigma_1^2 > \sigma_2^2.$$

当 H_0 为真时, $ES_1^2 = \sigma_1^2 \leqslant \sigma_2^2 = ES_2^2$. 故当 H_1 为真时, 观测值 s_1^2/s_2^2 有偏大的趋势, 从而拒绝域为 $S_1^2/S_2^2 \geqslant \kappa$. 其中, 临界值 κ 由下式确定:

$$\begin{aligned} P(\text{拒绝}H_0|H_0\text{为真}) &= P_{\sigma_1^2\leqslant\sigma_2^2}\left(\frac{S_1^2}{S_2^2} \geqslant \kappa\right) \\ &\leqslant P_{\sigma_1^2\leqslant\sigma_2^2}\left(\frac{S_1^2/S_2^2}{\sigma_1^2/\sigma_2^2} \geqslant \kappa\right) = \alpha. \end{aligned}$$

由 $\dfrac{S_1^2/S_2^2}{\sigma_1^2/\sigma_2^2} \sim F(m-1,n-1)$, 知

$$\kappa = F_\alpha(m-1,n-1).$$

因此当 $F = S_1^2/S_2^2 \geqslant F_\alpha(m-1,n-1)$ 时, 拒绝 H_0; 否则接受 H_0.

类似可得左侧检验及双侧检验问题的检验规则. 上述检验可总结如下:

(1) 双侧检验: 当 $F \geqslant F_{\alpha/2}(m-1,n-1)$ 或 $F \leqslant F_{1-\alpha/2}(m-1,n-1)$ 时, 拒绝 H_0; 否则接受 H_0.

(2) 右侧检验: 当 $F \geqslant F_\alpha(m-1,n-1)$ 时, 拒绝 H_0; 当 $F < F_\alpha(m-1,n-1)$ 时, 接受 H_0.

(3) 左侧检验: 当 $F \leqslant F_{1-\alpha}(m-1,n-1)$ 时, 拒绝 H_0; 当 $F > F_{1-\alpha}(m-1,n-1)$ 时, 接受 H_0.

以上三种检验法均采用了 F 分布, 故又称 F **检验法**.

例 3 有两种能使从事紧张工作的职员解除精神紧张的药物. 在一项旨在比较这两种药物效果的研究中, 医疗小组使两组职员 (每组 8 人) 分别服用这两种药, 两个月后收集了关于这两组受试验者紧张水平的数据: 修正样本方差为 $s_1^2 = 4\,626$, $s_2^2 = 2\,916$. 试问在 0.05 的显著水平下, 这些数据是否提供了充分证据, 支持关于这些样本所代表的两个总体的紧张水平的方差有差别的看法?

解 建立假设

$$H_0\colon \sigma_1^2 = \sigma_2^2,\quad H_1\colon \sigma_1^2 \neq \sigma_2^2.$$

并取检验统计量 $F = S_1^2/S_2^2$.

由题设, 可知

$$f = \frac{s_1^2}{s_2^2} = \frac{4\,624}{2\,916} = 1.586,$$

且当 $\alpha = 0.05$ 时, $F_{\frac{\alpha}{2}}(7,7) = 4.99$, $F_{1-\frac{\alpha}{2}}(7,7) = 0.20$.

由于 $F_{1-\alpha/2}(7,7) < F < F_{\alpha/2}(7,7)$, 即 $0.20 < 1.586 < 4.99$, f 落入接受区域, 所以不能否定原假设 H_0, 即认为总体方差无显著差别.

例 4 甲、乙两厂生产同一种电阻. 现从甲、乙两厂的产品中分别随机抽取 12 个和 10 个样品, 测得它们的电阻值后, 计算出样本方差: $s_1^2 = 1.40, s_2^2 = 4.38$. 假设电阻值服从正态分布. 在显著性水平 $\alpha = 0.1$ 下, 是否可认为两厂生产的产品的电阻值的方差相等?

解 建立假设

$$H_0\colon \sigma_1^2 = \sigma_2^2,\quad H_1\colon \sigma_1^2 \neq \sigma_2^2,$$

并取检验统计量 $F = S_1^2/S_2^2$. 利用 F 分布表, 得

$$F_{0.95}(11,9) = \frac{1}{F_{0.05}(9,11)} = \frac{1}{2.9} \approx 0.34.$$

由于

$$\frac{s_1^2}{s_2^2} = \frac{1.4}{4.38} \approx 0.32 < 0.34 = F_{0.95}(11,9),$$

故拒绝原假设, 即认为两厂生产的产品的电阻值的方差不同.

例 5* 为比较甲、乙两种安眠药的疗效, 将 20 名患者分成两组, 每组 10 人. 设这些人服药后延长的睡眠时间服从正态分布, 其数据 (单位:小时) 如下:

甲:$5.5, 4.6, 4.4, 3.4, 1.9, 1.6, 1.1, 0.8, 0.1, -0.1$;

乙:$3.7, 3.4, 2.0, 2.0, 0.8, 0.7, 0, -0.1, -0.2, -1.6$.

问:在显著性水平 $\alpha = 0.05$ 下两种药的疗效有无显著差别?

解 设甲药服用后延长的睡眠时间 $X \sim N(\mu_1, \sigma_1^2)$, 乙药服用后延长睡眠时间 $Y \sim N(\mu_2, \sigma_2^2)$, 其中 $\mu_1, \mu_2, \sigma_1^2, \sigma_2^2$ 均未知. 若想检验两种药的疗效有无显著差

别, 我们首先在 μ_1, μ_2 未知的条件下检验 σ_1^2, σ_2^2 是否有显著差异, 即做检验

$$H_0\colon \sigma_1^2 = \sigma_2^2, \quad H_1\colon \sigma_1^2 \neq \sigma_2^2.$$

取检验统计量 $F = S_1^2/S_2^2$, 则由题中数据, 得

$$m = 10, \quad n = 10, \quad \overline{x} = 2.33, \quad \overline{y} = 1.07, \quad s_1^2 \approx 4.01, \quad s_2^2 \approx 2.84.$$

故

$$f = \frac{s_1^2}{s_2^2} \approx 1.412.$$

查 F 分布表, 得

$$F_{0.025}(9,9) = 4.03, \quad F_{0.975}(9,9) = \frac{1}{F_{0.025}(9,9)} = \frac{1}{4.03}.$$

由于 $\frac{1}{4.03} < 1.412 < 4.03$, 故接受原假设 $H_0\colon \sigma_1^2 = \sigma_2^2$, 即在显著性水平 $\alpha = 0.05$ 下不能认为两种药的疗效的方差有显著差别.

其次, 我们在 $\sigma_1^2 = \sigma_2^2$ 但其值未知的条件下, 做如下检验假设:

$$H_0'\colon \mu_1 = \mu_2, \quad H_1'\colon \mu_1 \neq \mu_2.$$

取检验统计量

$$T = \frac{\overline{X} - \overline{Y}}{S_w\sqrt{1/m + 1/n}},$$

其中

$$S_w = \sqrt{\frac{(m-1)S_1^2 + (n-1)S_2^2}{m+n-2}}.$$

计算 S_w 的值:

$$s_w = \sqrt{\frac{9 \times 4.01 + 9 \times 2.84}{18}} \approx 1.85.$$

由此得

$$t = \frac{2.33 - 1.07}{1.85\sqrt{1/10 + 1/10}} \approx 1.523.$$

查 t 分布表, 得 $t_{0.025}(18) = 2.101$. 由于 $|t| = |1.523| < 2.101$, 故接受原假设 $H_0'\colon \mu_1 = \mu_2$. 因此在显著性水平 $\alpha = 0.05$ 下不能认为两种安眠药的疗效的均值有显著差别.

综合上述讨论结果, 可以认为两种安眠药疗效无显著差异.

例 6*(成对数据的 t 检验) 设总体 $X \sim N(\mu_1, \sigma^2)$, $Y \sim N(\mu_2, \sigma^2)$. 今从两总体中分别取容量为 n 的样本. 试对如下假设进行假设检验:

$$H_0\colon \mu_1 = \mu_2, \quad H_1\colon \mu_1 \neq \mu_2.$$

解 由于两样本容量相等, 故若令

$$Z_i = X_i - Y_i, \quad i = 1, 2, \cdots, n,$$

则它可以看作来自总体 $Z = X - Y$ 的样本, 且

$$Z \sim N(\mu_1 - \mu_2, 2\sigma^2) = N(\mu_z, \sigma_z^2),$$

其中 $\mu_z = \mu_1 - \mu_2, \sigma_z^2 = 2\sigma^2$.

故检验问题转化为假设检验

$$H_0\colon \mu_z = 0, \quad H_1\colon \mu_z \neq 0.$$

取检验统计量

$$Z = \frac{\overline{Z}}{S_Z}\sqrt{n},$$

其中 $\overline{Z}, S_Z$ 分别为 Z_i $(i = 1, 2, \cdots, n)$ 的样本均值与样本标准差. 由于 σ_z^2 未知, 使用 t 检验法, 在 H_0 成立时, $Z \sim t(n-1)$, t 为统计量 Z 的观测值, 故当 $|t| > t_{\alpha/2}(n-1)$ 时, 拒绝 H_0, 否则接受 H_0.

表 8.1 对不同情形下正态总体的均值和方差的假设检验进行了总结.

表 8.1 正态总体假设检验一览表 (显著性水平为 α)

H_0	H_1	条件	检验统计量及分布	拒绝域
$\mu = \mu_0$ $\mu \leqslant \mu_0$ $\mu \geqslant \mu_0$	$\mu \neq \mu_0$ $\mu > \mu_0$ $\mu < \mu_0$	σ^2 已知	$Z = \dfrac{\overline{X} - \mu_0}{\sigma/\sqrt{n}} \sim N(0,1)$	$\|z\| \geqslant z_{\alpha/2}$ $z \geqslant z_\alpha$ $z \leqslant -z_\alpha$
$\mu = \mu_0$ $\mu \leqslant \mu_0$ $\mu \geqslant \mu_0$	$\mu \neq \mu_0$ $\mu > \mu_0$ $\mu < \mu_0$	σ^2 未知	$Z = \dfrac{\overline{X} - \mu_0}{S/\sqrt{n}} \sim t(n-1)$	$\|t\| \geqslant t_{\alpha/2}(n-1)$ $t \geqslant t_\alpha(n-1)$ $t \leqslant -t_\alpha(n-1)$
$\sigma^2 = \sigma_0^2$ $\sigma^2 \leqslant \sigma_0^2$ $\sigma^2 \geqslant \sigma_0^2$	$\sigma^2 \neq \sigma_0^2$ $\sigma^2 > \sigma_0^2$ $\sigma^2 < \sigma_0^2$	μ 未知	$\chi^2 = \dfrac{(n-1)S^2}{\sigma_0^2}$ $\sim \chi^2(n-1)$	$\chi^2 \leqslant \chi^2_{1-\alpha/2}(n-1)$ 或$\chi^2 \geqslant \chi^2_{\alpha/2}(n-1)$ $\chi^2 \geqslant \chi^2_\alpha(n-1)$ $\chi^2 \leqslant \chi^2_{1-\alpha}(n-1)$
$\mu_1 = \mu_2$ $\mu_1 \leqslant \mu_2$ $\mu_1 \geqslant \mu_2$	$\mu_1 \neq \mu_2$ $\mu_1 > \mu_2$ $\mu_1 < \mu_2$	σ_1^2, σ_2^2 已知	$Z = \dfrac{\overline{X} - \overline{Y}}{\sqrt{\sigma_1^2/m + \sigma_2^2/n}}$ $\sim N(0,1)$	$\|z\| \geqslant z_{\alpha/2}$ $z \geqslant z_\alpha$ $z \leqslant -z_\alpha$
$\mu_1 = \mu_2$ $\mu_1 \leqslant \mu_2$ $\mu_1 \geqslant \mu_2$	$\mu_1 \neq \mu_2$ $\mu_1 > \mu_2$ $\mu_1 < \mu_2$	σ_1^2, σ_2^2 未知 但 $\sigma_1^2 = \sigma_2^2$	$Z = \dfrac{\overline{X} - \overline{Y}}{S_w\sqrt{1/m + 1/n}}$ $\sim t(m+n-2)$	$\|t\| \geqslant t_{\alpha/2}(m+n-2)$ $t \geqslant t_\alpha(m+n-2)$ $t \leqslant -t_\alpha(m+n-2)$
$\sigma_1^2 = \sigma_2^2$ $\sigma_1^2 \leqslant \sigma_2^2$ $\sigma_1^2 \geqslant \sigma_2^2$	$\sigma_1^2 \neq \sigma_2^2$ $\sigma_1^2 > \sigma_2^2$ $\sigma_1^2 < \sigma_2^2$	μ_1, μ_2 未知	$F = \dfrac{S_1^2}{S_2^2}$ $\sim F(m-1, n-1)$	$f \leqslant F_{1-\alpha/2}(m-1, n-1)$ 或 $f \geqslant F_{\alpha/2}(m-1, n-1)$ $f \geqslant F_\alpha(m-1, n-1)$ $f \leqslant F_{1-\alpha}(m-1, n-1)$

小　结

本章学习基本要求

1. 理解显著性检验的基本思想，掌握假设检验的基本步骤，了解假设检验可能产生的两类错误.

2. 掌握单个及两个正态总体的均值和方差的假设检验.

本章知识点网格图

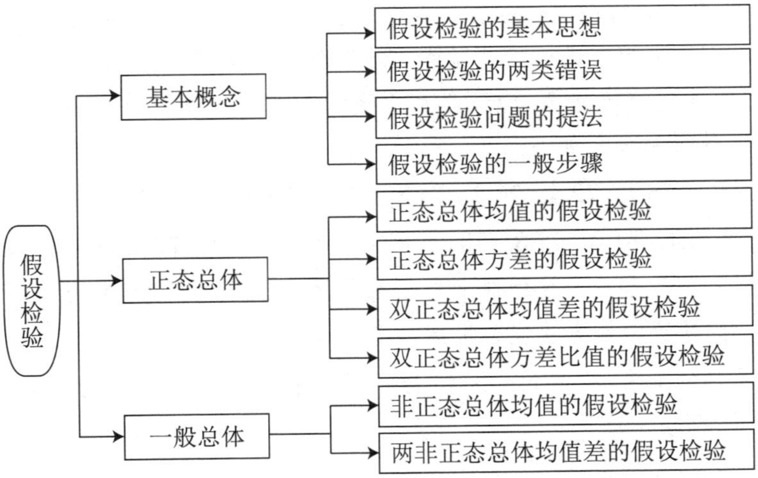

人物简介

罗纳德·艾尔默·费希尔 (Ronald Aylmer Fisher, 1890—1962, 图 8.1)，英国统计学家、生物进化学家、数学家、遗传学家和优生学家. 他于 1890 年生于伦敦，1912 年毕业于剑桥大学数学系，后跟英国数理统计学家琼斯进修统计力学；1933 年，他因在生物统计和遗传学研究方面的卓著成绩而被聘为伦敦大学优生学教授；1943 年任剑桥大学遗传学教授，直至 1957 年退休.

图 8.1

他对现代统计学中的方差分析、极大似然统计推断和许多抽样分布做出了突出贡献, 是现代统计学当之无愧的重要奠基者. 统计史学家安德斯·哈尔德称他是"一位几乎独立建立现代统计学的天才". 同时, 他创立的费希尔准则以及雌雄双方的生物性状互相促进的进化理论, 使他成为现代种群遗传学的奠基人之一.

习 题

1. 抽取某班级 28 名学生的语文考试成绩, 得样本均值为 80 分, 修正样本标准差为 8. 若全年级语文平均成绩是 85 分, 试问该班学生的语文平均成绩有无显著差异 ($\alpha = 0.05$)?

2. 在平炉上进行一项试验以确定改变操作方法的建议是否会增加钢的得率, 试验是在同一只平炉上进行的. 每炼一炉钢时除操作方法外, 其他条件都尽可能做到相同. 先用标准方法炼一炉, 然后用建议的新方法炼一炉, 以后交替进行, 各炼了 10 炉, 其得率分别如下:

标准方法: 78.1, 72.4, 76.2, 74.3, 77.4, 78.4, 76, 75.5, 76.7, 77.3;

新方法: 79.1, 81.0, 77.3, 79.1, 80.0, 79.1, 79.1, 77.3, 80.2, 82.1.

设这两个样本相互独立, 且分别来自正态总体 $N(\mu_1, \sigma^2)$ 和 $N(\mu_2, \sigma^2)$, μ_1, μ_2, σ^2 均未知. 问建议的新方法能否提高得率 ($\alpha = 0.05$)?

3. 某元件的寿命 X(单位: 小时) 服从正态分布 $N(\mu, \sigma^2)$, μ, σ^2 均未知. 现测得 16 只元件的寿命如下:

159, 280, 101, 212, 224, 379, 179, 264, 222, 362, 168, 250, 149, 260, 485, 170.

问是否有理由认为元件的平均寿命大于 225 小时 ($\alpha = 0.05$)?

4. 由甲、乙两台机床加工同样的产品. 从它们生产的产品中分别随机抽取 8 件和 6 件, 测得这些样品直径 (单位: 毫米) 的均值和方差分别为

$$\overline{x} = 201, \quad \overline{y} = 198, \quad s_1^2 = 0.17, \quad s_2^2 = 0.14.$$

假定两个总体都服从正态分布, 且方差相等. 试问在显著性水平 $\alpha = 0.05$ 下,

(1) 甲、乙两台机床加工的产品平均直径有无显著差异?

(2) 这两个总体的方差是否有显著的差异?

5. 设某次考试的考生成绩服从正态分布, 从中随机抽取 36 位考生的成绩, 算得平均成绩为 66.5 分, 标准差为 15 分. 问在显著性水平 0.05 下, 是否可以认为这次考试全体考生的平均成绩为 70 分? 并给出检验过程.

6. 下面列出的是某工厂随机选取的 20 只部件的装配时间 (单位: 分钟):

9.8, 10.4, 10.6, 9.6, 9.7, 9.9, 10.9, 11.1, 9.6, 10.2,

10.3, 9.6, 9.9, 11.2, 10.6, 9.8, 10.5, 10.1, 10.5, 9.7.

设装配时间总体服从正态分布 $N(\mu,\sigma^2)$, 其中 μ,σ^2 未知. 问是否可以认为装配时间的均值 μ 显著大于 10 ($\alpha=0.05$)?

7. 表 8.2 分别给出了文学家马克·吐温 (M) 的 8 篇小说文和斯诺特格拉斯 (S) 的 10 篇小品文中由 3 个字母组成的单字的比例. 设两组数据分别来自正态总体 $N(\mu_1,\sigma_1^2)$, $N(\mu_2,\sigma_2^2)$, 其中 μ_1,μ_2, σ_1^2,σ_2^2 均未知, 两样本独立.

表 8.2

M	0.225	0.262	0.217	0.240	0.230	0.229	0.235	0.217		
S	0.209	0.205	0.196	0.210	0.202	0.207	0.224	0.223	0.220	0.201

(1) 检验假设 $H_0:\sigma_1^2=\sigma_2^2, H_1:\sigma_1^2\neq\sigma_2^2$ ($\alpha=0.05$).

(2) 在 (1) 的基础上检验假设 $H_0':\mu_1=\mu_2, H_1':\mu_1\neq\mu_2$ ($\alpha=0.05$).

8. 随机地选择 8 个人, 分别测量他们在早晨起床时和晚上就寝时的身高 (单位: 厘米), 得到如表 8.3 所示的数据.

表 8.3

序号	1	2	3	4	5	6	7	8
早上 (x_i)	172	168	180	181	160	163	165	177
晚上 (y_i)	172	167	177	179	159	161	166	175
$d_i=x_i-y_i$	0	1	3	2	1	2	−1	2

设各对数据的差 $D_i=X_i-Y_i$ ($i=1,2,\cdots,8$) 为来自正态总体 $N(\mu_D,\sigma_D^2)$ 的样本, μ_D,σ_D^2 均未知. 试问是否可以认为早晨的身高比晚上的身高要高 ($\alpha=0.05$)?

9. 如果一个矩形的宽度 w 与长度 l 的比 $\dfrac{w}{l}=\dfrac{1}{2}(\sqrt{5}-1)\approx 0.618$, 这样的矩形称为黄金矩形. 下面列出某工艺品工厂随机选取的 20 个矩形的宽度与长度的比值:

0.693, 0.749, 0.654, 0.670, 0.662, 0.672, 0.615, 0.606, 0.690, 0.628,
0.668, 0.611, 0.606, 0.609, 0.601, 0.553, 0.570, 0.844, 0.576, 0.933.

设这一工厂生产的矩形的宽度与长度的比值总体服从正态分布, 其均值为 μ, 方差为 σ^2, 其中 μ,σ^2 未知. 试检验假设 $H_0:\mu=0.618, H_1:\mu\neq0.618(\alpha=0.05)$.

10. 杜鹃总是把蛋生在其他鸟的鸟巢中. 今从两种鸟巢中收集到杜鹃蛋 24 只, 其中 9 只来自同一种鸟的鸟巢, 另外 15 只来自另一种鸟的鸟巢. 这两种杜鹃蛋的长度 (单位:毫米) 如表 8.4 所示.

表 8.4

样本 1	21.2	21.6	21.9	22.0	22.0	22.2	22.8	22.9	23.0
样本 2	19.8	20.0	20.3	20.8	20.9	20.9	21.0	21.0	21.0
	21.2	19.8	21.5	22.0	22.1	22.3			

设两种杜鹃蛋的长度服从同方差的正态分布. 试鉴别杜鹃蛋的长度与它们被放置的鸟巢种类是否有关 $(\alpha=0.05)$.

11. 某化工厂为提高某化学药品的得率, 提出了两种改进方案. 为确定哪一种改进方案更好, 分别对它们进行试验, 测得数据如表 8.5 所示.

表 8.5

方案 1	68.1	62.4	63.3	64.7	68.4	66.0	65.5	66.7	67.3	66.2
方案 2	69.1	71.0	69.1	70.0	69.1	69.1	67.3	70.2	72.1	67.3

假设得率服从正态分布, 问方案 2 是否比方案 1 的得率有显著提高 $(\alpha=0.05)$?

12. 设袋中有 10 个球, 其颜色有白与黑两种, p 表示白球所占比例. 有待检验的统计假设是

$$H_0\colon p=\frac{1}{2},\quad H_1\colon p=\frac{1}{5}.$$

从袋中有放回地抽取 4 个球, 其中白球数小于 2 时, 拒绝 H_0, 否则接受 H_0. 试给出总体及其分布形式, 并对给定显著性水平 $\alpha\in(0,1)$, 给出检验法的拒绝域与接受域, 以及犯第一类错误及第二类错误的概率.

13. 设 $(X_1,X_2,\cdots,X_n)$ 为来自正态总体 $N(\mu,0.04)$ 的一个样本. 对假设检验问题

$$H_0\colon \mu=0.5,\quad H_1\colon \mu=\mu_1>0.5,$$

取单侧检验拒绝域 $C=\{(x_1,x_2,\cdots,x_n)|\overline{x}\geqslant c\}$, 其中 $\overline{x}=\dfrac{1}{n}\sum\limits_{i=1}^{n}x_i$ 为样本均值. 在 $\alpha=0.05,\mu_1=0.65$ 时, 为使犯第二类错误的概率 β 不超过 0.05, 样本容量 n

至少应取多少?

14. 设总体 $X \sim N(\mu_1,\sigma^2), Y \sim N(\mu_2,\sigma^2)$. 今从总体 X 中抽取样本 $(X_1,X_2,\cdots, X_m)$, 从总体 Y 中随机抽取样本 $(Y_1,Y_2,\cdots,Y_n)$, 且两样本独立. 试对假设检验

$$H_0\colon \mu_1 = k\mu_2,\quad H_1\colon \mu_1 \neq k\mu_2,$$

其中 $k \neq 0$. 试寻找合适的检验统计量, 并给出 H_0 的拒绝域 ($\alpha = 0.05$).

附录　常用统计分布表

附表 1　泊松分布表

$$P(\xi = k) = \lambda^k \mathrm{e}^{-\lambda}/k!$$

k \ λ	0.1	0.2	0.3	0.4	0.5	0.6	0.7	0.8	0.9
0	0.904 84	0.818 73	0.740 82	0.670 32	0.606 53	0.548 81	0.496 59	0.449 33	0.406 57
1	0.090 48	0.163 75	0.222 25	0.268 13	0.303 27	0.329 29	0.347 61	0.359 46	0.365 91
2	0.004 52	0.016 38	0.033 34	0.053 63	0.075 82	0.098 79	0.121 66	0.143 79	0.164 66
3	0.000 15	0.001 09	0.003 33	0.007 15	0.012 64	0.019 76	0.028 39	0.038 34	0.049 40
4		0.000 06	0.000 25	0.000 72	0.001 58	0.002 96	0.004 97	0.007 67	0.011 12
5			0.000 02	0.000 06	0.000 16	0.000 36	0.000 70	0.001 23	0.002 00
6					0.000 01	0.000 04	0.000 08	0.000 16	0.000 30
7							0.00001	0.000 02	0.000 04

k \ λ	1	2	3	4	5	6	7	8	9
0	0.367 88	0.135 34	0.049 79	0.018 32	0.006 74	0.002 48	0.000 91	0.000 34	0.000 12
1	0.367 88	0.270 67	0.149 31	0.073 26	0.033 69	0.014 87	0.006 38	0.002 68	0.001 11
2	0.183 94	0.270 67	0.224 04	146 53	0.08422	0.04462	0.02234	0.01074	0.005 00
3	0.061 31	0.180 45	0.224 04	0.195 37	0.140 37	0.089 24	0.052 13	0.028 63	0.014 99
4	0.015 33	0.090 22	0.168 03	0.195 37	0.175 47	0.133 85	0.091 23	0.057 25	0.033 74
5	0.003 07	0.036 09	0.100 82	0.156 29	0.175 47	0.160 62	0.127 72	0.091 60	0.060 73

续表

k \ λ	1	2	3	4	5	6	7	8	9
6	0.000 51	0.012 03	0.050 41	0.104 20	0.146 22	0.160 62	0.149 00	0.122 14	0.091 09
7	0.000 07	0.003 44	0.021 60	0.059 54	0.104 45	0.137 68	0.149 00	0.139 59	0.117 12
8	0.000 01	0.000 86	0.008 10	0.029 77	0.065 28	0.103 26	0.130 38	0.139 59	0.131 76
9		0.000 19	0.002 70	0.013 23	0.036 27	0.068 84	0.101 41	0.124 08	0.131 76
10		0.000 04	0.000 81	0.005 29	0.018 14	0.041 30	0.070 98	0.099 26	0.118 58
11		0.000 01	0.000 22	0.001 93	0.008 24	0.022 53	0.045 17	0.072 19	0.097 02
12			0.000 06	0.000 64	0.003 43	0.011 26	0.026 35	0.048 13	0.072 77
13			0.000 01	0.000 20	0.001 32	0.005 20	0.014 19	0.029 62	0.050 38
14				0.000 06	0.000 47	0.002 23	0.007 09	0.016 92	0.032 38
15				0.000 02	0.000 16	0.000 89	0.003 31	0.009 03	0.019 43
16					0.000 05	0.000 33	0.001 45	0.004 51	0.010 93
17					0.000 01	0.000 12	0.000 60	0.002 12	0.005 79
18						0.000 04	0.000 23	0.000 94	0.002 89
19						0.000 01	0.000 09	0.000 40	0.001 37
20							0.000 03	0.000 16	0.000 62
21							0.000 01	0.000 06	0.000 26
22								0.000 02	0.000 10
23								0.000 01	0.000 04
24									0.000 02
25									0.000 01

附表 2 标准正态分布表

$$\Phi(x)=\frac{1}{\sqrt{2\pi}}\int_{-\infty}^{x}\mathrm{e}^{-t^2/2}\mathrm{d}t$$

x	0.00	0.01	0.02	0.03	0.04	0.05	0.06	0.07	0.08	0.09
0.0	0.5000	0.5040	0.5080	0.5120	0.5160	0.5199	0.5239	0.5279	0.5319	0.5359
0.1	0.5398	0.5438	0.5478	0.5517	0.5557	0.5596	0.5636	0.5675	0.5714	0.5753
0.2	0.5793	0.5832	0.5871	0.5910	0.5948	0.5987	0.6026	0.6064	0.6103	0.6141
0.3	0.6179	0.6217	0.6255	0.6293	0.6331	0.6368	0.6406	0.6443	0.6480	0.6517
0.4	0.6554	0.6591	0.6628	0.6664	0.6700	0.6736	0.6772	0.6808	0.6844	0.6879
0.5	0.6915	0.6930	0.6985	0.7019	0.7054	0.7088	0.7123	0.7157	0.7190	0.7224
0.6	0.7257	0.7291	0.7324	0.7357	0.7389	0.7422	0.7454	0.7486	0.7517	0.7549
0.7	0.7580	0.7611	0.7642	0.7673	0.7703	0.7734	0.7764	0.7794	0.7823	0.7852
0.8	0.7881	0.7910	0.7939	0.7967	0.7995	0.8023	0.8051	0.8078	0.8106	0.8133
0.9	0.8159	0.8186	0.8212	0.8238	0.8264	0.8289	0.8315	0.8340	0.8365	0.8389
1.0	0.8413	0.8438	0.8461	0.8485	0.8508	0.8531	0.8554	0.8577	0.8599	0.8621
1.1	0.8643	0.8665	0.8686	0.8708	0.8729	0.8749	0.8770	0.8790	0.8810	0.8830
1.2	0.8849	0.8869	0.8888	0.8907	0.8925	0.8944	0.8962	0.8980	0.8997	0.9015
1.3	0.9032	0.9049	0.9066	0.9082	0.9099	0.9115	0.9131	0.9147	0.9162	0.9177
1.4	0.9192	0.9207	0.9222	0.9236	0.9251	0.9265	0.9278	0.9292	0.9306	0.9319
1.5	0.9332	0.9345	0.9357	0.9370	0.9382	0.9394	0.9406	0.9418	0.9429	0.9441
1.6	0.9452	0.9463	0.9474	0.9485	0.9495	0.9505	0.9515	0.9525	0.9535	0.9545
1.7	0.9554	0.9564	0.9573	0.9582	0.9591	0.9599	0.9608	0.9616	0.9625	0.9633
1.8	0.9641	0.9648	0.9656	0.9664	0.9671	0.9678	0.9686	0.9693	0.9700	0.9706
1.9	0.9713	0.9719	0.9726	0.9732	0.9738	0.9744	0.9750	0.9755	0.9762	0.9767
2.0	0.9773	0.9778	0.9783	0.9788	0.9793	0.9798	0.9803	0.9808	0.9812	0.9817
2.1	0.9821	0.9826	0.9830	0.9834	0.9838	0.9842	0.9846	0.9850	0.9854	0.9857
2.2	0.9861	0.9865	0.9868	0.9871	0.9875	0.9878	0.9881	0.9884	0.9887	0.9890
2.3	0.9893	0.9896	0.9898	0.9^2010	0.9^2036	0.9^2062	0.9^2086	0.9^2111	0.9^2134	0.9^2158
2.4	0.9^2180	0.9^2202	0.9^2224	0.9^2245	0.9^2266	0.9^2286	0.9^2305	0.9^2324	0.9^2343	0.9^2361

续表

x	0.00	0.01	0.02	0.03	0.04	0.05	0.06	0.07	0.08	0.09
2.5	0.9^2379	0.9^2396	0.9^2413	0.9^2430	0.9^2446	0.9^2461	0.9^2477	0.9^2492	0.9^2506	0.9^2520
2.6	0.9^2534	0.9^2547	0.9^2560	0.9^2573	0.9^2586	0.9^2598	0.9^2609	0.9^2621	0.9^2632	0.9^2643
2.7	0.9^2653	0.9^2664	0.9^2674	0.9^2683	0.9^2693	0.9^2702	0.9^2711	0.9^2720	0.9^2728	0.9^2737
2.8	0.9^2745	0.9^2752	0.9^2760	0.9^2767	0.9^2774	0.9^2781	0.9^2788	0.9^2795	0.9^2801	0.9^2807
2.9	0.9^2813	0.9^2819	0.9^2825	0.9^2831	0.9^2836	0.9^2841	0.9^2846	0.9^2851	0.9^2856	0.9^2861
3.0	0.9^2865	0.9^2869	0.9^2874	0.9^2878	0.9^2883	0.9^2886	0.9^2889	0.9^2893	0.9^2897	0.9^2900
3.1	0.9^3032	0.9^3065	0.9^3096	0.9^3126	0.9^3155	0.9^3184	0.9^3211	0.9^3238	0.9^3264	0.9^3289
3.2	0.9^3313	0.9^3336	0.9^3359	0.9^3381	0.9^3402	0.9^3423	0.9^3443	0.9^3462	0.9^3481	0.9^3499
3.3	0.9^3516	0.9^3534	0.9^3550	0.9^3566	0.9^3581	0.9^3596	0.9^3610	0.9^3624	0.9^3638	0.9^3651
3.4	0.9^3663	0.9^3675	0.9^3687	0.9^3698	0.9^3709	0.9^3720	0.9^3730	0.9^3740	0.9^3749	0.9^3759
3.5	0.9^3767	0.9^3776	0.9^3784	0.9^3792	0.9^3800	0.9^3807	0.9^3815	0.9^3822	0.9^3828	0.9^3835
3.6	0.9^3841	0.9^3847	0.9^3853	0.9^3858	0.9^3864	0.9^3869	0.9^3874	0.9^3879	0.9^3883	0.9^3888
3.7	0.9^3892	0.9^3896	0.9^4004	0.9^4043	0.9^4080	0.9^4116	0.9^4150	0.9^4184	0.9^4216	0.9^4247
3.8	0.9^4276	0.9^4305	0.9^4333	0.9^4359	0.9^4385	0.9^4409	0.9^4433	0.9^4456	0.9^4478	0.9^4499
3.9	0.9^4519	0.9^4538	0.9^4557	0.9^4575	0.9^4593	0.9^4609	0.9^4625	0.9^4641	0.9^4655	0.9^4670
4.0	0.9^4683	0.9^4696	0.9^4709	0.9^4721	0.9^4733	0.9^4744	0.9^4755	0.9^4765	0.9^4775	0.9^4784
4.1	0.9^4793	0.9^4802	0.9^4811	0.9^4819	0.9^4826	0.9^4834	0.9^4841	0.9^4848	0.9^4854	0.9^4861
4.2	0.9^4867	0.9^4872	0.9^4878	0.9^4883	0.9^4888	0.9^4893	0.9^4898	0.9^5023	0.9^5066	0.9^5107
4.3	0.9^5146	0.9^5184	0.9^5220	0.9^5255	0.9^5288	0.9^5319	0.9^5350	0.9^5379	0.9^5407	0.9^5433
4.4	0.9^5459	0.9^5483	0.9^5507	0.9^5529	0.9^5550	0.9^5571	0.9^5590	0.9^5609	0.9^5627	0.9^5644
4.5	0.9^5660	0.9^5676	0.9^5691	0.9^5705	0.9^5719	0.9^5732	0.9^5744	0.9^5756	0.9^5768	0.9^5778
4.6	0.9^5789	0.9^5799	0.9^5808	0.9^5817	0.9^5826	0.9^5834	0.9^5842	0.9^5849	0.9^5857	0.9^5863
4.7	0.9^5870	0.9^5876	0.9^5882	0.9^5888	0.9^5893	0.9^5898	0.9^6032	0.9^6079	0.9^6124	0.9^6166
4.8	0.9^6207	0.9^6245	0.9^6282	0.9^6317	0.9^6351	0.9^6383	0.9^6413	0.9^6442	0.9^6470	0.9^6496
4.9	0.9^6521	0.9^6545	0.9^6567	0.9^6589	0.9^6609	0.9^6629	0.9^6648	0.9^6665	0.9^6682	0.9^6698

附表 3 χ^2 分布临界值表

$$P(\chi^2(n) > \chi_\alpha^2(n)) = \alpha$$

n \ α	0.995	0.99	0.975	0.95	0.90	0.75	0.25	0.10	0.05	0.025	0.01	0.005
1	—	—	0.001	0.004	0.016	0.102	1.323	2.706	3.841	5.024	6.635	7.879
2	0.010	0.020	0.051	0.103	0.211	0.575	2.773	4.605	5.991	7.378	9.210	10.597
3	0.072	0.115	0.216	0.352	0.584	1.213	4.108	6.251	7.815	9.348	11.345	12.838
4	0.207	0.297	0.484	0.711	1.064	1.923	5.385	7.779	9.488	11.143	13.277	14.860
5	0.412	0.554	0.831	1.145	1.610	2.675	6.626	9.236	11.071	12.833	15.086	16.750
6	0.676	0.872	1.237	1.635	2.204	3.455	7.841	10.645	12.592	14.440	16.812	18.548
7	0.989	1.239	1.690	2.167	2.833	4.255	9.037	12.017	14.067	16.013	18.475	20.278
8	1.344	1.646	2.180	2.733	3.490	5.071	10.219	13.362	15.507	17.535	20.090	21.955
9	1.735	2.088	2.700	3.325	4.168	5.899	11.389	14.684	16.919	19.023	21.666	23.589
10	2.156	2.558	3.247	3.940	4.865	6.737	12.549	15.987	18.307	20.433	23.209	25.188
11	2.603	3.053	3.816	4.575	5.578	7.584	13.701	17.275	19.675	21.920	24.725	26.757
12	3.074	3.571	4.404	5.226	6.304	8.438	14.845	18.549	21.026	23.337	26.217	28.299
13	3.565	4.107	5.009	5.892	7.042	9.299	15.984	19.812	22.362	24.736	27.688	29.819
14	4.075	4.660	5.629	6.571	7.790	10.165	17.117	21.064	23.685	26.119	29.141	31.319
15	4.601	5.229	6.262	7.261	8.547	11.037	18.245	22.307	24.996	27.483	30.578	32.801
16	5.142	5.812	6.908	7.962	9.312	11.912	19.369	23.542	26.296	28.845	32.000	34.267
17	5.697	6.408	7.564	8.672	10.085	12.792	20.489	24.769	27.587	30.191	33.400	35.718
18	6.265	7.015	8.231	9.390	10.865	13.675	21.605	25.989	28.869	31.526	34.805	37.156
19	6.844	7.633	8.907	10.117	11.651	14.562	22.718	27.204	30.144	32.852	36.191	38.532
20	7.434	8.260	9.591	10.851	12.443	15.452	23.828	28.412	31.410	34.170	37.566	39.997
21	8.034	8.897	10.283	11.591	13.240	16.344	24.935	29.615	32.671	36.479	38.932	41.401
22	8.643	9.542	10.982	12.338	14.042	17.240	26.039	30.813	33.924	36.781	40.289	42.796
23	9.260	10.196	11.689	13.091	14.848	18.137	27.141	32.007	35.172	38.076	41.638	44.181
24	9.886	10.856	12.401	13.848	15.659	19.037	28.241	33.196	36.415	39.364	42.980	45.559
25	10.520	11.524	13.120	14.611	16.473	19.939	29.339	34.382	37.652	40.646	44.314	46.928
26	11.160	12.198	13.844	15.379	17.292	20.843	30.435	35.563	38.885	41.923	45.642	48.290
27	11.808	12.879	14.573	16.151	18.114	21.749	31.528	36.741	40.113	43.194	46.963	49.645
28	12.461	13.565	15.308	16.928	18.939	22.657	32.620	37.916	41.337	44.461	48.278	50.993

续表

n \ α	0.995	0.99	0.975	0.95	0.90	0.75	0.25	0.10	0.05	0.025	0.01	0.005
29	13.121	14.257	16.047	17.708	19.768	23.567	33.711	39.087	42.557	45.722	49.588	52.336
30	13.787	14.954	16.791	18.493	20.599	24.478	34.800	40.256	43.773	46.379	50.892	53.672
31	14.458	15.655	17.539	19.281	21.434	25.390	35.887	41.422	44.985	48.232	51.191	55.003
32	15.134	16.362	18.291	20.072	22.271	26.304	36.973	42.585	46.194	49.480	53.436	56.328
33	15.815	17.074	19.047	20.867	23.110	27.219	38.058	43.745	47.400	50.726	54.776	57.648
34	16.501	17.789	19.806	21.664	23.952	28.136	39.141	44.903	48.602	51.966	56.061	58.964
35	17.192	18.509	20.569	22.465	24.797	29.054	40.223	46.059	49.802	53.203	57.342	60.275
36	17.887	19.233	21.336	23.269	25.643	29.973	41.304	47.212	50.998	54.437	58.619	61.581
37	18.586	19.960	22.106	21.075	26.492	30.893	42.383	48.363	52.192	55.668	59.892	62.883
38	19.289	20.691	22.878	24.884	27.343	31.815	43.462	49.513	53.384	56.896	61.162	64.181
39	19.996	21.426	23.654	25.695	28.196	32.737	44.539	50.600	54.572	58.120	62.428	65.476
40	20.707	22.164	24.433	26.509	29.051	33.660	45.616	51.805	55.758	59.342	63.691	66.766
41	21.421	22.906	25.215	27.326	29.907	34.585	46.692	52.949	56.942	60.561	64.950	68.053
42	22.138	23.650	25.999	28.144	30.765	35.510	47.766	54.090	58.124	61.777	66.206	69.336
43	22.859	24.398	26.785	28.965	31.625	36.436	48.840	55.230	59.304	62.990	67.459	70.616
44	23.584	25.148	27.575	29.787	32.487	37.363	49.913	56.369	60.481	64.201	68.710	71.893
45	24.311	25.901	28.366	30.612	33.350	38.291	50.985	57.505	61.656	65.410	69.957	73.166

附表 4　t 分布单侧临界值表

$$P(t(n) > t_\alpha(n)) = \alpha$$

n \ α	0.45	0.40	0.35	0.30	0.25	0.20	0.15	0.10	0.05	0.025	0.01	0.005	0.000 5
1	0.159	0.325	0.510	0.727	1.000	1.376	1.963	3.078	6.134	12.706	31.821	63.657	636.619
2	0.142	0.289	0.445	0.617	0.816	1.061	1.386	1.886	2.920	4.303	6.965	9.925	31.596
3	0.137	0.277	0.424	0.584	0.765	0.978	1.250	1.638	2.353	3.182	4.541	5.841	12.924
4	0.134	0.271	0.414	0.569	0.741	0.941	1.190	1.533	2.132	2.776	3.747	4.604	8.610
5	0.132	0.267	0.408	0.559	0.727	0.920	1.156	1.476	2.015	2.571	3.365	4.032	6.859
6	0.131	0.265	0.404	0.553	0.718	0.906	1.134	1.440	1.943	2.447	3.143	3.707	5.959
7	0.130	0.263	0.402	0.549	0.711	0.896	1.119	1.415	1.895	2.365	2.998	3.499	5.405
8	0.130	0.262	0.399	0.546	0.706	0.889	1.108	1.397	1.860	2.306	2.896	3.355	5.041
9	0.129	0.261	0.398	0.543	0.703	0.883	1.100	1.383	1.833	2.262	2.821	3.250	4.781
10	0.129	0.260	0.397	0.542	0.700	0.879	1.093	1.372	1.812	2.228	2.764	3.169	4.587
11	0.129	0.260	0.396	0.540	0.697	0.876	1.088	1.363	1.796	2.201	2.718	3.106	4.437
12	0.128	0.259	0.395	0.539	0.695	0.873	1.083	1.356	1.782	2.179	2.681	3.055	4.318
13	0.128	0.259	0.394	0.538	0.694	0.870	1.079	1.350	1.771	2.160	2.650	3.012	4.221
14	0.128	0.258	0.393	0.537	0.692	0.868	1.076	1.345	1.761	2.145	2.624	2.977	4.149
15	0.128	0.258	0.392	0.536	0.691	0.866	1.074	1.341	1.753	2.131	2.602	2.947	4.073
16	0.128	0.258	0.392	0.535	0.690	0.865	1.071	1.337	1.746	2.120	2.583	2.921	4.015
17	0.128	0.257	0.392	0.534	0.689	0.863	1.069	1.333	1.740	2.110	2.567	2.893	3.965
18	0.127	0.257	0.392	0.534	0.688	0.862	1.067	1.330	1.734	2.101	2.552	2.878	3.922
19	0.127	0.257	0.391	0.533	0.688	0.861	1.066	1.328	1.729	2.093	2.539	2.861	3.883
20	0.127	0.257	0.391	0.533	0.687	0.860	1.064	1.325	1.725	2.086	2.528	2.845	3.850
21	0.127	0.257	0.391	0.532	0.686	0.859	1.063	1.323	1.721	2.080	2.518	2.831	3.819
22	0.127	0.256	0.390	0.532	0.686	0.858	1.061	1.321	1.717	2.074	2.508	2.819	3.792
23	0.127	0.256	0.390	0.532	0.685	0.858	1.060	1.319	1.714	2.069	2.500	2.807	3.767
24	0.127	0.256	0.390	0.531	0.685	0.857	1.059	1.318	1.711	2.064	2.492	2.797	3.745
25	0.127	0.256	0.390	0.531	0.684	0.856	1.058	1.316	1.708	2.060	2.485	2.787	3.725
26	0.127	0.256	0.390	0.531	0.684	0.856	1.058	1.315	1.706	2.056	2.479	2.779	3.707
27	0.127	0.256	0.389	0.531	0.684	0.855	1.057	1.314	1.703	2.052	2.473	2.771	3.690
28	0.127	0.256	0.389	0.530	0.683	0.855	1.056	1.313	1.701	2.048	2.467	2.763	3.674
29	0.127	0.256	0.389	0.530	0.683	0.854	1.055	1.311	1.699	2.045	2.462	2.756	3.659
30	0.127	0.256	0.389	0.530	0.683	0.854	1.055	1.310	1.697	2.042	2.457	2.750	3.646
40	0.126	0.255	0.388	0.529	0.681	0.851	1.050	1.303	1.684	2.021	2.432	2.704	3.551
60	0.126	0.254	0.387	0.527	0.679	0.848	1.046	1.296	1.671	2.000	2.390	2.660	3.460
120	0.126	0.254	0.386	0.526	0.677	0.845	1.041	1.289	1.658	1.980	2.358	2.617	3.373
∞	0.126	0.253	0.385	0.526	0.674	0.842	1.036	1.282	1.645	1.960	2.326	2.576	3.291

附表 5 F 检验临界值表

$$P(F(m,n) > F_\alpha(m,n)) = \alpha$$

$\alpha = 0.10$

n \ m	1	2	3	4	5	6	7	8	9	10	15	20	30	50	100	200	500	∞
1	39.9	49.5	53.6	55.8	57.2	58.2	59.9	59.4	59.9	60.2	61.2	61.7	62.3	62.7	68.0	63.2	63.3	63.3
2	8.53	9.00	9.16	9.24	9.29	9.33	9.35	9.37	9.38	9.39	9.42	9.44	9.46	9.47	9.48	9.49	9.49	9.49
3	5.54	5.46	5.39	5.34	5.31	5.28	5.27	5.25	5.24	5.23	5.20	5.18	5.17	5.15	5.14	5.14	5.14	5.13
4	4.54	4.32	4.19	4.11	4.05	4.01	3.98	3.95	3.94	3.92	3.87	3.84	3.82	3.80	3.78	3.77	3.76	3.76
5	4.06	3.78	3.62	3.52	3.45	3.40	3.37	3.34	3.32	3.30	3.24	3.21	3.17	3.15	3.13	3.12	3.11	3.10
6	3.78	3.46	3.29	3.18	3.11	3.05	3.01	2.98	2.96	2.94	2.87	2.84	2.80	2.77	2.75	2.73	2.73	2.72
7	3.59	3.26	3.07	2.96	2.88	2.83	2.78	2.75	2.72	2.70	2.63	2.59	2.56	2.52	2.50	2.48	2.48	2.47
8	3.46	3.11	2.92	2.81	2.73	2.67	2.62	2.59	2.56	2.54	2.46	2.42	2.38	2.35	2.32	2.31	2.30	2.29
9	3.36	3.01	2.81	2.69	2.61	2.55	2.51	2.47	2.44	2.42	2.34	2.30	2.25	2.22	2.19	2.17	2.17	2.16
10	3.28	2.92	2.73	2.61	2.52	2.46	2.41	2.38	2.35	2.32	2.24	2.20	2.16	2.12	2.09	2.07	2.06	2.06
11	3.23	2.86	2.66	2.54	2.45	2.39	2.34	2.30	2.27	2.25	2.17	2.12	2.08	2.04	2.00	1.99	1.98	1.97
12	3.18	2.81	2.61	2.48	2.39	2.33	2.28	2.24	2.21	2.19	2.10	2.06	2.01	1.97	1.94	1.92	1.91	1.90
13	3.14	2.76	2.56	2.43	2.35	2.28	2.23	2.20	2.16	2.14	2.05	2.01	1.96	1.92	1.88	1.86	1.85	1.85
14	3.10	2.73	2.52	2.39	2.31	2.24	2.19	2.15	2.12	2.10	2.01	1.96	1.91	1.87	1.83	1.82	1.80	1.80
15	3.07	2.70	2.49	2.36	2.27	2.21	2.16	2.12	2.09	2.06	1.97	1.92	1.87	1.83	1.79	1.77	1.76	1.76
16	3.05	2.67	2.46	2.33	2.24	2.18	2.13	2.09	2.06	2.03	1.94	1.89	1.84	1.79	1.76	1.74	1.73	1.72
17	3.03	2.64	2.44	2.31	2.22	2.15	2.10	2.06	2.03	2.00	1.91	1.86	1.81	1.76	1.73	1.71	1.69	1.69
18	3.01	2.62	2.42	2.29	2.20	2.13	2.08	2.04	2.00	1.98	1.89	1.84	1.78	1.74	1.70	1.68	1.67	1.66
19	2.99	2.61	2.40	2.27	2.18	2.11	2.06	2.02	1.98	1.96	1.86	1.81	1.76	1.71	1.67	1.65	1.64	1.63
20	2.97	2.59	2.38	2.25	2.16	2.09	2.04	2.00	1.96	1.94	1.84	1.79	1.74	1.69	1.65	1.63	1.62	1.61
22	2.95	2.56	2.35	2.22	2.13	2.06	2.01	1.97	1.93	1.90	1.81	1.76	1.70	1.65	1.61	1.59	1.58	1.57
24	2.93	2.54	2.33	2.19	2.10	2.04	1.98	1.94	1.91	1.88	1.78	1.73	1.67	1.62	1.58	1.56	1.54	1.53
26	2.91	2.52	2.31	2.17	2.08	2.01	1.96	1.92	1.88	1.86	1.76	1.71	1.65	1.59	1.55	1.53	1.51	1.50
28	2.89	2.50	2.29	2.16	2.06	2.00	1.94	1.90	1.87	1.84	1.74	1.69	1.63	1.57	1.53	1.50	1.49	1.48
30	2.88	2.49	2.28	2.14	2.05	1.98	1.93	1.88	1.85	1.82	1.72	1.67	1.61	1.55	1.51	1.48	1.47	1.46
40	2.84	2.44	2.23	2.09	2.00	1.93	1.87	1.83	1.79	1.76	1.66	1.61	1.54	1.48	1.43	1.41	1.39	1.38
50	2.81	2.41	2.20	2.06	1.97	1.90	1.84	1.80	1.76	1.73	1.63	1.57	1.50	1.44	1.39	1.36	1.34	1.33
60	2.79	2.39	2.18	2.04	1.95	1.87	1.82	1.77	1.74	1.71	1.60	1.54	1.48	1.41	1.36	1.33	1.31	1.29
80	2.77	2.37	2.15	2.02	1.92	1.85	1.79	1.75	1.71	1.68	1.57	1.51	1.44	1.38	1.32	1.28	1.26	1.24
100	2.76	2.36	2.14	2.00	1.91	1.83	1.78	1.73	1.70	1.66	1.56	1.49	1.42	1.35	1.29	1.26	1.23	1.21
200	2.73	2.33	2.11	1.97	1.88	1.80	1.75	1.70	1.66	1.63	1.52	1.46	1.38	1.31	1.24	1.20	1.17	1.14
500	2.72	2.31	2.10	1.96	1.86	1.79	1.73	1.68	1.64	1.61	1.50	1.44	1.36	1.28	1.21	1.16	1.12	1.09
∞	2.71	2.30	2.03	1.94	1.85	1.77	1.72	1.67	1.63	1.60	1.49	1.42	1.34	1.26	1.18	1.13	1.08	1.00

$\alpha=0.05$ 续表

n \ m	1	2	3	4	5	6	7	8	9	10	12	14	16	18	20
1	161	200	216	225	230	234	237	239	241	242	244	245	246	247	248
2	18.5	19.0	19.2	19.2	19.3	19.3	19.4	19.4	19.4	19.4	19.4	19.4	19.4	19.4	19.4
3	10.1	9.55	9.28	9.12	9.01	8.94	8.89	8.85	8.81	8.79	8.74	8.71	8.69	8.67	8.66
4	7.71	6.94	6.59	6.39	6.26	6.16	6.09	6.04	6.00	5.96	5.91	5.87	5.84	5.82	5.80
5	6.61	5.79	5.41	5.19	5.05	4.95	4.88	4.82	4.77	4.74	4.68	4.64	4.60	4.58	4.56
6	5.99	5.14	4.76	4.53	4.39	4.28	4.21	4.15	4.10	4.06	4.00	3.96	3.92	3.90	3.87
7	5.59	4.74	4.35	4.12	3.97	3.87	3.79	3.73	3.68	3.64	3.57	3.53	3.49	3.47	3.44
8	5.32	4.46	4.07	3.84	3.69	3.58	3.50	3.44	3.39	3.35	3.28	3.24	3.20	3.17	3.15
9	5.12	4.26	3.86	3.63	3.48	3.37	3.29	3.23	3.18	3.14	3.07	3.03	2.99	2.96	2.94
10	4.96	4.10	3.71	3.48	3.33	3.22	3.14	3.07	3.02	2.98	2.91	2.86	2.83	2.89	2.77
11	4.84	3.98	3.59	3.36	3.20	3.09	3.01	2.95	2.90	2.85	2.79	2.74	2.70	2.67	2.65
12	4.75	3.89	3.49	3.26	3.11	3.00	2.91	2.85	2.80	2.75	2.69	2.64	2.60	2.57	2.54
13	4.67	3.81	3.41	3.18	3.03	2.92	2.83	2.77	2.71	2.67	2.60	2.55	2.51	2.48	2.46
14	4.60	3.74	3.34	3.11	2.96	2.85	2.76	2.70	2.65	2.60	2.53	2.48	2.44	2.41	2.39
15	4.54	3.68	3.29	3.06	2.90	2.79	2.71	2.64	2.59	2.54	2.48	2.42	2.38	2.35	2.33
16	4.49	3.63	3.24	3.01	2.85	2.74	2.66	2.59	2.54	2.49	2.42	2.37	2.33	2.30	2.28
17	4.45	3.59	3.20	2.96	2.81	2.70	2.61	2.55	2.49	2.45	2.38	2.33	2.29	2.26	2.23
18	4.41	3.55	3.16	2.93	2.77	2.66	2.58	2.51	2.46	2.41	2.34	2.29	2.25	2.22	2.19
19	4.38	3.52	3.13	2.90	2.74	2.63	2.54	2.48	2.42	2.38	2.31	2.26	2.21	2.18	2.16
20	4.35	3.49	3.10	2.87	2.71	2.60	2.51	2.45	2.39	2.35	2.28	2.22	2.18	2.15	2.12
21	4.32	3.47	3.07	2.84	2.68	2.57	2.49	2.42	2.37	2.32	2.25	2.20	2.16	2.12	2.10
22	4.30	3.44	3.05	2.82	2.66	2.55	2.46	2.40	2.34	2.30	2.23	2.17	2.13	2.10	2.07
23	4.28	3.42	3.03	2.80	2.64	2.53	2.44	2.37	2.32	2.27	2.20	2.15	2.11	2.07	2.05
24	4.26	3.40	3.01	2.78	2.62	2.51	2.42	2.36	2.30	2.25	2.18	2.13	2.09	2.05	2.03
25	4.24	3.39	2.99	2.76	2.60	2.49	2.40	2.34	2.28	2.24	2.16	2.11	2.07	2.04	2.01
26	4.23	3.37	2.98	2.74	2.59	2.47	2.39	2.32	2.27	2.22	2.15	2.09	2.05	2.02	1.69
27	4.21	3.35	2.96	2.73	2.57	2.46	2.37	2.31	2.25	2.20	2.18	2.08	2.04	2.00	1.97
28	4.20	3.34	2.95	2.71	2.56	2.45	2.36	2.29	2.24	2.19	2.12	2.06	2.02	2.99	1.96
29	4.18	3.33	2.93	2.70	2.55	2.43	2.35	2.28	2.22	2.18	2.10	2.05	2.01	1.97	1.94
30	4.17	3.32	2.92	2.69	2.53	2.42	2.33	2.27	2.21	2.16	2.09	2.04	1.99	1.96	1.93
32	4.15	3.29	2.90	2.67	2.51	2.40	2.31	2.24	2.19	2.14	2.07	2.01	1.97	1.94	1.91
34	4.13	3.28	2.88	2.65	2.49	2.38	2.29	2.23	2.17	2.12	2.05	1.99	1.95	1.92	1.89
36	4.11	3.26	2.87	2.63	2.48	2.36	2.28	2.21	2.15	2.11	2.03	1.98	1.93	1.90	1.87
38	4.10	3.24	2.85	2.62	2.46	2.35	2.26	2.19	2.14	2.09	2.02	1.96	1.92	1.88	1.85
40	4.08	3.23	2.84	2.61	2.45	2.34	2.25	2.18	2.12	2.08	2.00	1.95	1.90	1.87	1.84
42	4.07	3.22	2.83	2.59	2.44	2.32	2.24	2.17	2.11	2.06	1.99	1.93	1.89	1.86	1.83
44	4.06	3.21	2.82	2.58	2.43	2.31	2.23	2.16	2.10	2.05	1.98	1.92	1.88	1.84	1.81
46	4.05	3.20	2.81	2.57	2.42	2.30	2.22	2.15	2.09	2.04	1.97	1.91	1.87	1.83	1.80
48	4.04	3.19	2.80	2.57	2.41	2.29	2.21	2.14	2.08	2.03	1.96	1.90	1.86	1.82	1.79
50	4.03	3.18	2.79	2.56	2.40	2.29	2.20	2.13	2.07	2.03	1.95	1.89	1.85	1.81	1.78
60	4.00	3.15	2.76	2.53	2.37	2.25	2.17	2.10	2.04	1.99	1.92	1.86	1.82	1.78	1.75
80	3.96	3.11	2.72	2.49	2.33	2.21	2.13	2.06	2.00	1.95	1.88	1.82	1.77	1.73	1.70
100	3.94	3.09	2.70	2.46	2.31	2.19	2.10	2.03	1.97	1.93	1.85	1.79	1.75	1.71	1.68
125	3.92	3.07	2.68	2.44	2.29	2.17	2.08	2.01	1.96	1.91	1.83	1.77	1.72	1.69	1.65
150	3.90	3.06	2.66	2.43	2.27	2.16	2.07	2.00	1.94	1.89	1.82	1.76	1.71	1.67	1.64
200	3.89	3.04	2.65	2.42	2.26	2.14	2.06	1.98	1.93	1.88	1.80	1.74	1.69	1.66	1.62
300	3.87	3.03	2.63	2.40	2.24	2.13	2.04	1.97	1.91	1.86	1.78	1.72	1.68	1.64	1.61
500	3.86	3.01	2.62	2.39	2.23	2.12	2.03	1.96	1.90	1.85	1.77	1.71	1.66	1.62	1.59
1000	3.85	3.00	2.61	2.38	2.22	2.11	2.02	1.95	1.89	1.84	1.76	1.70	1.65	1.61	1.58
∞	3.84	3.00	2.60	2.37	2.21	2.10	2.01	1.94	1.88	1.83	1.75	1.69	1.64	1.60	1.57

$\alpha = 0.05$　　　　**续表**

n \ m	22	24	26	28	30	35	40	45	50	60	80	100	200	500	∞
1	249	249	249	250	250	251	251	251	252	252	252	253	254	254	254
2	19.5	19.5	19.5	19.5	19.5	19.5	19.5	19.5	19.5	19.5	19.5	19.5	19.5	19.5	19.5
3	8.65	8.64	8.63	8.62	8.62	8.60	8.59	8.59	8.58	8.57	8.56	8.55	8.54	8.53	8.53
4	5.79	5.77	5.76	5.75	5.75	5.73	5.72	5.71	5.70	5.69	5.67	5.66	5.65	5.64	5.63
5	4.54	4.53	4.52	4.50	4.50	4.48	4.46	4.45	4.44	4.43	4.41	4.41	4.39	4.37	4.37
6	3.86	3.84	3.83	3.82	3.81	3.79	3.77	3.76	3.75	3.74	3.72	3.71	3.69	3.68	3.67
7	3.43	3.41	3.40	3.39	3.38	3.36	3.34	3.33	3.32	3.30	3.29	3.27	3.25	3.24	3.23
8	3.13	3.12	3.10	3.09	3.08	3.06	3.04	3.03	3.02	3.01	2.99	2.97	2.95	2.94	2.93
9	2.92	2.90	2.89	2.87	2.86	2.84	2.83	2.81	2.80	2.79	2.77	2.76	2.73	2.72	2.71
10	2.75	2.74	2.72	2.71	2.70	2.68	2.66	2.65	2.64	2.62	2.60	2.59	2.56	2.55	2.54
11	2.63	2.61	2.59	2.58	2.57	2.55	2.53	2.52	2.51	2.49	2.47	2.46	2.43	2.42	2.40
12	2.52	2.51	2.49	2.48	2.47	2.44	2.43	2.41	2.40	2.38	2.36	2.35	2.32	2.31	2.30
13	2.44	2.42	2.41	2.39	2.38	2.36	2.34	2.33	2.31	2.30	2.27	2.26	2.23	2.22	2.21
14	2.37	2.35	2.33	2.32	2.31	2.28	2.27	2.25	2.24	2.22	2.20	2.19	2.16	2.14	2.13
15	2.31	2.29	2.27	2.26	2.25	2.22	2.20	2.19	2.18	2.16	2.14	2.12	2.10	2.08	2.07
16	2.25	2.24	2.22	2.21	2.19	2.17	2.15	2.14	2.12	2.11	2.08	2.07	2.04	2.02	2.01
17	2.21	2.19	2.17	2.16	2.15	2.12	2.10	2.09	2.08	2.06	2.03	2.02	1.99	1.97	1.96
18	2.17	2.15	2.13	2.12	2.11	2.08	2.06	2.05	2.04	2.02	1.99	1.98	1.95	1.93	1.92
19	2.13	2.11	2.10	2.08	2.07	2.05	2.03	2.01	2.00	1.98	1.96	1.94	1.91	1.89	1.88
20	2.10	2.08	2.07	2.05	2.04	2.01	1.99	1.98	1.97	1.95	1.92	1.91	1.88	1.86	1.84
21	2.07	2.05	2.04	2.02	2.01	1.98	1.96	1.95	1.94	1.92	1.89	1.88	1.84	1.82	1.81
22	2.05	2.03	2.01	2.00	1.98	1.96	1.94	1.92	1.91	1.89	1.86	1.85	1.82	1.80	1.78
23	2.02	2.00	1.99	1.97	1.96	1.93	1.91	1.90	1.88	1.86	1.84	1.82	1.79	1.77	1.76
24	2.00	1.98	1.97	1.95	1.94	1.91	1.89	1.88	1.86	1.84	1.82	1.80	1.77	1.75	1.73
25	1.98	1.96	1.95	1.93	1.92	1.89	1.87	1.86	1.84	1.82	1.80	1.78	1.75	1.73	1.71
26	1.97	1.95	1.93	1.91	1.90	1.87	1.85	1.84	1.82	1.80	1.78	1.76	1.73	1.71	1.69
27	1.95	1.93	1.91	1.90	1.88	1.86	1.84	1.82	1.81	1.79	1.76	1.74	1.71	1.69	1.67
28	1.93	1.91	1.90	1.88	1.87	1.84	1.82	1.80	1.79	1.77	1.74	1.73	1.69	1.67	1.65
29	1.92	1.90	1.88	1.87	1.85	1.83	1.81	1.79	1.77	1.75	1.73	1.71	1.67	1.65	1.64
30	1.91	1.89	1.87	1.85	1.84	1.81	1.79	1.77	1.76	1.74	1.71	1.70	1.66	1.64	1.62
32	1.88	1.86	1.85	1.83	1.82	1.79	1.77	1.75	1.74	1.71	1.69	1.67	1.63	1.61	1.59
34	1.86	1.84	1.82	1.80	1.80	1.77	1.75	1.73	1.71	1.69	1.66	1.65	1.61	1.59	1.57
36	1.85	1.82	1.81	1.79	1.78	1.75	1.73	1.71	1.69	1.67	1.64	1.62	1.59	1.56	1.55
38	1.83	1.81	1.79	1.77	1.76	1.73	1.71	1.69	1.68	1.65	1.62	1.61	1.57	1.54	1.53
40	1.81	1.79	1.77	1.76	1.74	1.72	1.69	1.67	1.66	1.64	1.61	1.59	1.55	1.53	1.51
42	1.80	1.78	1.76	1.74	1.73	1.70	1.68	1.66	1.65	1.62	1.59	1.57	1.53	1.51	1.49
44	1.79	1.77	1.75	1.73	1.72	1.69	1.67	1.65	1.63	1.61	1.58	1.56	1.52	1.49	1.48
46	1.78	1.76	1.74	1.72	1.71	1.68	1.65	1.64	1.62	1.60	1.57	1.55	1.51	1.48	1.46
48	1.77	1.75	1.73	1.71	1.70	1.67	1.64	1.62	1.61	1.59	1.56	1.54	1.49	1.47	1.45
50	1.76	1.74	1.72	1.70	1.69	1.66	1.63	1.61	1.60	1.58	1.54	1.52	1.48	1.46	1.44
60	1.72	1.70	1.68	1.66	1.65	1.62	1.59	1.57	1.56	1.53	1.50	1.48	1.44	1.41	1.39
80	1.68	1.65	1.63	1.62	1.60	1.57	1.54	1.52	1.51	1.48	1.45	1.43	1.38	1.35	1.32
100	1.65	1.63	1.61	1.59	1.57	1.54	1.52	1.49	1.48	1.45	1.41	1.39	1.34	1.31	1.28
125	1.63	1.60	1.58	1.57	1.55	1.52	1.49	1.47	1.45	1.42	1.39	1.36	1.31	1.27	1.25
150	1.61	1.59	1.57	1.55	1.53	1.50	1.48	1.45	1.44	1.41	1.37	1.34	1.29	1.25	1.22
200	1.60	1.57	1.55	1.53	1.52	1.48	1.46	1.43	1.41	1.39	1.35	1.32	1.26	1.22	1.19
300	1.58	1.55	1.53	1.51	1.50	1.46	1.43	1.41	1.39	1.36	1.32	1.30	1.23	1.19	1.15
500	1.56	1.54	1.52	1.50	1.48	1.45	1.42	1.40	1.38	1.34	1.30	1.28	1.21	1.16	1.11
1000	1.55	1.53	1.51	1.49	1.47	1.44	1.41	1.38	1.36	1.33	1.29	1.26	1.19	1.13	1.08
∞	1.54	1.52	1.50	1.48	1.46	1.42	1.39	1.37	1.35	1.32	1.27	1.24	1.17	1.11	1.00

$\alpha = 0.025$ 续表

n \ m	1	2	3	4	5	6	7	8	9	10	12	15	20	30	40	60	∞
1	647.8	799.5	864.2	899.6	921.8	937.1	948.2	956.7	963.3	968.6	976.7	984.9	993.1	1001	1006	1010	1018
2	38.51	39.00	39.17	39.25	39.30	39.33	39.36	39.37	39.39	39.40	39.41	39.43	39.45	39.46	39.47	39.48	39.50
3	17.44	16.04	15.44	15.10	14.88	14.73	14.62	14.54	14.47	14.42	14.34	14.25	14.17	14.08	14.04	13.99	13.90
4	12.22	10.65	9.98	9.60	9.36	9.20	9.07	8.98	8.90	8.84	8.75	8.66	8.56	8.46	8.41	8.36	8.26
5	10.01	8.43	7.76	7.39	7.15	6.98	6.85	6.76	6.68	6.62	6.52	6.43	6.33	6.23	6.18	6.12	6.02
6	8.81	7.26	6.60	6.23	5.99	5.82	5.70	5.60	5.52	5.46	5.37	5.27	5.17	5.07	5.01	4.96	4.85
7	8.07	6.54	5.89	5.52	5.29	5.12	4.99	4.90	4.82	4.76	4.67	4.57	4.47	4.36	4.31	4.25	4.14
8	7.57	6.06	5.42	5.05	4.82	4.65	4.53	4.43	4.36	4.30	4.20	4.10	4.00	3.89	3.84	3.78	3.67
9	7.21	5.71	5.08	4.72	4.48	4.32	4.20	4.10	4.03	3.96	3.87	3.77	3.67	3.56	3.51	3.45	3.33
10	6.94	5.46	4.83	4.47	4.24	4.07	3.95	3.85	3.78	3.72	3.62	3.52	3.42	3.31	3.26	3.20	3.08
11	6.72	5.26	4.63	4.28	4.04	3.88	3.76	3.66	3.59	3.53	3.43	3.33	3.23	3.12	3.06	3.00	2.88
12	6.55	5.10	4.47	4.12	3.89	3.73	3.61	3.51	3.44	3.37	3.28	3.18	3.07	2.96	2.91	2.85	2.72
13	6.41	4.97	4.35	4.00	3.77	3.60	3.48	3.39	3.31	3.25	3.15	3.05	2.95	2.84	2.78	2.72	2.60
14	6.30	4.86	4.24	3.89	3.66	3.50	3.38	3.29	3.21	3.15	3.05	2.95	2.84	2.73	2.67	2.61	2.49
15	6.20	4.77	4.15	3.80	3.58	3.41	3.29	3.20	3.12	3.06	2.96	2.86	2.76	2.64	2.59	2.52	2.40
16	6.12	4.69	4.08	3.73	3.50	3.34	3.22	3.12	3.05	2.99	2.89	2.79	2.68	2.57	2.51	2.45	2.32
17	6.04	4.62	4.01	3.66	3.44	3.28	3.16	3.06	2.98	2.92	2.82	2.72	2.62	2.50	2.44	2.38	2.25
18	5.98	4.56	3.95	3.61	3.38	3.22	3.10	3.01	2.93	2.87	2.77	2.67	2.56	2.44	2.38	2.32	2.19
19	5.92	4.51	3.90	3.56	3.33	3.17	3.05	2.96	2.88	2.82	2.72	2.62	2.51	2.39	2.33	2.27	2.13
20	5.87	4.46	3.86	3.51	3.29	3.13	3.01	2.91	2.84	2.77	2.68	2.57	2.46	2.35	2.29	2.22	2.09
21	5.83	4.42	3.82	3.48	3.25	3.09	2.97	2.87	2.80	2.73	2.64	2.53	2.42	2.31	2.25	2.18	2.04
22	5.79	4.38	3.78	3.44	3.22	3.05	2.93	2.84	2.76	2.70	2.60	2.50	2.39	2.27	2.21	2.14	2.00
23	5.75	4.35	3.75	3.41	3.18	3.02	2.90	2.81	2.73	2.67	2.57	2.47	2.36	2.24	2.18	2.11	1.97
24	5.72	4.32	3.72	3.38	3.15	2.99	2.87	2.78	2.70	2.64	2.54	2.44	2.33	2.21	2.15	2.08	1.94
25	5.69	4.29	3.69	3.35	3.13	2.97	2.85	2.75	2.68	2.61	2.51	2.41	2.30	2.18	2.12	2.05	1.91
26	5.66	4.27	3.67	3.33	3.10	2.94	2.82	2.73	2.65	2.59	2.49	2.39	2.28	2.16	2.09	2.03	1.88
27	5.63	4.24	3.65	3.31	3.08	2.92	2.80	2.71	2.63	2.57	2.47	2.36	2.25	2.13	2.07	2.00	1.85
28	5.61	4.22	3.63	3.29	3.06	2.90	2.78	2.69	2.61	2.55	2.45	2.34	2.23	2.11	2.05	1.98	1.83
29	5.59	4.20	3.61	3.27	3.04	2.88	2.76	2.67	2.59	2.53	2.43	2.32	2.21	2.09	2.03	1.96	1.81
30	5.57	4.18	3.59	3.25	3.03	2.87	2.75	2.65	2.57	2.51	2.41	2.31	2.20	2.07	2.01	1.94	1.79
40	5.42	4.05	3.46	3.13	2.90	2.74	2.62	2.53	2.45	2.39	2.29	2.18	2.07	1.94	1.88	1.80	1.64
60	5.29	3.93	3.34	3.01	2.79	2.63	2.51	2.41	2.33	2.27	2.17	2.06	1.94	1.82	1.74	1.67	1.48
120	5.15	3.80	3.23	2.89	2.67	2.52	2.39	2.30	2.22	2.16	2.05	1.94	1.82	1.69	1.61	1.53	1.31
∞	5.02	3.69	3.12	2.79	2.57	2.41	2.29	2.19	2.11	2.05	1.94	1.83	1.71	1.57	1.48	1.39	1.00

$\alpha = 0.01$ 　　　　　　　　　　　　　　　　　　　　**续表**

n \ m	1	2	3	4	5	6	7	8	9	10	12	14	16	18	20
1	4050	5000	5400	5620	5760	5860	5930	5980	6020	6060	6110	6160	6170	6190	6210
2	98.5	99.0	99.2	99.2	99.3	99.3	99.4	99.4	99.4	99.4	99.4	99.4	99.4	99.4	99.4
3	34.1	30.8	29.5	28.7	28.2	27.9	27.7	27.5	27.3	27.2	27.1	26.9	26.8	26.8	26.7
4	21.2	18.0	16.7	16.0	15.5	15.2	15.0	14.8	14.7	14.5	14.4	14.2	14.2	14.1	14.0
5	16.3	13.3	12.1	11.4	11.0	10.7	10.5	10.3	10.2	10.1	9.89	9.77	9.68	9.61	9.55
6	13.7	10.9	9.78	9.15	8.75	8.47	8.26	8.10	7.98	7.87	7.72	7.60	7.52	7.45	7.40
7	12.2	9.55	8.45	7.85	7.46	7.19	6.99	6.84	6.72	6.62	6.47	6.36	6.27	6.21	6.16
8	11.3	8.65	7.59	7.01	6.63	6.37	6.18	6.03	5.91	5.81	5.67	5.56	5.48	5.41	5.36
9	10.6	8.02	6.99	6.42	6.06	5.80	5.61	5.47	5.35	5.26	5.11	5.00	4.92	4.86	4.81
10	10.0	7.56	6.55	5.99	5.64	5.39	5.20	5.06	4.94	4.85	4.71	4.60	4.52	4.46	4.41
11	9.65	7.21	6.22	5.67	5.32	5.07	4.89	4.74	4.63	4.54	4.40	4.29	4.21	4.15	4.10
12	9.33	6.93	5.95	5.41	5.06	4.82	4.64	4.50	4.39	4.30	4.16	4.05	3.97	3.91	3.86
13	9.07	6.70	5.74	5.21	4.86	4.62	4.44	4.30	4.19	4.10	3.96	3.86	3.78	3.71	3.66
14	8.86	6.51	5.56	5.04	4.70	4.46	4.28	4.14	4.03	3.94	3.80	3.70	3.62	3.56	3.51
15	8.68	6.36	5.42	4.89	4.56	4.32	4.14	4.00	3.89	3.80	3.67	3.56	3.49	3.42	3.37
16	8.53	6.23	5.29	4.77	4.44	4.20	4.03	3.89	2.78	3.69	3.55	3.45	3.37	3.31	3.26
17	8.40	6.11	5.18	4.67	4.34	4.10	3.93	3.79	3.68	3.59	3.46	3.35	3.27	3.21	3.16
18	8.29	6.01	5.09	4.58	4.25	4.01	3.84	3.71	3.60	3.51	3.37	3.27	3.19	3.13	3.08
19	8.18	5.93	5.01	4.50	4.17	3.94	3.77	3.63	3.52	3.43	3.30	3.19	3.12	3.05	3.00
20	8.10	5.85	4.94	4.43	4.10	3.87	3.70	3.56	3.46	3.37	3.23	3.13	3.05	2.99	2.94
21	8.02	5.78	4.87	4.37	4.04	3.81	3.64	3.51	3.40	3.31	3.17	3.07	2.99	2.93	2.88
22	7.95	5.72	4.82	4.31	3.99	3.76	3.59	3.45	3.35	3.26	3.12	3.02	2.94	2.88	2.83
23	7.88	5.66	4.76	4.26	3.94	3.71	3.54	3.41	3.30	3.21	3.07	2.97	2.89	2.83	3.78
24	7.82	5.61	4.72	4.22	3.90	3.67	3.50	3.36	3.26	3.17	3.03	2.93	2.85	2.79	2.74
25	7.77	5.57	4.68	4.18	3.86	3.63	3.46	3.32	3.22	3.13	2.99	2.89	2.81	2.75	2.70
26	7.72	5.53	4.64	4.14	3.82	3.59	3.42	3.29	3.18	3.09	2.96	2.86	2.78	2.72	2.66
27	7.68	5.49	4.60	4.11	3.78	3.56	3.39	3.26	3.15	3.06	2.93	2.82	2.75	2.68	2.63
28	7.64	5.45	4.57	4.07	3.75	3.53	3.36	3.23	3.12	3.03	2.90	2.79	2.72	2.65	2.60
29	7.60	5.42	4.54	4.04	3.73	3.60	3.33	3.20	3.09	3.00	2.87	2.77	2.69	2.62	2.57
30	7.56	5.39	4.51	4.02	3.70	3.47	3.30	3.17	3.07	2.98	2.84	2.74	2.66	2.60	2.55
32	7.50	5.34	4.46	3.97	3.65	3.43	3.26	3.13	3.02	2.93	2.80	2.70	2.62	2.55	2.50
34	7.44	5.29	4.42	3.93	3.61	3.39	3.22	3.09	2.98	2.89	2.76	2.66	2.58	2.51	2.46
36	7.40	5.25	4.38	3.89	3.57	3.35	3.18	3.05	2.95	2.86	2.72	2.62	2.54	2.48	2.43
38	7.35	5.21	4.34	3.86	3.54	3.32	3.15	3.02	2.92	2.83	2.69	2.59	2.51	2.45	2.40
40	7.31	5.18	4.31	3.83	3.51	3.29	3.12	2.99	2.89	2.80	2.66	2.56	2.48	2.42	2.37
42	7.28	5.15	4.29	3.80	3.49	3.27	3.10	2.97	2.86	2.78	2.64	2.54	2.46	2.40	2.34
44	7.25	5.12	4.26	3.78	3.47	3.24	3.08	2.95	2.84	2.75	2.62	2.52	2.44	2.37	2.32
46	7.22	5.10	4.24	3.76	3.44	3.22	3.06	2.93	2.82	2.73	2.60	2.50	2.42	2.35	2.30
48	7.20	5.08	4.22	3.74	3.43	3.20	3.04	2.91	2.80	2.72	2.58	2.48	2.40	2.33	2.28
50	7.17	5.06	4.20	3.72	3.41	3.19	3.02	2.89	2.79	2.70	2.56	2.46	2.38	2.32	2.27
60	7.08	4.98	4.13	3.65	3.34	3.12	2.95	2.82	2.72	2.63	2.50	2.39	2.31	2.25	2.20
80	6.96	4.88	4.04	3.56	3.26	3.04	2.87	2.74	2.64	2.55	2.42	2.31	2.23	2.17	2.12
100	6.90	4.82	3.98	3.51	3.21	2.99	2.82	2.69	2.59	2.50	2.37	2.26	2.19	2.12	2.07
125	6.84	4.78	3.94	3.47	3.17	2.95	2.79	2.66	2.55	2.47	2.33	2.23	2.15	2.08	2.03
150	6.81	4.75	3.92	3.45	3.14	2.92	2.76	2.63	2.53	2.44	2.31	2.20	2.12	2.06	2.00
200	6.76	4.71	3.88	3.41	3.11	2.89	2.73	2.60	2.50	2.41	2.27	2.17	2.09	2.02	1.97
300	6.72	4.68	3.85	3.38	3.08	2.86	2.70	2.57	2.47	2.38	2.24	2.14	2.06	1.99	1.94
500	6.69	4.65	3.82	3.36	3.05	2.84	2.68	2.55	2.44	2.36	2.22	2.12	2.04	1.97	1.92
1000	6.66	4.63	3.80	3.34	3.04	2.82	2.66	2.53	2.43	2.34	2.20	2.10	2.02	1.95	1.90
∞	6.63	4.61	3.78	3.32	3.02	2.80	2.64	2.51	2.41	2.32	2.18	2.08	2.00	1.93	1.88

参 考 文 献

[1] 盛骤, 谢式千, 潘承毅. 概率论与数理统计 [M]. 4 版. 北京: 高等教育出版社, 2008.

[2] 梁之舜, 邓集贤, 杨维权, 等. 概率论与数理统计 [M]. 3 版. 北京: 高等教育出版社, 2005.

[3] 同济大学应用数学系. 概率论与数理统计 [M]. 北京: 高等教育出版社, 2003.

[4] 师义民, 徐伟, 秦超英, 等. 数理统计 [M]. 3 版. 北京: 科学出版社, 2009.

[5] 吴赣昌. 概率论与数理统计: 经管类 [M]. 4 版. 北京: 中国人民大学出版社, 2011.

[6] 余锦华, 石北源, 杨维权. 概率论与数理统计 [M]. 广东: 中山大学出版社, 2000.

[7] 陈希孺. 概率论与数理统计 [M]. 合肥: 中国科学技术大学出版社, 2009.

[8] 茆诗松, 王静龙, 濮晓龙. 高等数理统计 [M]. 2 版. 北京: 高等教育出版社, 2006.

[9] 王丽霞. 概率论与数理统计: 理论、历史及应用 [M]. 大连: 大连理工大学出版社, 2012.